质量技术监督行政执法

国家质检总局执法督查司　编著

中国质检出版社
中国标准出版社

北　京

图书在版编目(CIP)数据

质量技术监督行政执法 / 国家质检总局执法督查司编著.
—北京:中国质检出版社, 2018.5
ISBN 978-7-5026-4593-9

Ⅰ.①质… Ⅱ.①国… Ⅲ.①质量技术监督—行政执法—
中国 Ⅳ.①D922.17

中国版本图书馆CIP数据核字(2018)第079626号

中国质检出版社
中国标准出版社 出版发行
北京市朝阳区和平里西街甲2号(100029)
北京市西城区三里河北街16号(100045)

网址 www.spc.net.cn
总编室:(010)68533533 发行中心:(010)51780238
读者服务部:(010)68523946

中国标准出版社秦皇岛印刷厂印刷
各地新华书店经销

*

开本 787×1092 1/16 印张 17.75 字数 336千字
2018年5月第一版 2018年5月第一次印刷

*

定价 65.00 元

本书编写人员

严冯敏　杨保东

（以下按姓氏的汉语拼音为序）

白德美　鲍政方　董燕林　封　雷　郭一诚

侯成彬　胡亚非　焦国旗　刘　辉　刘建国

汪志宏　杨　中　叶　涛　殷　爽　余　化

前 言

质量技术监督行政执法在保障国计民生、提升我国整体质量水平方面发挥了重要作用，在我国行政执法体系中具有非常重要的地位。质监行政执法队伍已经成为为市场经济健康发展保驾护航的主力军。

根据多年来基层执法人员的需求，为指导广大质监行政执法人员增强依法履职能力、提高执法水平、树立执法形象，我们组织经验丰富的专家团队编写了《质量技术监督行政执法》一书。本书在编写过程中始终坚持了确保内容系统、完整、正确、实用及可操作性强的原则。全书共分八章，按照质监行政执法过程中各阶段的先后顺序详细介绍了质监行政执法的概念、特征、意义、发展及基本要求，质监行政执法依据，质监行政处罚程序，质监行政处罚案件调查，质监行政处罚案件取证的技术方法，质监行政执法证据，行政执法管理与行政执法监督，质监行政执法文书等基础知识及操作方法、思路和技能技巧。本书内容是数代质监行政执法工作者在不断创新和发展中积累的智慧和经验的总结和提炼，真正体现了质监行政执法的特色，是一本真正意义上的培训教材。本书的编写过程正值党中央作出深化党和国家机构改革这一重大政治决策的特殊时期，以技术执法为显著特征的质量技术监督行政执法将融入市场监督管理综合执法中，必将获得更加深广的发展，这一特殊背景也赋予了本书更为特殊的意义。

本书的编写出版得到了各地方局的专家及业务骨干的大力支持，他们不辞辛劳，承担了大量的组织、撰写及审定工作，数易其稿，力求将《质量技术监督行政执法》一书雕琢成为反映质监行政执法工作丰硕成果、体现质监行政执法工作优良水平的精品。

本书内容如有不足之处，敬请广大读者批评指正。

编 者

2018 年 2 月

目 录

第一章　质监行政执法综述

第一节　质监行政执法的概念和特征

一、质监行政执法的概念

行政执法是指国家行政机关和法律法规授权的组织执行和适用法律、法规和规章的活动。

质量技术监督行政执法（以下简称质监行政执法）是指质量技术监督行政部门（以下简称质监部门）或者经依法授权的组织，按照质量技术监督法律、法规和规章的规定，对当事人采取的具体影响其权利、义务，或者对当事人的权利、义务履行情况进行监督检查，以达到维护公共利益和服务社会目的的行政行为。

行政执法的概念有广义的行政执法和狭义的行政执法两种意义上的理解。

广义的行政执法是指国家行政机关的一切行政行为，即行政机关运用法律对国家事务进行组织管理的全部活动。包括抽象行政行为和具体行政行为，如发布规范性文件、行政检查、行政许可、行政确认、行政处罚、行政强制等。狭义的行政执法特指法定的国家行政机关或者具有管理公共事务职能的组织依法对特定的公民、法人或者其他组织所采取的直接影响其实体性或程序性权利义务的行为。

狭义的行政执法将法律、法规和规章的规定运用于具体的对象或案件，往往表现为国家行政机关按照法律、法规和规章的规定，对当事人采取具体直接影响其权利、义务的行为，或者对当事人的权利、义务的行使和履行情况直接进行监督检查。狭义的行政执法一般发生在具体行政行为中，包括行政检查、行政处罚、行政强制等具体行政行为。本书限定行政执法为狭义的行政执法。

理解行政执法的概念，必须把握以下几点基本内容：

一是行政执法的主体，即行政执法的实施机关应当是法定的具有行政执法职能的国家行政机关，或者是经法律、法规授权的组织。

二是行政执法的依据，只能是国家权力机关制定和颁布的行政法律规范。这里的行政法律规范，既可以是国家立法机关制定的，也可以是法定的国家行政机关制定的，但二者都必须是具有法定效力的依据。

三是行政执法的性质，即行政执法本身的属性问题，是一种由法定的国家行政机关或者得到法律、法规授权的组织执行国家行政法律规范而实施的具体行政行为。

四是行政执法的目的，是通过监管实现服务，履行国家的公共行政管理职能，维护公共利益和社会秩序。

二、质监行政执法的特征

（一）质监行政执法主体的法定性

《中华人民共和国产品质量法》（以下简称《产品质量法》）规定，国务院产品质量监督部门主管全国产品质量监督工作；县级以上地方产品质量监督部门主管本行政区域内的产品质量监督工作。规定除吊销营业执照的行政处罚由工商行政管理部门决定外，其他行政处罚由产品质量监督部门或者工商行政管理部门按照国务院规定的职权范围决定。因此，质监部门就是《产品质量法》的法定行政执法主体。

《中华人民共和国行政处罚法》（以下简称《行政处罚法》）规定，法律、法规授权的具有管理公共事务职能的组织也可以在法定职权范围内实施行政处罚。也就是说，其他具有管理公共事务职能的社会组织，依照法定授权也可以进行行政执法，成为行政执法主体。例如，各级专业纤维检验机构是各级质监部门下属的专职技术机构。《棉花质量监督管理条例》规定，省、自治区、直辖市人民政府质量监督部门负责本行政区域内棉花质量监督工作。设有专业纤维检验机构的地方，由专业纤维检验机构在其管辖范围内对棉花质量实施监督。专业纤维检验机构经该法规授权从而成为棉花质量监督的行政执法主体。

质监行政执法的主体是质监部门。质监部门依据《产品质量法》《中华人民共和国标准化法》（以下简称《标准化法》）、《中华人民共和国计量法》（以下简称《计量法》）、《中华人民共和国特种设备安全法》（以下简称《特种设备安全法》）、《棉花质量监督管理条例》《中华人民共和国工业产品生产许可证管理条例》（以下简称《工业产品生产许可证管理条例》）、《中华人民共和国国务院组织法》《国务院行政机构设置和编制管理条例》及《中华人民共和国地方各级人民代表大会和地方各级人民政府组织法》等法律、法规设立，成为国务院和县级以上地方各级质量技术监督工作综合管理部门，同时也是一个履行质监行政执法职能的行政执法部门。

依据《行政处罚法》第十八条第一款及《技术监督行政处罚委托实施办法》（1996 年国家技术监督局令第 45 号）第二条的规定，质量技术监督稽查机构受质监部门的委托，负责本辖区内质监行政执法工作，具体负责查处质量、计量、标准化、产（商）品质量和有关特种设备安全等方面的违法行为，办理查处违法行为案件；受理消费者、用户对质量、计量、标准化、特种设备安全等方面的投诉；执行本部门做出的行政处罚决定等。因此，质量技术监督稽查机构属于受委托的组织，行使国家行政机关委托的特定的行政职权。

（二）质监行政执法行为的主动性

国家行政机关的行政执法行为可以分为依职权的行为和依申请的行为。依职权的行为是指行政机关可以不依当事人的申请，依照法定职权主动进行的行政执法行为；依申请的行为是指行政机关只有在当事人一方提出申请之后才能实施的行政执法行为。

质监行政执法行为中有依申请的行为，如行政执法中的听证程序，是应当事人的申请要求进行的，当事人不提出申请要求，行政机关一般无义务主动组织听证；行政复议也是应当事人的申请进行的行为。但质监行政执法行为主要是一种依职权的行为，是为了实现国家行政管理职能的一种活动，必须依照职权积极自觉地采取行为，主动地而不是被动地进行行政执法，否则就是失职或是玩忽职守。反映在具体的质量技术监督工作实践中，行政执法部门既要在收到投诉举报等信息时立即展开行动，对质量技术监督违法行为进行查处；也要主动出击，依照职权开展日常性执法检查工作，主动发现并查处各种质量技术监督违法行为。另外，除日常性执法检查外，质监部门还应根据国家宏观政策或一段时期内出现的热点问题，组织一些重点执法检查活动以依法加强对某一领域质量技术监督问题的查处。如根据消费者的投诉或有关新闻报道的线索，对一段时期内出现问题比较多的某种或某类产品开展突击查处；根据掌握的情况对某一地区制假窝点组织集中惩治等。

（三）质监行政执法的强制性

行政执法是法定的行政主体代表国家并以国家的名义实施的行为，是贯彻、执行国家意志的手段，因此必须以国家强制力作为实施的保障。根据行政执法的原则，行政主体为了保障行政管理的顺利进行，享有相应的管理权力和管理手段，在行使行政职能的过程中如果当事人违反行政法律规范或不履行行政法律规范中所规定的义务时，就可以依据法律、法规和规章规定的强制手段，包括其自身拥有的行政权力和手段或依法借助其他国家机关的强制手段，迫使当事人做出一定行为或不做出一定行为，以达到维护公共利益和正常社会秩序的目的，保障行政职能的实现。

质监行政执法是质监部门或者受委托的组织实施行政管理职能的活动。与当事人之间发生的行政法律关系虽是双方关系，但质监部门的处理决定，属于单方面的意思表示，与当事人之间的关系是不对等的。质监部门以国家名义执行监督检查，当当事人不履行法定义务时，可以强制其履行。

（四）质监行政执法过程的程序性

现代法治原则要求，行政主体的行政执法活动无论在实体上还是在程序上都应受到法律制约，都应法制化。行政执法过程中的一切活动，不仅在实体上要求合法，在程序上也必须合法，否则，程序上有瑕疵的行政执法，难以达到预期的法律效果，并可能导致行政执法行为无效。所以行政程序是行政主体在行政执法的过程中必须遵循的准则，是为规范行政执法，有效实施行政管理，保障公民、法人和其他组织的合法权益，由法律、法规和规章规定的公正而民主的程序。在一些具体的法律、法规和规章中，对行政执法程序做出了具体、明确的规定，如《行政处罚法》中关于“简易程序”“一般程序”和“听证程序”的规定。行政程序法的基本原理要求在行政执法过程中尽可能广泛地听取包括利害关系人在内的各方面意见，以防止行政的独断专行，求得行政执法的民主与效率的统一，以使公民权利得到切实保障。

质监行政执法部门在行政执法时除了要查清案件的事实外，还要做到程序合法，办理案件必须遵循法律法规有关行政案件办理程序的规定。

（五）质监行政执法手段的技术性

随着科学技术日新月异的发展，质量技术监督工作的技术含量越来越高。质监行政执法一般都表现为行政管理活动和技术检验检测或者检定活动的有机结合，协调统一，相辅相成。主要运用技术手段进行行政执法，是质监行政执法与其他执法部门行政执法最显著的区别。

1. 技术性

技术性是指质监行政执法的各种方法、各个步骤都有一定的技术含量，是质监行政执法其他特征的根源所在。质监行政执法要以标准、技术法规等为依据，要采用检验检测仪器和设备，要了解、掌握相关技术知识和技术原理，运用各种技术方法认定违法事实及给违法行为定性。科学、准确、快速地开展执法。

2. 科学性

科学性是质监行政执法各项活动的前提。首先是科学的执法态度，杜绝凭主观感觉和简易判断，容不得半点马虎大意和虚假浮夸，要公正客观、脚踏实地地分析问题、解决问题。其次是科学的工作方法，要以事实为根据，证据要可靠、充分，作风要周密、严谨。第三是科学的执法结果，做到用数据说话，铁证如山并可追溯。质监行政执法的科学性决定了执法人员唯有选择办铁案，否则就出错案。

3. 广泛性

质监行政执法是监督管理生产制造产品等技术行为的活动。《产品质量法》所称的产品，是指经过加工、制作，用于销售的产品。质监行政执法适用范围覆盖所有以技术工艺方法生产出来的产品。因此，它涉足的领域可以到达第一产业、第二产业、第三产业，包括经济建设、社会发展、人民生活的各个环节。

4. 专业性

产品是能够提供给市场，被人们使用和消费并能满足人们某种需求的任何东西，不仅门类繁多，而且生产部门、过程、工艺技术、特性特征、用途千差万别，不同行业的产品专业性很强，隔行如隔山。这就导致质监行政执法具有很强的专业性。

三、质监行政执法是典型的技术执法

质监行政执法是运用技术手段对技术行为进行监督管理的一种行政执法。质监行政执法是一种以技术为依托，用科学的数据说话，依法规范和监督管理质量技术的行政执法。质监行政执法是最典型、最有代表性的技术执法，突出表现在以下几个方面。

（一）质监行政执法的对象是质量技术行为

依据国家有关法律法规和国务院批准的“三定”方案，质监部门是我国专门监督管理质量技术的职能部门。从行政执法的角度分析，质量技术监督工作的内容大致可以分为以下 4 个方面：一是产品质量监督管理。包括依据《产品质量法》《特种设备安全法》等法律法规对一般产品的生产、销售、使用等活动进行监督管理，以及依据相关法律法规实施的《食品安全法》《特种设备安全监察条例》《纤维制品质量监督管理办法》及《工业产品生产许可证管理条例》等。二是标准监督管理。包括依据《标准化法》《标准化法实施条例》等法律法规组织开展标准的制定发布，以及对标准实施活动进行监督。三是计量监督管理。包括依据《计量法》等法律法规，建立计量基准、标准器具，进行计量检定，以及对计量器具制造、修理、销售、使用、进口活动进行监督管理。四是认证认可监督管理。包括依据《中华人民共和国认证认可条例》（以下简称《认证认可条例》）等法律法规开展合格评定活动以及对认证认可实施的监督。上述工作内容均属于对质量技术活动监督管理的范畴，公民、法人或者其他组织开展相关质量技术活动形成的行为，均在质监行政执法的范围中。因此，质监行政执法的对象应当是质量技术行为。

（二）质监行政执法要依靠技术依据

行政执法应当以法律、法规和规章为依据，鉴于质监行政执法是监督管理质量技术的活动，考核质量技术杜绝主观随意，也不能依靠常理、日常生活经验法则，应当依靠技术依据，包括标准、规范、规程等，衡量质量技术行为是否符合法律的规定。产品质量监督管理中，衡量产品生产、销售、使用行为是否符合法律规定，关键在于衡量产品质量是否符合标准要求。计量监督管理中，判断计量器具是否符合法定要求，需要依照计量检定规程进行检定。技术依据是质监行政执法中必不可少的衡量事物的准则。

（三）质监行政执法要运用技术方法

大量运用技术方法是质监行政执法的显著特点。质监行政执法中常用的技术方法主要包括：抽样、测量、试验、实验、检测、检验、判定、检定、鉴定、鉴别以及相关方法共用形成的综合方法。构成运用技术方法的基本要素主要是：有适用的检测、检定等方法，选用和研制准确可靠的仪器设备，由有资质的技术机构实施，提供准确可靠的结果。运用技术方法的目的主要是获得质量技术的结果，对照技术依据，得出是否符合法律规定的结论并依法处理。运用技术方法获得的有关质量技术方面的结论，在质监行政执法中具有举足轻重的地位和作用，质监部门做出的绝大部分具体行政行为都必须以此为依据、证据。如产品质量不符合标准要求或不合格的检验结论，既可以作为质监部门不予企业生产许可的依据，也可以作为质监部门认定违法事实、做出行政处罚的证据。

（四）质监行政执法要依托技术机构

验证技术问题需要专业知识、人员和装备，这就决定了质监行政执法必须依托相关技术机构。质监行政执法过程中，很多工作是委托技术机构完成的，如产品质量监督抽查，行政处罚送样检验、产品鉴定，行政许可产品检验等。正是由于量大面广地委托技术机构完成质监行政执法任务，所以促使质监行政执法形成了以技术为依托、以科学的数据说话的特点。

第二节　质监行政执法的意义

一、质监行政执法是实施质监行政管理职能的重要方式

随着我国改革开放和社会主义市场经济的发展，政治、经济和社会生活的各个方面都发生了一系列深刻的变化，这些变化引起的权力和利益格局变动，都必须用法律来加以规范和调整。法治的意义在于有效地控制和约束国家权力，通过宪法和法律有效地约束国家机关的权力，保护公民、企业和社团的合法权利，这是近现代以来法治活动的核心目标，依法行政是建设法治政府的核心，是现代政治文明的重要标志。依法行政体现和反映了社会主义法治国家建设的一个重要规律，更是法治政府建设的根本要求。

在依法行政的实施过程中，一切行政法律关系所涉及的法律规范，都必须通过行政执法这一基本方式才能得到具体实施和切实执行，可以说，没有行政执法，国家行政管理就没有了具体的措施和有效的手段，就不可能实现国家的行政管理职能。正因

为如此，我们才说，行政执法是实现国家行政管理职能的重要方式。质监行政执法既是质监部门的法定职权，也是质监部门的法定义务。

加强质监行政执法，不仅是国家法律赋予质监部门的权力，同时也是国家法律对质监部门应当履行的职责和义务的要求；加强质监行政执法，不但促进了质监部门的职能转变，而且促使质量技术监督管理活动实现依法行政；加强质监行政执法，将有利于创造良好的市场公平竞争环境，维护社会主义市场经济的正常运行秩序。

二、质监行政执法是提高我国整体质量水平的保障手段

质量水平是衡量一个国家和地区核心竞争力的显著标志，质量问题是经济社会发展的重大战略问题。经过长期不懈努力，我国质量总体水平稳步提升，质量安全形势稳定向好，有力支撑了经济社会发展。但也要看到，我国经济社会发展不平衡、不协调、不可持续问题十分突出，中高端产品和服务有效供给不足，迫切需要下最大气力抓全面提高质量，提高供给质量是供给侧结构性改革的主攻方向，全面提高产品和服务质量是提升供给体系的中心任务，加强行政执法是重要的保障手段。

近年来，党中央、国务院高度重视质量发展，出台了一系列重大举措，颁布了《质量发展纲要（2011—2020 年）》《中共中央 国务院关于开展质量提升行动的指导意见》等纲领性文件，把质量放到了更加突出的战略位置，规划了我国质量发展的宏伟蓝图。习近平总书记提出“三个转变”重要论述，李克强总理强调以质量的提升“对冲”经济速度的放缓，把经济社会发展推向“质量时代”，中国产品质量正呼唤一场真正的“品质革命”。十九大报告指出，“必须坚持质量第一，效率优先，以供给侧结构性改革为主线，推动经济发展质量变革、效率变革、动力变革，提高全要素生产力。”

要加快建设现代化经济体系，不断增强我国经济创新力和竞争力，质监部门就必须贯彻落实党中央、国务院关于质量提升工作的部署和要求，严格按照法律、法规和规章从各个领域、各个环节加大对质量的全方位监管力度，促进技术进步，以保障我国质量水平的整体提升，助推我国经济发展进入质量时代。

三、质监行政执法是保障国计民生的内在要求

切行政管理和服务都必须通过行政执法这一基本方式才能具体而有效地作用于人和国计民生，从一定意义上讲，国家的行政管理是通过行政执法的具体途径和强有力的手段来保障和实现的。

质监部门担负着多部法律、行政法规以及数以百计的地方性法规、部门规章和地方政府规章在社会主义市场经济中能否得到正确贯彻执行的监督检查责任。质监行政执法涉及国民经济、自然生态、社会发展、人民生活等多个民生领域，对促进市场和社会建立完善的质量保证体系、促进区域质量水平的总体提升、提升群众满意度、维

护市场公平竞争、促进消费、保护消费者合法权益等方面都发挥了重要作用。

全国质监部门以“质检利剑”行动为抓手，在多个民生领域有效开展执法工作，持续加大对重点领域重点产品的执法打假力度，紧紧围绕确保消费品安全、节能环保、产业结构升级、巩固农业基础地位、保障民生计量、确保特种设备安全等重点领域深入持续开展各种专项行动，有效打击了各类产品质量侵权行为，严厉查处一批制售假冒伪劣大案要案，集中公布一批质量违法典型案件，切实保持严厉打击质量违法行为的高压态势，充分发挥执法打假维权，确保质量安全，促进质量提升，保护消费者合法权益等方面的积极作用，为实现“两个一百年”奋斗目标、全面建成小康社会、开启全面建成社会主义现代化国家新征程的战略目标提供更有效的质量安全保障。

四、质监行政执法是提升我国国际贸易水平的有力手段

中国加入世界贸易组织以来努力按照 WTO 规则改革国内经济体制和法律体系，使中国更快融入全球经济体系，对外经济贸易活动高速增长，在世界上的贸易和投资份额也大幅度增长，有效拉动了中国经济的增长。同时也要注意到，目前各国，尤其是发达国家人为设置的技术性贸易壁垒是推行贸易保护主义的最有效手段，技术壁垒涉及贸易的各个领域和环节：农产品、食品、机电产品、纺织服装、信息产业、家电、化工医药，包括它们的初级产品、中间产品和制成品，涉及加工、包装、运输和储存等各个环节。

加大质监在国际贸易中的执法力度，可以充分发挥质监部门的技术优势，依据我国在国际商品贸易中已经建立的技术标准、认证制度、检验制度等法制规范，结合 WTO 技术性贸易规则和标准，严厉查处对外贸易中的各种违法行为，从而推动我国外贸发展方式转变，培育以技术、标准、品牌、质量、服务为核心的对外经济新优势，倒逼企业按照更高技术标准提升产品质量和产业层次，从而不断提高我国商品的国际市场竞争力。

充分运用我国质监法制手段，加强对国外技术性贸易措施的跟踪、研判、预警、评议和应对，同时加大对外贸产品的执法力度，做到有法必依、违法必究、执法必严，是妥善化解国际贸易摩擦，帮助企业规避国际贸易技术风险，维护我国在国际贸易中的合法正当权益的重要方式，对于提高我国对外开放过程主动权，提高自我保护、自我发展能力，对于促进“一带一路”沿线国家和地区、主要贸易国家和地区质量国际合作，对于提高我国产品的国际名声，以及有效破解国际贸易技术壁垒都具有非常重要的意义。

第三节　质监行政执法的发展历程

在古代，有关社会管理方式就有质监行政执法的内容。如秦时规定“车同轨、书

同文”；《唐律疏议》规定：“诸工作有不如法者，笞四十；不任用及应更作者，并计所不任赃、庸，坐赃论减一等。其供奉作者，加二等。工匠各以其所由为罪。监当官司，各减三等”。进入近、现代，囿于经济社会发展，特别是技术、法治、工业经济、消费水平的局限，旧中国的质监行政执法没有得到发展。质监行政执法真正的发展应当是在新中国成立后，其历程大致可以分为3个阶段。

一、起步阶段

中华人民共和国成立以后，党和政府十分重视质量技术监督工作，设置了质量、标准、计量行政管理部门。1949年10月，成立了中央人民政府财政经济委员会技术管理局，内设标准处和度量衡处，负责标准制定和全国度量衡管理工作。1952年5月，中央人民政府财政经济委员会技术管理局撤销，度量衡处划归中央工商行政管理局管辖。1955年1月，国家计量局成立，直属国务院领导。1957年初，在国家技术委员会（后改为国家科学技术委员会）内设立标准局，统一管理全国的标准化工作。1978年4月，成立了国家标准总局和国家计量总局。1982年5月，国家标准总局、国家计量总局改由国家经委领导，名称改为国家标准局、国家计量局。在这个过程中，标准、计量、质量监督管理工作不断加强，如推行质量管理、制定发布标准、评选优质产品、产品质量监督抽查、计量执法等。从新中国成立后直到1988年7月成立国家技术监督局的这一时期，质量技术监督工作开始起步并逐渐具备技术执法的特征，可以看作是质监行政执法的起步阶段。

二、初步形成阶段

1988年7月，第七届全国人大常委会第一次会议决定，国家标准局、国家计量局和国家经委质量局合并，组建国家技术监督局，直属国务院，负责管理全国的标准化、计量、质量监督工作，对全国质量管理工作进行宏观指导。1998年3月，国务院第四次机构改革中，组建了国家质量技术监督局，职能与国家技术监督局基本相同。1999年1月，党中央、国务院（中发〔1999〕2号文）决定，省以下质量技术监督系统实行垂直管理体制。从国家技术监督局成立至国家质量技术监督局成立并实行省以下垂直管理体制这一时期，可以看作是质监行政执法已经初步形成的阶段。

这一时期是质监行政执法从陆续开展到逐步形成规范体系的快速发展时期。1985年9月颁布的《计量法》、1988年12月颁布的《标准化法》、1993年2月颁布的《产品质量法》构建了质量技术监督法律体系的基本框架。国家技术监督局发布了技术监督行政案件办理程序、现场处罚、审理工作、听证工作及行政处罚委托等一系列部门规章，规范了行政执法程序。河南省最早成立了县级技术监督稽查执法大队，各地专职执法机构也逐步建立和发展起来。随着职能增加和执法客观需要，质监行政执法领域不断拓展，力度不断增强，水平不断提高。特别是将科学思想、技术方法和技术装备应用到执法过程的各个环节，从而逐步形成了独特的执法方式。上述情况表明，在我国改革开放后经济社会发展、技术进步和法治建设的宏观大背景下，质监行政执法已经初步形成。

三、基本成熟阶段

2001 年 4 月，国务院（国发〔2001〕13 号文）决定，成立国家质量监督检验检疫总局（以下简称国家质检总局）。从国家质量技术监督局与国家出入境检验检疫局合并至今，质监行政执法步入了基本成熟阶段。

质监行政执法基本成熟的标志主要是：法律法规体系基本健全、执法手段基本完备、执法队伍基本齐备、执法行为基本规范、执法保障基本完备、执法理论基本形成、执法水平不断提高等。目前，我国已形成了由 7 部法律、20 多项行政法规、约 100 项部门规章、约 300 项地方性法规和地方政府规章组成的质量技术监督法律法规体系，基本健全。执法实践中，探索形成了抽样取证、检验检测、合格判定、产品鉴定、产品鉴别等技术执法方法，提高了办理行政案件的能力和水平。健全了从立案、调查取证、行政强制措施、审理、决定、执行到结案的技术执法程序，加强了执法监督，建设法治质监取得明显成效。质监行政执法为提高我国产品质量水平、促进经济社会发展、打击假冒伪劣、维护消费者权益和市场经济秩序做出了积极的贡献。近几年来，国家质检总局局长支树平正式提出质监部门要树立技术执法的形象，要求加强技术执法研究，推进技术执法实践。上述情况表明，质监行政执法发展到现阶段，已经基本成熟。

第四节　质监行政执法的基本要求

一、依法行政

1. 合法行政

实施质监行政执法，应当依照法律、法规和规章的规定进行，没有法律、法规和规章的规定，执法机关不得做出影响公民、法人或者其他组织的合法权益或者增加公民、法人或者其他组织义务的决定。

2. 合理行政

质监行政执法应当遵循公平、公正的原则。要平等对待当事人，不偏私、不歧视。行使自由裁量权应当符合法律目的，排除不相关因素的干扰；所采取的措施和手段应当必要、适当；可以采用多种方式实现执法目的的，应当避免采用损害当事人合法权益的方式。

3. 程序正当

实施质监行政执法，除涉及国家秘密和依法受到保护的商业秘密、个人隐私外，应当公开，注意听取公民、法人或者其他组织的意见。要严格遵循法定程序，依法保障当事人、利害关系人的知情权、参与权和救济权。执法人员履行职责的过程中，与当事人存在利害关系时，应当回避。

4. 高效便民

实施质监行政执法，应当遵守法定时限，积极履行法定职责，提高执法效率。

5. 诚实守信

质监行政执法机关公布的信息应当全面、准确、真实。非因法定事由并经法定程序，执法机关不得撤销、变更已经生效的执法决定；因国家利益、公共利益或者其他法定事由需要撤回或者变更执法决定的，应当依照法定权限和程序进行，并对当事人因此而受到的财产损失依法予以补偿。

6. 权责统一

质监行政执法机关违法或者不当行使职权，应当依法承担法律责任，实现权力和责任的统一。依法做到执法有保障、有权必有责、用权受监督、违法受追究、侵权须赔偿。

二、办成铁案

《中华人民共和国行政诉讼法》（以下简称《行政诉讼法》）规定，人民法院在审查时，对于“证据确凿，适用法律、法规正确，符合法定程序”的行政行为，应当判决维持。《中华人民共和国行政复议法》（以下简称《行政复议法》）规定，行政复议机关在审查时，对于“事实清楚，证据确凿，适用依据正确，程序合法，内容适当”的行政行为，应当决定维持。《质量技术监督行政处罚程序规定》规定，办理行政处罚案件，应当做到事实清楚，证据确凿，程序合法，法律、法规和规章适用准确，处罚合理、公正因此，事实清楚、证据确凿、适用法律正确、程序合法、处罚合理、公正是衡量质监行政执法机关做出的行政处罚决定是否正确的标准，也是质监行政执法案件办成铁案的要求。

1. 事实清楚

事实清楚是指行政处罚决定所依据的事实应当清楚，既包括违法行为是否发生、行为人、时间、地点等核心事实，也包括行为人的过错、目的、动机，违法行为的具体表现、对象（如产品的数量）、货值或者经营额、利润、后果，以及是否多次违法等其他相关事实。

2. 证据确凿

证据确凿是指行政处罚决定所依据和认定的事实有充分确凿的证据证明。行政处罚决定所依据的事实应当有证据证明，这些证据应当具有合法性、真实性、关联性和足够的证明力。证据不应互相矛盾，存在互相矛盾的，应当合理排除。

3. 程序合法

程序合法是指实施行政处罚的活动在步骤、方式、时限、顺序等方面符合法律、法规、规章和有关规定的要求。步骤是指程序的环节，如把程序比作锁链，步骤就是锁链上的各个环节。方式是指完成程序或者步骤的外在表现形式。时限是指完成程序或者步骤应当遵守的法定期间的要求。顺序是指程序中各步骤之间应当按规定前后有序地实施和进行，不可颠倒。

4. 适用法律正确

适用法律正确是指正确地将证据证明的事实提炼成具有法律意义的抽象事实，准确选择和归入相应的法律规范，并根据该法律规范等有关依据正确地做出行政处罚决定。适用法律是把握和解释法律的过程，除了要准确理解其文义外，还要从逻辑、目的、体系等方面去把握。此外，还涉及理论知识的运用，如一个违法行为与数个违法行为的认定和处理等。适用法律还是一个选择的过程，不同的规范性文件之间，甚至同一个规范性文件的不同法律规范，都可能会相互冲突。应当按照《中华人民共和国立法法》等有关规定正确地选择和适用。

5. 处罚合理、公正

处罚合理、公正是指行政处罚决定的内容应当与违法行为的事实、性质、情节以及社会危害程度相当，确保当事人的合法权益，并受到平等对待。一方面，要正确裁量；另一方面要保障当事人的知情、陈述、申辩等权利；另一方面，相同情况要相同对待，不同情况要区别对待。

三、技术要求

实施质监行政执法不仅要重视行政执法普遍应当具有的合法性、合理性等要求，更要重视研究质监行政执法的内在规律，着力抓好质监行政执法特殊要求的贯彻执行。

（1）正确运用抽样、检验、判定、鉴定、鉴别等技术方法。

随着技术的发展，制假售假的手段越来越高明、行踪越来越隐蔽、科技含量越来越高，开展执法工作更加艰巨而复杂，单纯用传统的取证方法很难发现和查处。这就要求执法人员要充分地理解和掌握抽样取证、检验检测、合格判定、产品鉴定、产品鉴别等技术执法方法。执法实践中必须严格按照法律法规、标准、规范以及获取确实、充分证据的要求执行。

（2）正确实施真假快速简易辨别、破解行业“潜规则”等综合性方法。

真假快速简易辨别要适当。执法人员利用自己掌握的知识，用简易的办法进行快捷技术甄别，可以迅速锁定假冒伪劣嫌疑，提高执法效率，降低执法成本。但由于通常采用手感、目测或简易技术手段辨别，其结论不具备科学性，需要采用规范技术方法加以证实。所以，不能把真假快速简易辨别完全等同于技术执法，但可作为技术执法的一个重要组成部分。

破解行业“潜规则”要有新突破。目前，产品质量领域存在很多不用明文规定、心照不宣、业内流行的行业“潜规则”，以假充真、以次充好、偷工减料、缺斤少两甚至非法添加有毒有害物质，严重扰乱市场秩序，危害人民生命财产安全。执法人员要用技术执法思路增强职业敏感和责任意识，善于发现行业“潜规则”。要凭借科学的技术能力破解行业“潜规则”的秘密。要依法确定事实证据，并惩处违法行为。质监行政执法要成为产品质量类行业“潜规则”的克星。

（3）正确理解和适用标准等技术依据。

标准等技术依据是实施质监行政执法的重要依据，既关系到违法事实认定，又关系到违法行为处罚裁量认定，正确理解和适用标准极为重要。执法人员应当深入研究标准等技术依据，正确使用，要重视结合相关标准比对分析，以及对照标准辨别违法行为轻微和严重程度的区别。

（4）正确理解质监行政执法科学、高效、灵活的要求。

一是要科学。质监行政执法的依据要科学，相关的法律法规、技术标准要准确适用。实施的方法、步骤要科学，要严格按照标准、规范等组织实施。结果要科学，取证的证据包括检验报告的数据等要准确，没有疑义。

二是要高效。质监行政执法不能因为强调科学严谨而陷于烦琐。关键指标确定后，次要指标可以忽略。有确切证据后要防止重复取证。真假快速简易辨别后有嫌疑的再由技术机构检验检测。

三是要灵活。不能机械、教条地理解质监行政执法的依据、程序、方法等规则。例如，在执法中，经常会遇到标准滞后、缺失、不对应等问题，如果坚持强调必须严格按照标准检测判定，就有可能造成无法得出结论，办案受阻。要善于灵活运用质监行政执法规则，以科学、公正为前提，因地制宜地制定出具体工作方案，解决实际问题。

（5）正确处理质监行政执法机关与技术机构之间的实施主体关系。

尽管质监行政执法机关要依托技术机构开展技术执法，质监行政执法的任务有很多，是执法机关和技术机构共同完成的，但是，质监行政执法的实施主体、责任主体均是质监行政执法机关。

产品质量监督检验所、特种设备检验所、计量测试所等机构是接受质监行政执法机关委托，开展检验检测、合格判定、产品鉴定、产品鉴别等活动，为质监行政执法提供技术保障服务的。技术机构出具错误的结果造成质监行政执法机关行政行为错误时，并不承担行政行为后果责任。因此，质监行政执法机关应当严格按要求组织技术机构开展相关活动并审查技术机构提供的结果。

四、处置到位

为全面、正确履行法定职责，办理质监行政执法案件不仅要办成铁案，还要在执法过程中把职责范围内应该处置的事项处置到位。预防失职、渎职等职务风险。

1. 采取强制措施要到位

依法应当采取强制措施而不采取或不及时采取，将会导致假冒伪劣产品得以转移或流入市场。执法实践中，有的是对强制措施的采取条件理解不准确，导致应当采取而没有采取强制措施；有的是为了减少办案难度，故意不采取强制措施。《产品质量法》规定，县级以上产品质量监督部门根据已经取得的违法嫌疑证据或者举报，对涉嫌违反本法规定的行为进行查处时，对有根据认为不符合保障人体健康和人身、财产安全的国家标准、行业标准的产品或者有其他严重质量问题的产品，以及直接用于生产、销售该项产品的原辅材料、包装物、生产工具，予以查封或者扣押。对该强制措施，一是要严格按照有关行政解释理解运用“有根据认为”，既不能理解成需要确切证据，也不能理解成毫无根据。二是对符合条件的原辅材料、包装物、生产工具也必须坚决采取强制措施，防止违法行为人继续生产违法产品。

2. 处罚要到位（包括移送）

执法实践中，该处罚而不处罚、该重罚而轻罚、该移送追究刑事责任而不移送、以罚代刑，有的是对法律理解不正确所致，有的则是为了减少当事人对抗力度，担心当事人复议诉讼，或者因为罚款容易执行到位所致。当然也有说情等其他不正当因素的干扰，损害的是法律公正。尽管上述行为大部分不会在行政复议、行政诉讼中出现，但这属于法制监督和渎职失职司法监督范围。执法机关应当坚决抵制各种不正当干扰因素，依法严格准确适用法律，正确实施行政执法裁量权，该重罚则重罚、该轻罚则轻罚、该不罚则不罚，该移送的坚决移送追究刑事责任。

3. 执行要到位

对依法应当没收的假冒伪劣产品，必须依法没收、管理和处理。对行政处罚决定书确定的罚款数额，必须如数追缴，上缴国库。对当事人拒不按时缴纳罚款的，应当及时催缴或者申请法院强制执行，符合法定条件的，经法定程序才能迟交缓交。

4. 通报要到位

质监行政执法涉及的违法行为，可能同时涉及工商、卫生、农业、食品药品管理、安监执法等，重大违法行为还需要地方政府重视和协调，因此，办理质监行政执法案件过程中，依法按规定应当或需要通报的事项应当及时通报给地方政府和相关部门，形成监管合力。

5. 督促整改要到位

行政处罚事中或事后都应当责令当事人改正违法行为，可以采取发出稽查建议书的形式，督促改进提高，必要时可以提供法制宣传、标准技术、质量管理、计量、行政许可等方面的服务。不得罚过放行、罚过了事。

五、效果统一

法律效果和社会效果是评价技术执法案件办理整体效果的两个最重要的指标。法律效果是指执法行为在法律上所产生的影响和结果，主要衡量法律是否被准确执行和遵守。社会效果则是指执法行为在当事人和社会公众中产生的影响和结果。社会效果包含社会发展的现实需求，更多地则包含社会和群众对执法工作的主观评价。社会效果侧重于执法的结果要满足实质正义，满足社会的主流价值观和长远发展利益，获得公众的情感认可和尊重。

法律效果和社会效果在本质上是统一的，并非相互孤立和对立的，而是有机联系、互为依托的。法律效果是检验执法活动是否依法实施和符合法治原则的尺度，社会效果则是检验执法活动是否符合社会发展和建立和谐社会要求的尺度。法律是社会行为规范的一种形式，法律是人民意志的体现，坚持依法办案，本身就是落实依法治国方略的重要体现，其根本目的也是维护最广大人民群众的根本利益，因此，法律效果和社会效果两者追求的终极目标是一致的。

执法实践中，法律效果和社会效果会出现一定程度的分离。有些案件的执法过程和处罚依据、幅度都在法律规定的要求范围内，但社会效果不好，当事人及社会公众对执法结果评价不高，申诉上访不断，对执法的正当性产生怀疑。也有些案件的处理结果从社会效果因素上考虑有可行性，但有违现行法律规定或于法无据，站不住脚。这些法律效果和社会效果相分离的案件都是错误的。

执法实践中，要始终坚持以人为本、服务大局、执法为民、依法行政的指导思想，运用统筹兼顾的方法，努力实现两个效果的统一。一是克服机械教条地强调“法律至上”，只讲法律效果不讲社会效果的做法。不能就案办案，就法律谈法律。不对具体案件进行具体分析，仅采取简单的对号入座的方法办案，就难以取得好的社会效果。二是克服片面考虑当事人利益或对地方经济带来的不利影响，顾虑地方各界对执法结果评价不高，而对违法行为不依法处罚。这种做法既无法律效果，也无社会效果，最广大人民群众首先就不满意。三是要以人民满意作为出发点和落脚点。要解决好对人民群众的感情问题。那种以执法者自居，完全不顾及人民群众实际感受的做法，千万要不得。要注意倾听人民群众的心声，把人民的需求和法律的规定结合起来，从人民最满意的事情做起，从人民最不满意的问题改起，让人民的呼声、希望、要求都能在执法工作中得到体现和回应。四是把执法工作放到党和政府的工作大局中去考虑，把具体案件放入大的社会背景中去衡量，自觉地履行好质监行政执法机关在促进企业发展、保障社会和谐稳定等方面应尽的责任义务。只有这样，质监行政执法办案的法律效果和社会效果才能实现统一，质监行政执法工作才能真正得到社会各方的理解、信任和支持。

第二章 质监行政执法依据

第一节 法律依据

质监行政执法的法律依据，存在于行政执法法律法规体系及质监法律法规体系中，质监行政执法行为因之有效成立。质监法律法规体系是由法律、行政法规、部门规章和规范性文件、地方性法规和地方政府规章、自治条例和单行条例，以及国家机关的立法解释组成的。本节重点介绍《计量法》《标准化法》《产品质量法》《特种设备安全法》《工业产品生产许可证管理条例》《认证认可条例》等主要质量技术监督业务管理法律制度。

一、计量管理与法律制度

（一）概念

计量是实现单位统一、量值准确可靠的活动。

计量单位是根据约定定义和采用的标量，任何其他同类量可与其比较使两个量之比用一个数表示。

计量单位制是对于给定量制的一组基本单位、导出单位、其倍数单位和分数单位及使用这些单位的规则。

国际单位制是由国际计量大会（CGPM）批准采用的基于国际量制的单位制，包括单位名称和符号、词头名称和符号及其使用规则。

《计量法》规定了我国法定计量单位制度，即“实行法定计量单位制度。国际单位制计量单位和国家选定的其他计量单位，为国家法定计量单位。”我国的法定计量单位包括国际单位制计量单位和国家规定的其他计量单位两部分。

我国的计量标准，按其法律地位、使用和管辖范围的不同，分为社会公用计量标准及部门和企业、事业单位使用的计量标准。

（二）计量法律法规体系

1985 年 9 月 6 日第六届全国人民代表大会常务委员会第十二次会议通过；根据

2009 年 8 月 27 日第十一届全国人民代表大会常务委员会第十次会议《关于修改部分法律的决定》第一次修正；根据 2013 年 12 月 28 日第十二届全国人民代表大会常务委员会第六次会议《关于修改〈中华人民共和国海洋环境保护法〉等七部法律的决定》第二次修正；根据 2015 年 4 月 24 日第十二届全国人民代表大会常务委员会第十四次会议《关于修改〈中华人民共和国计量法〉等五部法律的决定》第三次修正；根据 2017 年 12 月 27 日第十二届全国人民代表大会常务委员会第三十一次会议《关于修改〈中华人民共和国招标投标法〉、〈中华人民共和国计量法〉的决定》第四次修正。

计量法律法规体系主要包括以下 3 个方面的内容。

1. 法律

计量法律法规体系是指以《计量法》为母法及从属于《计量法》的若干法规、规章所构成的有机联系的整体。

2. 行政法规

包括国务院依据《计量法》制定或批准的计量行政法规，如《中华人民共和国计量法实施细则》（以下简称《计量法实施细则》）、《中华人民共和国进口计量器具监督管理办法》等，还包括部分省、自治区、直辖市人大或常委会制定的地方性计量法规。

3. 部门规章和规范性文件

包括国务院计量行政部门制定的有关计量的部门规章，如《中华人民共和国计量法条文解释》《计量基准管理办法》《计量标准考核办法》《计量违法行为处罚细则》《制造，修理计量器具许可证监督管理办法》等，迄今共有 30 多项。还包括国务院有关部门制定的计量管理办法，如《国家海洋局计量工作管理条例》等。此外还有县级以上地方人民政府及计量行政部门制定的地方计量管理规范性文件。

（三）计量法律责任

计量违法的法律责任与法律制裁是基于违法行为而设定的。计量违法行为性质严重，触犯刑律的，由国家司法机关实施刑事制裁；对于使用不合格计量器具、破坏计量器具准确度或伪造数据给国家和消费者造成损失的，可以追究其民事责任；属于行政违法行为的，由县级以上地方政府计量行政部门追究其法律责任，予以相应的行政制裁。我国计量法律、法规和规章设定应追究刑事、民事、行政法律责任，予以相应法律制裁的计量违法行为有下列几种。

1. 应予刑事制裁的计量违法行为

（1）制造、修理、销售以欺骗消费者为目的的计量器具，其情节严重，构成犯罪的；

（2）使用以欺骗消费者为目的的计量器具或者破坏计量器具准确度、伪造数据，给国家和消费者造成损失，构成犯罪的；

（3）伪造、盗用、倒卖检定印、证，构成犯罪的；

（4）计量监督管理人员利用职权收受贿赂，徇私舞弊，构成犯罪的；

（5）负责计量器具新产品定型鉴定的直接责任人员，泄露申请单位提供的技术秘密，构成犯罪的；

（6）计量检定人员违反检定规程，使用未经考核合格的计量标准开展检定，未取得检定证件进行检定，出具错误数据或伪造数据，构成犯罪的；

（7）损坏国家计量基准，擅自中断、终止检定工作，构成犯罪的。

以上 7 种应予刑事制裁的计量违法行为，有的直接写在《计量法》条款里，有的在《刑法》中已有明确规定，可直接适用《刑法》的有关规定。

2. 应予民事制裁的计量违法行为

应追究民事责任的计量违法行为是指在制造、修理、进口、销售、使用计量器具或检定测试等计量活动中直接给他人造成损失的行为。对于这些民事责任，计量法律、法规和规章大多规定为“责令赔偿”；以行政处罚方式追究其对检定、测试活动中的有关赔偿责任则规定为应“赔偿损失”，以表明其民事责任的非行政强制性。

（1）规定应承担民事赔偿责任的行为包括：

1）负责计量器具新产品定型鉴定的单位，泄露申请单位提供的技术秘密，应按国家有关规定，赔偿申请单位的损失；

2）计量检定人员出具错误数据，给送检一方造成损失的，由其所在的技术机构赔偿损失；

3）无故拖延强制检定的检定期限，给送检单位造成损失的，执行强制检定任务的技术机构应赔偿损失。

（2）规定以“责令其赔偿损失”的方式追究其民事责任的行为包括：

1）被授权计量检定单位，擅自终止所承担的授权检定工作，给有关单位造成损失的；

2）未经计量授权，擅自开展检定，给有关单位造成损失的；

3）使用不合格的计量器具，给国家和消费者造成损失的；

4）使用以欺骗消费者为目的的计量器具，或者破坏计量器具准确度、伪造数据，给国家和消费者造成损失的。

3. 应予行政制裁的计量违法行为

应追究行政责任的计量违法行为是指行为人违反计量法律、法规和规章的规定，但危害程度较轻，属于一般性违法。其行为表现包括：

（1）上述列入追究刑事责任范围的行为尚未构成犯罪的；

（2）上述列入追究民事责任范围的行为，从违反行政法律规范方面来说，要追究行政责任的。

（3）纯属追究行政责任的违法行为包括：

1）出版物、非出版物使用非法定计量单位的。

2）社会公用计量标准达不到原考核条件的。

3）部门和企、事业单位使用的各项最高计量标准未取得法定考核合格证书；或证书有效期满，未申请复查合格而继续开展检定；或经检查达不到原考核条件的。

4）被授权执行计量检定任务的单位，超出授权范围开展检定、测试，或达不到原考核条件的。

5）使用中的各项计量标准、强制检定的工作计量器具未按规定申请检定或超过检定周期的；非强制检定的计量器具未按规定进行周期检定的；商贸中使用非法定计量单位的计量器具的。

6）公民、法人进口计量器具以及外商、外商代理人在中国销售计量器具未经批准的；销售废除的非法定计量单位的计量器具或禁止使用的其他计量器具的；或未送规定的计量检定机构检定合格而销售的；或进口、销售的计量器具未经型式批准的。

7）未经批准，制造废除的非法定计量单位和禁止使用的计量器具的；制造、销售未经型式批准或样机试验合格的计量器具新产品的；制造、修理单位对其计量器具产品不经检定合格而出厂和交付使用的；个体工商户制造、修理计量器具不经检定合格而销售、交付使用的。

8）销售没有检定合格印的计量器具的。

9）经营销售计量器具的残次零配件，使用残次零配件组装计量器具的。

10）产品质量检验机构未取得计量认证合格证书或超过证书允准的范围开展检验工作，向社会出具公正数据的；达不到原考核条件，或已失去公正地位，继续开展检验工作，向社会出具公正数据的。

我国《计量法》规定，对计量违法行为实施行政处罚，由县级以上地方政府计量行政部门决定。计量行政处罚的形式包括：①责令改正；②责令停止生产、营业、制造、出厂、修理、销售、使用、检定、测试、检验、进口；③责令赔偿损失；④吊销证书；⑤没收违法所得、计量器具、残次计量器具零配件及非法检定印、证；⑥罚款。

二、标准化管理与法律制度

（一）概念

1. 标准的定义

《标准化法》第二条明确：标准（含标准样品），是指农业、工业、服务业以及社会事业等领域需要统一的技术要求。

我国国家标准和 ISO 对标准的定义均包括强制性标准和推荐性标准，因此是广义的标准。而 WTO/TBT 协议对标准的定义仅指推荐性标准，不包括强制性标准，因此是狭义的标准。当前，我国国家标准仍然是由强制性标准和推荐性标准组成的。

2. 标准化的定义

GB/T 20001—2002《标准化工作指南　第 1 部分：标准化和相关活动的通用术语》中关于标准化的定义：为了在既定范围内获得最佳秩序，促进共同效益，对现实问题或潜在问题确立共同使用和重复使用的条款以及编制、发布和应用文件的活动。

标准化是指在经济、技术、科学及管理等社会实践中，对重复性事物和概念通过制定、发布、实施标准，达到统一，以获得最佳秩序和社会效益的活动过程。标准化主要是制定标准、贯彻实施标准和监督实施标准的过程。标准化的基本目的是使社会以尽可能少的资源、能源消耗谋求尽可能大的社会效益和最佳秩序。标准化的目的和作用都必须通过制定和贯彻具体的标准来体现。标准是标准化活动的产物，标准化活动不能脱离制定、修订和贯彻实施标准。这是标准化的基本任务和主要内容。

标准化水平是衡量一个国家的生产技术和科学管理水平的尺度，是现代化的重要标志。

（二）标准化法律法规体系

标准化法律法规体系主要包括以下几方面内容。

1. 法律

《标准化法》是标准化法律法规体系的顶层法律，体系中的所有法规和规章均以该法为依据。

2. 行政法规

标准化行政法规是国务院领导和管理全国标准化行政工作，根据《标准化法》，按照一定程序制定和发布的标准化的规范性文件，具有法律规范诸要素，是对我国标准化法的补充和具体化。

3. 部门规章

一般是根据国务院各部门的职权和业务范围，按照“一事一定”的原则制定的，专业性较强。标准化部门规章一般由国务院标准化行政主管部门及国务院有关行政主管部门负责起草、发布。

4. 地方性法规及规章

地方性法规是各省、自治区、直辖市以及较大市的地方人民代表大会及其常务委员会根据《标准化法》的基本原则，结合本地区实际，制定、颁布的标准化工作的法律规范；地方政府规章则是由各省、自治区、直辖市以及较大市的人民政府制定和发布的，是调整本行政区域内标准化工作的规范性文件。

（三）标准化法律责任

1. 违法行为表现形式

《标准化法》所规定的标准化违法行为的表现形式，主要有以下几类：

（1）生产、销售、进口产品或者提供服务不符合强制性标准的；

（2）企业未依照本法规定公开其执行的标准的；

（3）国务院有关行政主管部门、设区的市级以上地方人民政府标准化行政主管部门制定的标准不符合本法第二十一条第一款、第二十二条第一款规定的；

（4）社会团体、企业制定的标准不符合本法第二十一条第一款、第二十二条第一款规定的；

（5）违反本法第二十二条第二款规定，利用标准实施排除、限制市场竞争行为的；

（6）国务院有关行政主管部门、设区的市级以上地方人民政府标准化行政主管部门未依照本法规定对标准进行编号或者备案，又未依照本法第三十四条的规定改正的；

（7）国务院有关行政主管部门、设区的市级以上地方人民政府标准化行政主管部门未依照本法规定对其制定的标准进行复审，又未依照本法第三十四条的规定改正的；

（8）国务院标准化行政主管部门未依照本法第十条第二款规定对制定强制性国家标准的项目予以立项，制定的标准不符合本法第二十一条第一款、第二十二条第一款规定，或者未依照本法规定对标准进行编号、复审或者予以备案的；

（9）社会团体、企业未依照本法规定对团体标准或者企业标准进行编号的。

2. 法律责任

标准化法律责任根据行为人违法行为的性质、情节及社会危害后果可以分为：刑事责任、民事责任和行政责任 3 类。

（1）刑事责任

根据《标准化法》及《刑法》规定，标准化违法行为应追究其刑事责任的，主要有以下两种情况：

1）生产、销售、进口产品或者提供服务不符合强制性标准的，构成犯罪的，依法追究刑事责任。

根据《刑法》第二编第三章的规定，生产、销售、进口不符合强制性标准的产品，追究其刑事责任的情况有 4 种：

《刑法》第一百四十三条规定：生产、销售不符合食品安全标准的食品，足以造成严重食物中毒事故或者其他严重食源性疾患的，处三年以下有期徒刑或者拘役；对人体健康造成严重危害或者有其他严重情节的，处三年以上七年以下有期徒刑；后果特别严重的，处七年以上有期徒刑或者无期徒刑。

《刑法》第一百四十五条规定：生产不符合保障人体健康的国家标准、行业标准的医疗器械、医用卫生材料，或者销售明知是不符合保障人体健康的国家标准、行业标准的医疗器械、医用卫生材料，足以严重危害人体健康的，处三年以下有期徒刑或者拘役；对人体健康造成严重危害的，处三年以上十年以下有期徒刑；后果特别严重的，处十年以上有期徒刑或者无期徒刑。

《刑法》第一百四十六条规定：生产不符合保障人身、财产安全的国家标准、行业标准的电器、压力容器、易燃易爆产品或者其他不符合保障人身、财产安全的国家标准、行业标准的产品，或者销售明知是以上不符合保障人身、财产安全的国家标准、行业标准的产品，造成严重后果的，处五年以下有期徒刑；后果特别严重的，处五年以上有期徒刑。

《刑法》第一百四十八条规定：生产不符合卫生标准的化妆品，或者销售明知是不符合卫生标准的化妆品，造成严重后果的，处三年以下有期徒刑或者拘役。

2）标准化工作的监督、管理人员滥用职权、玩忽职守、徇私舞弊的，依法给予处分；构成犯罪的，依法追究刑事责任。

滥用职权是指标准化行政主管部门和有关行政主管部门的工作人员超越职权，违法决定、处理其无权决定、处理的事项，或者违反规定处理公务。玩忽职守主要是指标准化行政主管部门和有关行政主管部门的工作人员严重不负责任，不履行或者不认真履行职责义务。其中，不履行职责义务是指标准化工作的监督、管理人员，对于自己应当履行的职责，拒绝履行或者放弃职守。徇私舞弊是指标准化行政主管部门和有关行政主管部门的工作人员在履行职责过程中，谋取个人私利或者私情而违背职责的行为。对标准化行政主管部门和有关行政主管部门的工作人员的处分，依照《中华人民共和国公务员法》（以下简称《公务员法》）第五十六条规定："处分分为：警告、记过、记大过、降级、撤职、开除。"

根据罪刑法定原则，刑事责任的追责依据是《刑法》的规定。如《刑法》第三百九十七条规定："国家机关工作人员滥用职权或者玩忽职守，致使公共财产、国家和人民利益遭受重大损失的，处三年以下有期徒刑或者拘役；情节特别严重的，处三年以上七年以下有期徒刑。本法另有规定的，依照规定。国家机关工作人员徇私舞弊，犯前款罪的，处五年以下有期徒刑或者拘役；情节特别严重的，处五年以上十年以下有期徒刑。本法另有规定的，依照规定。"

（2）民事责任

市场主体如果违反合同或者不履行其他民事义务，需要依法承担相应的民事责任，其责任类型包括合同责任、侵权责任等。根据《标准化法》第三十六条的规定，标准化违法行为应承担民事责任的，主要有以下两种情况：

1）生产、销售、进口产品或者提供服务不符合强制性标准的。产品不符合强制性标准的，根据《产品质量法》应认定为缺陷产品，具体承担责任情况可见《产品质量法》第四十条、第四十六条，《中华人民共和国侵权责任法》（以下简称《侵权责任法》）第四十一条、第四十二条的规定。对于一些特殊产品，我国建立了缺陷产品召回制度，如《食品安全法》及《缺陷汽车产品召回管理条例》规定了食品和汽车的召回制度，召回主体对于缺陷产品视情况承担消除危险、赔偿损失等民事责任。对于缺陷服务的认定，相关法律未做出明确定义，可以参照缺陷产品的规则予以适用，将不符合强制性标准的服务认定为缺陷服务。对于缺陷服务的法律责任，因提供的服务种类不同，会导致不同的责任承担方式。具体可见《中华人民共和国消费者权益保护法》（以下简称《消费者权益保护法》）第四十八条及《侵权责任法》第七章等的规定。

2）企业生产的产品、提供的服务不符合其公开标准的技术要求的。《中华人民共和国合同法》（以下简称《合同法》）第一百零七条规定："当事人一方不履行合同义务或者履行合同义务不符合约定的，应当承担继续履行、采取补救措施或者赔偿损失等违约责任。"购买者购买企业产品或者服务的行为，属于双方订立合同的行为。企业公开承诺的产品和服务的标准技术要求，属于双方约定的重要内容。企业提供的产品和服务如果违反公开承诺的标准技术要求，属于违约行为，应当承担违约责任。企业公开承诺的标准技术要求，主要是指企业在标准信息公共服务平台中所公开的标准内容，亦包括企业在产品包装或者产品和服务的说明书上明示的标准技术要求。这些技术要求，可以是企业自行制定的企业标准中所规定的内容，也可以是企业声明采用国家标准、行业标准、地方标准或者团体标准中所规定的内容。

民事责任的承担遵循填补性原则，以补足民事主体所受损失为限，特殊情况还要承担惩罚性赔偿。《中华人民共和国民法总则》第一百七十九条规定："承担民事责任的方式主要有：（一）停止侵害；（二）排除妨碍；（三）消除危险；（四）返还财产；（五）恢复原状；（六）修理、重作、更换；（七）继续履行；（八）赔偿损失；（九）支付违约金；（十）消除影响、恢复名誉；（十一）赔礼道歉。法律规定惩罚性赔偿的，依照其规定。本条规定的承担民事责任的方式，可以单独适用，也可以合并适用。"

（3）行政责任

行政责任是行为人违反行政管理相关法律、法规和规章等，行政机关要求行为人承担的法律责任，责任的形式和内容由法律、法规和规章等规定，责任性质一般具有惩罚性。行政责任的追究主要表现为行政处分和行政处罚两种形式，由特定的国家行政机关根据标准化行政违法的性质、情节及危害后果做出制裁。

《标准化法》第五章规定多项行政处罚、行政处分及诸如"记入信息记录""予以公示"等信用惩戒机制的行政处理措施。为便于说明，以下按照违法情形与行政执法关系紧密程度概括予以说明，不再单独对行政处分及行政处罚分别说明。

因《产品质量法》《中华人民共和国进出口商品检验法》（以下简称《进出口商品

检验法》)、《消费者权益保护法》等法律、行政法规对于违反强制性标准的行政责任已经做了规定，故《标准化法》第三十七条只做了衔接性规定，具体责任条款可见《产品质量法》第四十九条、《进出口商品检验法》第三十五条、《消费者权益保护法》第五十六条。另外，《中华人民共和国环境保护法》《食品安全法》等有关法律、行政法规中也有关于违反强制性标准予以行政处罚的规定。

依照《中华人民共和国反垄断法》(以下简称《反垄断法》)等法律、行政法规的规定处理。一方面，行政机关利用标准排除、限制市场竞争属于对标准的滥用，可能违反《反垄断法》，构成行政垄断行为，涉及《反垄断法》第三十三条、第五十一条。另一方面，市场主体利用标准达成垄断协议、滥用市场支配地位，违反《反垄断法》规定的，也需要承担法律责任，涉及《反垄断法》第十三条、第四十六条第一款。

相应法律责任中无罚款、没收产品等常规行政处罚种类，而是多规定为责令限期改正，逾期不改的，在标准信息公共服务平台予以公示、废止相关标准、撤销标准编号及对人员进行行政处分；或者是不给予改正期限，直接予以撤销相关标准编号、废止未备案标准及对人员进行行政处分等行政处理模式。具体见《标准化法》第五章中相关条款。

三、产品质量管理与法律制度

(一) 概念

1. 产品的定义

根据 GB/T 19000—2016《质量管理体系　基础和术语》规定，产品是指在组织和顾客之间未发生任何交易的情况下，组织能够产生的输出。可以是有形的物品，无形的服务、组织、观念或它们的组合。产品通用类别有 4 种：硬件，如轮胎；流程性材料，如燃料和软饮料；软件，如计算机程序、移动电话应用程序、操作手册、字典、音乐作品版权、驾驶执照。《产品质量法》所称的产品是指经过加工、制作，用于销售的产品，即产品必须同时具备两个条件，一是该产品经过加工、制作，是与自然物相对的劳动生产物；二是该产品是用于销售的，而不是自产自用的。

2. 质量的定义

根据 GB/T 19000—2016《质量管理体系　基础与术语》规定，质量是指客体的一组固有特性满足要求的程度。因此，产品质量是指产品固有特性满足要求的程度。要求是指明示的、通常隐含的或必须履行的需求或期望。

(二) 产品质量法律法规体系

我国产品质量法律法规体系基本上形成了以《产品质量法》为主，配套的行政法规和地方性法规、部门规章和地方政府规章为辅，分类组合而成具有内在联系、相互协调的统一体。

1. 法律

主要包括《产品质量法》《标准化法》《食品安全法》《中华人民共和国药品管理法》（以下简称《药品管理法》）、《中华人民共和国农产品质量安全法》（以下简称《农产品质量安全法》）、《计量法》等。《产品质量法》是调整产品质量法律关系的一般法，对所有产品的质量监督管理作了一般规定，凡在中华人民共和国境内从事产品生产、销售活动，必须遵守该法。《食品安全法》《药品管理法》《农产品质量安全法》《计量法》是调整产品质量法律关系的特殊法，对食品、药品、农产品、计量器具等可能危及人体健康、人身财产安全以及用于量值传递、贸易结算、安全防护、医疗卫生、环境监测等特殊产品的质量监督管理作了特别规定。

2. 行政法规

主要包括《工业产品质量责任条例》《计量法实施细则》《棉花质量监督管理条例》《认证认可条例》《特种设备安全监察条例》《工业产品生产许可证管理条例》《危险化学品安全管理条例》《国务院关于加强食品等产品安全监督管理的特别规定》等。

3. 部门规章

主要包括《产品质量申诉处理办法》《产品质量仲裁检验和产品质量鉴定管理办法》《产品质量国家监督抽查管理办法》《工业产品生产许可管理条例实施办法》等。

（三）产品质量法律责任

产品质量法律责任是指产品质量法律关系的主体违反产品质量法律规范，不履行产品质量义务，应当承担的法律后果。产品质量法律责任分为刑事责任、民事责任和行政责任三大类。

1. 刑事责任

产品质量刑事责任是指当事人实施了违反产品质量法律法规规定、构成犯罪的行为应当承担的法律责任。产品质量刑事责任是最严厉的产品质量法律责任。

产品质量违法行为是否构成犯罪，应当根据《刑法》进行判断，只要具备了犯罪必须具备的主体、客体、主观方面和客观方面四个构成要件，有关责任人员就应当承担产品质量刑事责任。

《产品质量法》《刑法》《最高人民法院、最高人民检察院关于办理生产、销售伪劣商品刑事案件具体应用法律若干问题的解释》及《最高人民检察院、公安部关于经济犯罪案件追诉标准的规定》等规定，产品质量刑事责任主要包括以下几方面：

（1）生产、销售不符合保障人体健康和人身、财产安全国家标准、行业标准的产品，销售金额5万元以上的，构成生产销售伪劣商品罪；产品尚未销售，货值金额15万元以上的，以生产销售伪劣商品罪（未遂）定罪处罚。

（2）在产品中掺杂掺假、以假充真、以次充好，或者以不合格产品冒充合格产品，销售金额5万元以上的，构成生产销售伪劣商品罪；产品尚未销售，货值金额15万元以上的，以生产销售伪劣商品罪（未遂）定罪处罚。

（3）销售失效、变质的产品，构成犯罪的，依法追究刑事责任。

（4）产品质量检验机构、认证机构的有关人员伪造检验结果或者故意出具虚假证明，有下列情形之一的，应当按照提供虚假证明文件罪追究刑事责任：①给国家、公众或者其他投资者造成直接经济损失在50万元以上的；②虽未达到上述数额标准，但因提供虚假证明文件，受过行政处罚两次以上，又提供虚假证明文件的；③造成恶劣影响的。

产品质量检验机构、认证机构的有关人员严重不负责任，出具的证明文件有重大失实，有下列情形之一的，应当按照出具证明文件重大失实罪追究刑事责任：①给国家、公众或者其他投资者造成直接经济损失在100万元以上的；②造成恶劣影响的。

（5）在广告中对产品质量作虚假宣传，欺骗和误导消费者，有下列情形之一的，应当按照虚假广告罪追究相关人员刑事责任：①违法数额在10万元以上的；②给消费者造成直接经济损失数额在50万元以上的；③虽未达到上述数额标准，但因利用广告作虚假宣传，受过行政处罚两次以上，又利用广告作虚假宣传的；④造成人身残疾或者其他严重后果的。

（6）知道或者应当知道属于《产品质量法》规定禁止生产、销售的产品而为其提供运输、保管、仓储等便利条件，或者为以假充真的产品提供制假技术，构成犯罪的，依法追究刑事责任。

（7）各级人民政府工作人员和其他国家机关工作人员有下列情形之一，构成犯罪的，依法追究刑事责任：①包庇、放纵产品生产、销售中违反《产品质量法》规定行为的；②向从事违反《产品质量法》规定的生产、销售活动的当事人通风报信，帮助其逃避查处的；③阻挠、干预产品质量监督部门或者工商行政管理部门依法对生产、销售中违反《产品质量法》规定的行为进行查处，造成严重后果的。上述违法行为可能构成玩忽职守罪、徇私舞弊不移交刑事案件罪、放纵制售伪劣商品犯罪行为罪。

（8）以暴力、威胁方法阻碍产品质量监督部门或者工商行政管理部门的工作人员依法执行职务，或者故意拒绝、阻碍从事质量监督管理的国家工作人员依法执行职务未使用暴力、威胁方法，造成严重后果的，按照妨碍公务罪追究有关人员刑事责任。以暴力、威胁的方法，阻碍产品质量监督部门或者工商行政管理部门的工作人员依法执行职务，构成妨害公务罪，应当承担刑事责任的主要要件有以下几方面：

1）行为人必须实施了阻挠、妨碍产品质量监督部门或者工商行政管理部门的工作人员依法执行职务的行为。所谓依法执行职务，是指产品质量监督部门或者工商行政管理部门的工作人员在法律、法规规定的职责范围内，运用其法定职权从事的公务活动。例如，产品质量监督部门工作人员依照《产品质量法》的规定依法查处生产、销售以不合格品冒充合格品的违法行为。

2）行为人使用了暴力或威胁的方法。暴力是指对产品质量监督部门或者工商行政管理部门的工作人员的身体实施打击或者强制，如捆绑、殴打等；威胁是指以杀害、伤害、毁坏财产、损坏名誉等相威胁。如果行为人没有实施暴力、威胁的阻碍行为，只是吵闹、谩骂、不服从执法人员的管理，不构成本条规定的犯罪，可予以治安处罚。

3）行为人主观上必须是直接故意，即行为人明知是产品质量监督部门或者工商行政管理部门的工作人员依法执行职务，为达到阻碍其依法执行职务的目的，而采取暴力、威胁的方法，致使依法执行职务的活动无法正常进行。

4）行为人的行为发生在产品质量监督部门或者工商行政管理部门的工作人员依法执行职务期间，否则，不构成本条规定犯罪。

（9）产品质量监督部门或者工商行政管理部门的工作人员滥用职权、玩忽职守、徇私舞弊，构成犯罪的，按照滥用职权罪、玩忽职守罪、徇私舞弊不移交刑事案件罪和放纵制售假冒伪劣商品犯罪行为罪等追究有关人员刑事责任。

2. 民事责任

《产品质量法》规定，产品质量民事责任包括产品瑕疵担保责任和产品缺陷损害赔偿责任（也称产品侵权损害赔偿责任）。

（1）产品瑕疵担保责任

1）概念和性质

《产品质量法》所说的“瑕疵”，是指产品不具备应当具备的使用性能而事先未做说明，或者是产品不符合在产品或者其包装上注明采用的产品标准，不符合以产品说明、实物样品等方式表明的质量状况。所谓“瑕疵担保”，是指买卖合同中的卖方当事人，为了全面履行买卖关系中所应承担的义务，向买方当事人做出保证和承诺，如果产品存在瑕疵，将承担由此引起的法律后果。这种保证和承诺可以是明示的，也可以是默示的。卖方当事人对买方当事人的保证和承诺是合同的一种形式，因此，卖方当事人承担的法律后果即“瑕疵担保责任”，基于合同关系发生，是合同责任，属于民事责任。

产品的使用性能是指产品在一定条件下，实现预定目的或者规定用途的能力。任何产品都有其特定的使用目的，因此产品具备应当具备的使用性能是产品的基本特性，不需要义务人预先做出明示的担保，产品具备应当具备的使用性能是一种默示担保。产品应当符合在产品上或者其包装上注明采用的产品标准，符合以产品说明、实物样品等方式表明的质量状况，则为一种明示担保，是义务人对产品质量做出的明确保证和承诺。

2）担保责任的形式

①修理、更换、退货。修理、更换、退货就是通常所说的“三包”，是指销售者对已经出售的有瑕疵的产品进行必要的修复，使该产品具备应当具备的使用性能、符合明示的标准或者明示的质量状况，或用质量符合要求的同样产品进行替换，或将上述产品收回，并向产品购买者退还货款的责任方式。

②赔偿损失。承担此种责任方式的前提是，已经给购买产品的消费者造成损失。这里所说的损失，是指在对瑕疵产品进行修理、更换、退货的过程中，给消费者造成的误工费、交通费、邮寄费等损失。

《产品质量法》第四十条第二款规定，销售者负责修理、更换、退货、赔偿损失后，属于生产者的责任或者属于向销售者提供产品的其他销售者（以下简称供货者）责任的，销售者有权向生产者、供货者追偿。

《产品质量法》第四十条第四款规定，若生产者之间、销售者之间、生产者与销售者之间订立的产品买卖合同、承揽合同有不同约定的，合同当事人按照合同约定执行。这一规定的基本依据是合同法中的意思自治原则。

（2）产品缺陷损害赔偿责任

1）概念

产品缺陷损害赔偿责任是指产品生产者、销售者因生产、销售有缺陷的产品致使他人遭受人身损害、缺陷产品以外的其他财产损害所应承担的赔偿责任，也叫产品责任。产品缺陷损害赔偿责任是一种与一般的民事侵权责任有所不同的特殊的民事侵权责任。

《产品质量法》第四十六条规定，缺陷是指产品存在危及人身、他人财产安全的不合理的危险；产品有保障人体健康和人身、财产安全的国家标准、行业标准的，是指不符合该标准。缺陷包含以下两个方面的内容：

①不合理危险的缺陷。不合理危险也可被理解为不合理、不安全状态。大致分为以下几种情况：一是产品本身不存在危及人身、财产安全的危险（如儿童玩具），但因设计、制造上的原因，导致产品存在危及人身、财产安全的危险，这种危险即为“不合理危险”；二是某些产品因本身的性质而具有一定的危险（如易燃易爆产品），在正常合理使用的情况下，不会发生危害人身、财产安全的危险，但因产品设计、制造等方面的原因，导致该产品在正常使用的情况下也存在危及人身、财产安全的危险，这种危险也是“不合理危险”。

②不符合强制性标准的缺陷。按照《标准化法》的规定，保障人体健康和人身、财产安全的标准是强制性标准。产品不符合“保障人体健康和人身、财产安全的国家标准、行业标准的”属于产品不符合强制性标准，即为违法产品，这种违法产品一旦

进入市场就有可能给消费者造成人身、财产上的损害。因此，《产品质量法》将不符合“保障人体健康和人身、财产安全的国家标准、行业标准的”产品规定为缺陷产品。

2）产品缺陷的类型

对产品缺陷的类型，一些国家在法律中做了规定。例如，美国《统一产品责任示范法》规定，产品存在的缺陷是指产品制造上或者设计上存在不合理的不安全性；对产品特性未给予适当警示说明或者警示标志，致使产品存在不合理的不安全性；产品不符合产品销售的明示担保，致使存在不合理的不安全性。我国《产品质量法》虽然未做出明确的规定，但在学理界和实务界，基本上都认同把产品缺陷分为三大类型：设计缺陷、制造缺陷、标识缺陷。

设计缺陷，即产品本身应当不存在危及人身、财产安全的危险性，却由于设计上的原因，导致产品存在危及人身、财产安全的危险。例如，玻璃制品的火锅，如果结构或安全系数设计不合理，就有可能导致在正常使用过程中爆炸，危及使用者或者他人的人身、财产的安全。

制造缺陷，即产品本身应当不存在危及人身、财产安全的危险性，却由于加工、制作、装配等制造上的原因，导致产品存在危及人身、财产安全的危险。例如，儿童玩具制品未按照设计要求采用安全的软性材料，而是使用了金属材料并带有锐角，则有可能导致伤害儿童身体的危险。

标识缺陷，即由于产品本身的特性就具有一定的危险性，由于生产者未能用警示标志或者警示说明明确地告诉使用者使用时应注意的事项，而导致产品存在危及人身、财产安全的危险。例如，煤气热水器在通风不畅的条件下对使用者有一定的危险性，需要生产者告知消费者，必须将热水器安装在浴室外空气流通的地方。如果生产者没有明确告知上述情况，就可认为该产品存在“标识缺陷”。

3）产品缺陷的损害赔偿

①赔偿的主体。按照《产品质量法》的规定，生产者和销售者应当对所生产、销售的缺陷产品承担损害赔偿责任。《产品质量法》第四十一条规定：“因产品存在缺陷造成人身、缺陷产品以外的其他财产（以下简称他人财产）损害的，生产者应当承担赔偿责任。”第四十二条规定：“由于销售者的过错使产品存在缺陷，造成人身、他人财产损害的，销售者应当承担赔偿责任。销售者不能指明缺陷产品的生产者也不能指明缺陷产品的供货者的，销售者应当承担赔偿责任。”

②赔偿的条件。生产者承担产品缺陷损害赔偿责任必须满足 3 个条件：一是产品存在缺陷；二是存在损害事实，即消费者人身或者他人人身、缺陷产品以外的财产已经存在损害；三是消费者人身或者他人人身、财产存在损害是由于产品缺陷造成的，即二者有因果关系。

销售者承担产品缺陷损害赔偿责任也必须满足 3 个条件：一是销售者必须存在过

错。销售者的过错包括两个方面，一个方面是由于销售者积极的行为（即作为）而使产品存在缺陷，如掺杂掺假；另一个方面是由于销售者消极的行为（即不作为）而使产品存在缺陷，如不在适宜的条件下保存产品。二是须有损害事实的存在，即已经造成了人身、财产损害。三是损害事实是由于销售者的过错使产品存在缺陷而引起的。

《产品质量法》第四十二条关于“销售者不能指明缺陷产品的生产者也不能指明缺陷产品的供货者的，销售者应当承担赔偿责任”的规定，可避免因不能准确确定缺陷产品的生产者而使受害人求偿无着，体现了对受害人利益的充分保护，也有利于促使销售者谨慎进货，选择可靠的生产者、供应商，不经销隐匿、伪造生产厂名的产品。

4）产品缺陷损害赔偿的途径和范围

①赔偿的途径。《产品质量法》第四十三条从方便消费者维护自己合法权益的角度出发，规定了受害人可以要求产品的生产者赔偿，也可要求产品的销售者赔偿。同生产者、销售者相比，受害人往往处于弱势，他们很难确定产品的缺陷是生产者还是销售者造成的，有时也很难既知道产品的生产者，又知道产品的销售者，因此，将索赔对象的选择权交给受害人，一方面有利于受害人索赔、起诉；另一方面也有利于受害人得到赔偿，因为在此规定下，生产者和销售者承担的是连带责任，受害人一般不会因找不到真正的侵权者而得不到赔偿。

根据规定，先行赔偿的一方有权向应承担责任的一方追偿自己已经向受害人垫付的赔偿费用。也就是说，没有责任的生产者或者销售者，有权要求有责任的一方支付自己已经垫付的赔偿费用，如果一方拒绝支付，另一方可以依照法定程序要求对方支付。

②赔偿的范围。《产品质量法》规定了对产品缺陷人身伤害的赔偿，实行赔偿人身伤害引起的财产损失赔偿原则，对产品缺陷引起的人身伤害赔偿（包括精神损害赔偿）未做出规定。侵害人应当赔偿医疗费、治疗期间的护理费、因误工减少的收入等费用；造成残疾的，还应当支付残疾者生活自助工具费、生活补助费、残疾赔偿金以及由其扶养的人所必需的生活费等费用；造成受害人死亡的，还应当支付丧葬费、死亡赔偿金以及由死者生前扶养的人所必需的生活费等费用。

《产品质量法》规定了对产品缺陷造成的财产损失的赔偿，实行有条件的全部赔偿原则，即赔偿直接损失，有条件地赔偿间接损失。纳入赔偿范围的间接损失应是受害人在正常情况下应增加而没有增加的财产，又叫可得利益损失。该法还规定，侵害人应当恢复原状或者折价赔偿。受害人因此遭受其他重大损失的，侵害人应当赔偿损失。恢复原状、折价赔偿是对直接损失的赔偿，对其他重大损失的赔偿是对间接损失的赔偿。

3. 行政责任

产品质量行政责任是指行为人违反了产品质量法律法规规定，不履行产品质量法律义务，尚未构成犯罪，依法应承担的一种行政法律后果。产品质量行政责任分为行政处分和行政处罚。

（1）行政处分

行政处分是指根据法律或者国家机关、企业、事业单位的规章制度，由国家机关、企业、事业单位按照行政隶属关系，给予有轻微违法失职行为但尚不构成犯罪，或者违反内部纪律的所属人员的一种制裁。

行政处分的形式有警告、记过、记大过、降级、降职、撤职、留用察看、开除8种形式。

《产品质量法》规定的产品质量行政处分包括以下情形：

1）各级人民政府工作人员和其他国家机关工作人员有下列情形之一尚未构成犯罪的，依法给予行政处分：

①包庇、放纵产品生产、销售中违反本法规定行为的；

②向从事违反本法规定的生产、销售活动的当事人通风报信，帮助其逃避查处的；

③阻挠、干预产品质量监督部门或者工商行政管理部门依法对产品生产、销售中违反本法规定的行为进行查处，造成严重后果的。

2）产品质量监督部门在产品质量监督抽查中超过规定的数量索取样品或者向被检查人收取检验费用情节严重的，对直接负责的主管人员和其他直接责任人员依法给予行政处分。

3）产品质量监督部门或者其他国家机关向社会推荐生产者的产品或者以监制、监销等方式参与产品经营活动情节严重的，对直接负责的主管人员和其他直接责任人员依法给予行政处分。

4）产品质量监督部门或者工商行政管理部门的工作人员滥用职权、玩忽职守、徇私舞弊，尚不构成犯罪的，依法给予行政处分。

（2）行政处罚

产品质量行政处罚是指产品质量监督部门或法律法规授权部门对违反产品质量法律，尚未构成犯罪的当事人依法给予的一种法律制裁。

《产品质量法》规定的产品质量行政处罚有警告、责令停止生产、责令停止销售、责令停业整顿、责令停止使用、吊销营业执照、取消或撤销检验资格或认证资格、没收产品、没收违法所得、没收违法收入、没收原辅材料和包装物及生产工具、罚款、责令改正、责令退还等14种形式。

在上述14种行政处罚形式中，警告属于申诫罚；责令停止生产、责令停止销售、责令停业整顿、责令停止使用、吊销营业执照、取消或撤销检验资格或认证资格属于行为罚；没收产品、没收违法所得、没收违法收入、没收原辅材料和包装物及生产工具、罚款属于财产罚；责令改正、责令退还属于纠正违法行为的处理。

《产品质量法》对当事人因违法而应承担的行政处罚具体规定主要见第五章的相关规定，共规定了15种违法行为的法律责任。

四、特种设备安全监察与法律制度

（一）概念

特种设备是指对人身和财产安全有较大危险性的锅炉、压力容器（含气瓶）、压力管道、电梯、起重机械、客运索道、大型游乐设施、场（厂）内机动车辆，以及法律、行政法规规定适用《特种设备安全法》的其他特种设备。国家对特种设备实行目录管理。特种设备目录由国务院负责特种设备安全监督管理的部门制定，报国务院批准后执行。

锅炉是指利用各种燃料、电或者其他能源，将所盛装的液体加热到一定的参数，并对外输出热能的设备，其范围规定为容积大于或者等于30L的承压蒸汽锅炉；出口水压大于或者等于0.1MPa（表压），且额定功率大于或者等于0.1MW的承压热水锅炉；有机热载体锅炉。

压力容器是指盛装气体或者液体，承载一定压力的密闭设备，其范围规定为最高工作压力大于或者等于0.1MPa（表压），且压力与容积的乘积大于或者等于2.5MPa·L的气体、液化气体和最高工作温度高于或者等于标准沸点的液体的固定式容器和移动式容器；盛装公称工作压力大于或者等于0.2MPa（表压），且压力与容积的乘积大于或者等于1.0MPa·L的气体、液化气体和标准沸点等于或者低于60℃液体的气瓶；氧舱等。

压力管道是指利用一定的压力，用于输送气体或者液体的管状设备，其范围规定为最高工作压力大于或者等于0.1MPa（表压）的气体、液化气体、蒸汽介质或者可燃、易爆、有毒、有腐蚀性、最高工作温度高于或者等于标准沸点的液体介质，且公称直径大于25mm的管道。

电梯是指动力驱动，利用沿刚性导轨运行的箱体或者沿固定线路运行的梯级（踏步），进行升降或者平行运送人、货物的机电设备，包括载人（货）电梯、自动扶梯、自动人行道等。

起重机械是指用于垂直升降或者垂直升降并水平移动重物的机电设备，其范围规定为额定起重量大于或者等于0.5t的升降机；额定起重量大于或者等于1t，且提升高度大于或者等于2m的起重机和承重形式固定的电动葫芦等。

客运索道是指动力驱动，利用柔性绳索牵引箱体等运载工具运送人员的机电设备，包括客运架空索道、客运缆车、客运拖牵索道等。

大型游乐设施是指用于经营目的，承载乘客游乐的设施，其范围规定为设计最大运行线速度大于或者等于 2m/s，或者运行高度距地面高于或者等于 2m 的载人大型游乐设施。

场（厂）内机动车辆是指除道路交通、农用车辆以外仅在工厂场（厂）区、旅游景区、游乐场所等特定区域使用的机动车辆。

特种设备包括其所用的材料、附属的安全附件、安全保护装置和与安全保护装置相关的设施。

（二）特种设备法律法规体系

特种设备法律法规体系是指以《特种设备安全法》为母法及从属于《特种设备安全法》的若干法规、规章所构成的有机联系的整体。我国特种设备法律法规体系的结构可以分 5 个层次。

1. 法律

《特种设备安全法》于 2013 年 6 月 29 日通过，自 2014 年 1 月 1 日起施行。

2. 行政法规

主要有《特种设备安全监察条例》（2003 年 3 月 11 日国务院令第 373 号公布；2009 年 1 月 24 日国务院令第 549 号修订）。与特种设备有关的其他行政法规有：《生产安全事故报告和调查处理条例》（2007 年 3 月 28 日国务院令第 493 号）、《国务院关于特大安全事故行政责任追究的规定》（2001 年 4 月 21 日国务院令第 302 号）等。

3. 部门规章

主要有《气瓶安全监察规定》（2003 年 4 月 24 日国家质检总局令第 46 号公布，2015 年 8 月 25 日国家质检总局令第 166 号修订）、《特种设备作业人员监督管理办法》（2011 年 5 月 3 日国家质检总局令第 140 号）等。

4. 规范

是指国家质检总局对特种设备的安全性能和节能要求以及相应的设计、制造、安装、修理、改造、使用管理和检验检测等活动制定、颁布的强制性规定。如 TSG Z7001—2004《特种设备检验检测机构核准规则》、TSG Z7002—2004《特种设备检验检测机构鉴定评审细则》、TSG T5002—2017《电梯维护保养规则》、TSG R0009—2009《车用气瓶安全技术监察规程》等。

5. 技术标准

是指一系列与特种设备安全相关的经法规、规章或安全技术规范引用的国家标准和行业标准。标准一旦被安全技术规范引用，与安全技术规范具有同等效力，具有强制属性，并成为安全技术规范的组成部分。目前，我国共有各类特种设备及其安全附件标准和相关标准 5000 多项。

（三）特种设备法律责任

国家对特种设备的生产、经营、使用实施分类的、全过程的安全监督管理。特种设备安全监察机制的协调运转，必须以严格有效的法律责任制度为依托。《特种设备安全法》及《特种设备安全监察条例》规定了政府、企业和检验检测机构各负其责的责任制度。一是强化政府监督作用，履行政府的监督职能。二是突出企业在特种设备安全上承担主体责任，促使企业增强安全责任意识。三是强调检验检测机构和检验检测人员责任自负，确保检验检测机构的独立性和检验检测结果、鉴定结论的公正性。四是注意与《刑法》的有关规定相衔接。

1. 刑事责任

《特种设备安全监察条例》中按照刑事法律的规定构成犯罪并应当追究刑事责任的主要有：

（1）未经许可，擅自从事压力容器设计活动，触犯刑律的，对负有责任的主管人员和其他直接责任人员依照刑法关于非法经营罪或者其他罪的规定，依法追究刑事责任。

（2）锅炉、气瓶、氧舱和客运索道、大型游乐设施以及高耗能特种设备的设计文件，未经国务院特种设备安全监督管理部门核准的检验检测机构鉴定，擅自用于制造，触犯刑律的，对负有责任的主管人员和其他直接责任人员依照刑法关于生产、销售伪劣产品罪、非法经营罪或者其他罪的规定，依法追究刑事责任。

（3）未经许可，擅自从事锅炉、压力容器、电梯、起重机械、客运索道、大型游乐设施、场（厂）内专用机动车辆及其安全附件、安全保护装置的制造、安装、改造以及压力管道元件的制造活动，触犯刑律的，对负有责任的主管人员和其他直接责任人员依照刑法关于生产、销售伪劣产品罪、非法经营罪、重大责任事故罪或者其他罪的规定，依法追究刑事责任。

（4）未经许可，擅自从事锅炉、压力容器、电梯、起重机械、客运索道、大型游乐设施、场（厂）内专用机动车辆的维修或者日常维护保养，触犯刑律的，对负有责任的主管人员和其他直接责任人员依照刑法关于非法经营罪、重大责任事故罪或者其他罪的规定，依法追究刑事责任。

（5）锅炉、压力容器、压力管道元件、起重机械、大型游乐设施的制造过程和锅炉、压力容器、电梯、起重机械、客运索道、大型游乐设施的安装、改造、重大维修过程，以及锅炉清洗过程，未经国务院特种设备安全监督管理部门核准的检验检测机构按照安全技术规范的要求进行监督检验，触犯刑律的，对负有责任的主管人员和其他直接责任人员依照刑法关于生产、销售伪劣产品罪或者其他罪的规定，依法追究刑事责任。

（6）未经许可，擅自从事移动式压力容器或者气瓶充装活动，触犯刑律的，对负有责任的主管人员和其他直接责任人员依照刑法关于非法经营罪或者其他罪的规定，依法追究刑事责任。

（7）发生特种设备事故，特种设备使用单位的主要负责人在本单位发生特种设备事故时，不立即组织抢救或者在事故调查处理期间擅离职守或者逃匿，特种设备使用单位的主要负责人对特种设备事故隐瞒不报、谎报或者拖延不报，触犯刑律的，依照刑法关于重大责任事故罪或者其他罪的规定，依法追究刑事责任。

（8）特种设备作业人员违反特种设备的操作规程和有关的安全规章制度操作，或者在作业过程中发现事故隐患或者其他不安全因素，未立即向现场安全管理人员和单位有关负责人报告，触犯刑律的，依照刑法关于重大责任事故罪或者其他罪的规定，依法追究刑事责任。

（9）未经核准，擅自从事本条例所规定的监督检验、定期检验、型式试验以及无损检测等检验检测活动，触犯刑律的，对负有责任的主管人员和其他直接责任人员依照刑法关于非法经营罪或者其他罪的规定，依法追究刑事责任。

（10）特种设备检验检测机构和检验检测人员，出具虚假的检验检测结果、鉴定结论或者检验检测结果、鉴定结论严重失实，触犯刑律的，依照刑法关于中介组织人员提供虚假证明文件罪、中介组织人员出具证明文件重大失实罪或者其他罪的规定，依法追究刑事责任。

（11）特种设备安全监督管理部门及其特种设备安全监察人员，有下列违法行为之一触犯刑律的，依照刑法关于受贿罪、滥用职权罪、玩忽职守罪或者其他罪的规定，依法追究刑事责任：

1）不按照本条例规定的条件和安全技术规范要求，实施许可、核准、登记的；

2）发现未经许可、核准、登记擅自从事特种设备的生产、使用或者检验检测活动不予取缔或者不依法予以处理的；

3）发现特种设备生产、使用单位不再具备本条例规定的条件而不撤销其原许可，或者发现特种设备生产、使用违法行为不予查处的；

4）发现特种设备检验检测机构不再具备本条例规定的条件而不撤销其原核准，或者对其出具虚假的检验检测结果、鉴定结论或者检验检测结果、鉴定结论严重失实的行为不予查处的；

5）对依照本条例规定在其他地方取得许可的特种设备生产单位重复进行许可，或者对依照本条例规定在其他地方检验检测合格的特种设备，重复进行检验检测的；

6）发现有违反本条例和安全技术规范的行为或者在用的特种设备存在严重事故隐患，不立即处理的；

7）发现重大的违法行为或者严重事故隐患，未及时向上级特种设备安全监督管理部门报告，或者接到报告的特种设备安全监督管理部门不立即处理的；

8）迟报、漏报、瞒报或者谎报事故的；

9）妨碍事故救援或者事故调查处理的。

（12）特种设备的生产、使用单位或者检验检测机构，拒不接受特种设备安全监督管理部门依法实施的安全监察，触犯刑律的，依照刑法关于妨害公务罪或者其他罪的规定，依法追究刑事责任。

2. 民事责任

民事责任是公民、法人或其他组织因违反民事法律、违约或者因法律规定的其他事由而依法承担的不利后果，包括侵权责任和违约责任等。

《特种设备安全法》第九十七条规定："违反本法规定，造成人身、财产损失的，依法承担民事责任。违反本法规定，应当承担民事赔偿责任和缴纳罚款、罚金，其财产不足以同时支付时，先承担民事赔偿责任。"

《特种设备安全监察条例》第九十三条第二款："特种设备检验检测机构和检验检测人员，出具虚假的检验检测结果、鉴定结论或者检验检测结果、鉴定结论严重失实，造成损害的，应当承担赔偿责任。"

检验检测机构及其人员的民事责任赔偿，以及特种设备事故造成受害人损失的民事赔偿等问题，适用《中华人民共和国民法通则》（以下简称《民法通则》）的有关规定。

对于特种设备民事纠纷，各级质监部门可以先行调解，但是调解不成的，应当告知当事人依照《中华人民共和国民事诉讼法》（以下简称《民事诉讼法》）规定的程序向人民法院起诉。

3. 行政责任

（1）行政处分

特种设备法律法规规定了以下行政处分：

1）发生特种设备事故，不立即组织抢救或者在事故调查处理期间擅离职守或者逃匿的，或者对特种设备事故隐瞒不报、谎报或者拖延不报的，对单位处 5 万元以上 20 万元以下罚款；对主要负责人处 1 万元以上 5 万元以下罚款；主要负责人属于国家工作人员的，依法给予处分；触犯刑律的，依照《刑法》关于重大责任事故罪或者其他罪的规定，依法追究刑事责任。

2）特种设备作业人员违反特种设备的操作规程和有关的安全规章制度操作，或者在作业过程中发现事故隐患或者其他不安全因素，未立即向现场安全管理人员和单位有关负责人报告的，由特种设备使用单位给予批评教育、处分；情节严重的，撤销特种设备作业人员资格；触犯刑律的，依照《刑法》关于重大责任事故罪或者其他罪的规定，依法追究刑事责任（需要说明的是，《特种设备安全法》第九十二条规定："特种设备安全管理人员、检测人员和作业人员不履行岗位职责，违反操作规程和有关安全规章制度，造成事故的，吊销相关人员的资格。”这两个条款应该均为有效）。

3）负责特种设备安全监督管理的部门及其工作人员有下列违法行为之一的，由上级机关责令改正；对直接负责的主管人员和其他直接责任人员，依法给予处分。

①未依照法律、行政法规规定的条件、程序实施许可的；

②发现未经许可擅自从事特种设备的生产、使用或者检验、检测活动不予取缔或者不依法予以处理的；

③发现特种设备生产单位不再具备《特种设备安全法》规定的条件而不吊销其许可证，或者发现特种设备生产、经营、使用违法行为不予查处的；

④发现特种设备检验、检测机构不再具备《特种设备安全法》规定的条件而不撤销其核准，或者对其出具虚假的检验、检测结果和鉴定结论或者检验、检测结果和鉴定结论严重失实的行为不予查处的；

⑤发现违反《特种设备安全法》规定和安全技术规范要求的行为或者特种设备存在事故隐患，不立即处理的；

⑥发现重大违法行为或者特种设备存在严重事故隐患，未及时向上级负责特种设备安全监督管理的部门报告，或者接到报告的负责特种设备安全监督管理的部门不立即处理的；

⑦要求已经依照《特种设备安全法》规定在其他地方取得许可的特种设备生产单位重复取得许可，或者要求对已经依照《特种设备安全法》规定在其他地方检验合格的特种设备重复进行检验的；

⑧推荐或者监制、监销特种设备的；

⑨泄露履行职责过程中知悉的商业秘密的；

⑩接到特种设备事故报告未立即向本级人民政府报告，并按照规定上报的；

⑪迟报、漏报、谎报或者瞒报事故的；

⑫妨碍事故救援或者事故调查处理的；

⑬其他滥用职权、玩忽职守、徇私舞弊的行为。

（2）行政处罚

主要类型有：

1）责令改正和限期改正。主要用于《特种设备安全法》第七十五条～第八十一条、第八十二条第二款、第八十三条、第八十五条第一款、第八十六条、第八十七条、第九十三条、第九十五条规定的行政处罚中。

2）取缔。主要用于《特种设备安全法》第八十五条第二款规定的对于未经许可擅自从事移动式压力容器或者气瓶充装活动的违法行为。

3）责令停止生产（制造）、销售、经营。主要用于《特种设备安全法》第七十四条、第七十七条、第八十一条、第八十二条第一款规定的行政处罚中。

4）责令停止使用特种设备。主要用于《特种设备安全法》第八十三条、第八十四条、第八十六条、第八十七条规定的行政处罚中。

5）责令停产停业整顿。主要用于《特种设备安全法》第八十六条、第八十七条、第九十五条第一款规定的行政处罚中。

6）吊销企业（生产、充装、检验检测）许可证或者注销使用登记证。主要用于《特种设备安全法》第七十九条、第八十一条第一款、第八十一条第三款、第八十五条第一款、第九十三条第一款、第九十五条第二款规定的行政处罚中。

7）吊销特种设备安全管理人员、检测人员或作业的从业资格。主要用于《特种设备安全法》第九十二条、第九十三条第一款、第九十三条第二款规定的行政处罚中。

8）没收产品。主要用于法律第七十四条、第七十五条、第八十一条第二款、第八十二条第一款规定的行政处罚中。

9）没收充装的气瓶。主要用于《特种设备安全法》第八十五条第二款规定的行政处罚中。

10）没收违法所得。主要用于《特种设备安全法》第七十四条、第七十七条、第七十九条、第八十一条第二款、第八十二条第一款、第八十五条第二款、第八十八条规定的行政处罚中。

11）罚款。主要用于《特种设备安全法》第七十四条～第九十条、第九十三条、第九十五条规定的行政处罚中。

五、工业产品生产许可证管理与法律制度

（一）概念

为了保证直接关系公共安全、人体健康、生命财产安全的重要工业产品的质量安全，贯彻国家产业政策，促进社会主义市场经济健康、协调发展，国家对生产可能危及人身、财产安全的产品，关系金融安全和通信质量安全的产品，保障劳动安全的产品，影响生产安全、公共安全的产品，以及法律法规要求实行生产许可证制度的其他产品的生产企业实行生产许可证制度。

实行生产许可证制度的工业产品目录（以下简称目录）由国家质检总局会同国务院有关部门制定，并征求消费者协会和相关产品行业协会以及社会公众的意见，报国务院批准后向社会公布。

工业产品生产许可证制度具有强制性、评价性、准入性等特点。

1. 强制性

任何单位和个人未取得生产许可证不得生产列入目录的产品。任何单位和个人不

得销售或者在经营活动中使用未取得生产许可证的列入目录的产品。这表明工业产品生产许可证制度的强制性特点。

2. 评价性

在实施生产许可证制度过程中，国家质检总局和省、自治区、直辖市质量技术监督局（以下简称质监局）组织核查人员，对企业进行实地核查，通过核查确认企业是否具备持续稳定生产合格产品的能力。对企业的这种能力的评价，表明工业产品生产许可证制度具有评价性。

3. 准入性

对于符合取得生产许可证条件的生产企业，国家质检总局或省、自治区、直辖市质监局做出准予行政许可决定，颁发生产许可证证书，允许其生产列入目录的产品。因此，生产许可证制度具有准入性。这种准入性，实际上是国家对企业具备生产列入目录产品的能力的最基本要求，或者说是基本的门槛。

（二）工业产品生产许可法律法规体系

2005 年 6 月 29 日国务院第 97 次常务会议审议通过了《中华人民共和国工业产品生产许可证管理条例》，并于 2005 年 7 月 9 日以国务院第 440 号令予以发布，自 2005 年 9 月 1 日起实施。

2014 年 4 月 21 日，国家质检总局发布了《中华人民共和国工业产品生产许可证管理条例实施办法》（国家质检总局令第 156 号）。

1. 管理体制

《工业产品生产许可证管理条例》第六条规定："国务院工业产品生产许可证主管部门依照本条例负责全国工业产品生产许可证统一管理工作，县级以上地方工业产品生产许可证主管部门负责本行政区域内的工业产品生产许可证管理工作。"目前，工业产品生产许可证主管部门是指国家质检总局和地方各级质监局。

国家质检总局对全国工业产品生产许可证工作的统一管理，主要体现在以下 4 个方面的统一：①统一产品目录；②统一审查要求；③统一证书标志；④统一监督管理。

2015 年 6 月 29 日，国务院办公厅下发了《关于加快推进"三证合一"登记制度改革的意见》（国办发〔2015〕50 号）；2015 年 8 月 4 日，为贯彻落实《中共中央关于全面深化改革若干重大问题的决定》精神，按照国务院关于深化行政审批制度改革的部署要求，改进工业产品生产许可管理，加快构建"放、管、治"的质量提升工作格局，保障重要工业产品质量安全，国家质检总局在《质检总局关于深化工业产品生产许可证制度改革的意见》（国质检监〔2015〕364 号）中提出，最大限度取消生产许可审批项目、最大限度下放生产许可审批权限、最大限度优化生产许可审批流程、加强生产许可证事中事后监管。

2017 年 6 月 24 日，国务院发布《关于调整工业产品生产许可证管理目录和试行简化审批程序的决定》（国发〔2017〕34 号），进一步调整实施工业产品生产许可证管理的产品目录。调整后，继续实施工业产品生产许可证管理的产品共计 38 类，其中，由国家质检总局实施的 19 类，由省级人民政府质监部门实施的 19 类。

对继续实施工业产品生产许可证管理的产品，国家质检总局按照《中华人民共和国行政许可法》有关规定，组织有关地区和行业试行简化生产许可证审批程序：一是取消发证前产品检验，改由企业提交具有资质的检验检测机构出具的产品检验合格报告。二是后置现场审查，企业提交申请和产品检验合格报告并做出保证产品质量安全的承诺后，经形式审查合格的，可以先领取生产许可证，之后接受现场审查。对通过简化程序取证的企业，在后续的监督检查中，如发现产品检验或生产条件不符合要求的，由发证部门依法撤销生产许可证。

2018 年 1 月 12 日，国家质检总局发布关于印发《工业产品生产许可证“一企一证”改革实施方案》的公告。工业产品生产许可证“一企一证”改革自 2018 年 1 月 15 日起在全国范围内实施，产品范围包括目前实施工业产品生产许可管理的 38 类产品。

2. 生产许可证证书和标志

（1）全国工业产品生产许可证证书

全国工业产品生产许可证证书（以下简称生产许可证证书）是列入目录产品的生产企业取得生产资格的凭证，是供应商、销售商以及广大消费者等了解、查验生产企业是否合法生产以及有关部门进行监督管理的重要依据。生产许可证证书分为正本和副本，具有同等法律效力。

生产许可证证书应当载明企业名称、住所、生产地址、产品名称、证书编号、发证日期、有效期。

（2）生产许可证标志和编号

生产许可证标志由“企业产品生产许可”汉语拼音“Qiyechanpin Shengchanxuke”的缩写“QS”和“生产许可”中文字样组成。标志主色调为蓝色，字母“Q”与“生产许可”中文字样为蓝色，字母“S”为白色。QS 标志由企业自行印（贴）。可以按照规定放大或者缩小。

生产许可证编号采用大写汉语拼音“XK”加 10 位阿拉伯数字编码组成：XK××-×××-×××××。其中，“XK”代表许可，前两位（××）代表行业编号，中间三位（×××）代表产品编号，后五位（×××××）代表企业生产许可证编号。

省级质监局颁发的生产许可证证书，可以在编号前加上相应省级行政区域简称。

（3）生产许可证标志和编号的管理

企业生产列入目录的产品，应当在产品或者其包装、说明书上标注生产许可证标志和编号。根据产品特点难以标注的裸装产品，可以不予标注。

采取委托方式加工生产列入目录产品的，企业应当在产品或者其包装、说明书上标注委托企业的名称、住所，以及被委托企业的名称、住所、生产许可证标志和编号。委托企业具有其委托加工的产品生产许可证的，还应当标注委托企业的生产许可证标志和编号。

取得生产许可证的企业，应当自准予许可之日起 6 个月内，完成在其产品或者包装、说明书上标注生产许可证标志和编号。

任何单位和个人不得伪造、变造生产许可证证书、生产许可证标志和编号。

任何单位和个人不得冒用他人的生产许可证证书、生产许可证标志和编号。

取得生产许可证的企业不得出租、出借或者以其他形式转让生产许可证证书、生产许可证标志和编号。

3. 工业产品生产许可的监督检查

取得生产许可的企业应当保证产品质量稳定合格，并持续保持取得生产许可的规定条件。同时，要接受和配合有关部门依法组织实施的监督检查。

对获证企业的监督检查，是保证生产许可证制度得到有效实施的重要措施，是各级质监局的重要职责，是构建“事前保证和事后监督相结合”的闭环监管机制的重要方面。

对获证企业的监督检查的方式包括日常管理、定期监督检查、不定期监督检查、产品质量监督检验。

4. 企业生产许可的终止与退出

（1）应当终止办理生产许可的情形如下：

1）企业无正当理由拖延、拒绝或者不配合审查的；

2）企业撤回生产许可申请的；

3）企业依法终止的；

4）依法需要缴纳费用，但企业未在规定期限内缴纳的；

5）企业申请生产的产品列入国家淘汰或者禁止生产产品目录的；

6）依法应当终止办理生产许可的其他情形。

（2）应当注销生产许可的情形如下：

1）生产许可有效期届满未延续的；

2）企业依法终止的；

3）生产许可被依法撤回、撤销，或者生产许可证被依法吊销的；

4）因不可抗力导致生产许可事项无法实施的；

5）企业不再从事列入目录产品的生产活动的；

6）企业申请注销的；

7）被许可生产的产品列入国家淘汰或者禁止生产产品目录的；

8）依法应当注销生产许可的其他情形。

（3）可以撤回已生效生产许可的情形如下：

1）生产许可依据的法律、法规和规章修改或者废止的；

2）准予生产许可所依据的客观情况发生重大变化的；

3）依法可以撤回生产许可的其他情形。

撤回生产许可给企业造成财产损失的，国家质检总局或者省级质监局应当按照国家有关规定给予补偿。

（4）应当撤销生产许可的情形如下：

1）企业以欺骗、贿赂等不正当手段取得生产许可的；

2）依法应当撤销生产许可的其他情形。

可能对公共利益造成重大损害的，不予撤销。

（5）可以撤销生产许可的情形如下：

1）滥用职权、玩忽职守做出准予生产许可决定的；

2）超越法定职权做出准予生产许可决定的；

3）违反法定程序做出准予生产许可决定的；

4）对不具备申请资格或者不符合法定条件的企业准予生产许可的；

5）依法可以撤销生产许可的其他情形。

国家质检总局根据利害关系人的请求或者依据职权，可以撤销省级质监局做出的生产许可决定。可能对公共利益造成重大损害的，不予撤销。

六、认证认可管理与法律制度

（一）概念

1. 认证

认证是指由认证机构证明产品、服务、管理体系符合相关规范的强制性要求或者标准的合格评定活动。认证包括以下 4 层含义：

（1）认证是由认证机构进行的一种合格评定活动；

（2）认证的对象是产品、服务和管理体系；

（3）认证的依据是相关规范、相关规范的强制性要求或者标准；

（4）认证的内容是证明产品、服务、管理体系符合相关规范、相关规范的强制性要求或者标准。

2. 认可

认可是指由认可机构对认证机构、检查机构、实验室以及从事审核、评审等认证活动人员的能力和执业资格予以承认的合格评定活动。认可包括以下3层含义：

（1）认可的性质是认可机构进行的一种合格评定活动；

（2）认可的对象包括认证机构、检查机构、实验室以及从事审核、评审等认证活动的人员；

（3）认可的内容是对上述机构以及从事认证活动的人员的能力和执业资格予以承认。

（二）认证认可法律法规体系

认证认可法律法规体系是以认证认可法律、行政法规为核心，辅之以部门规章及相配套的规范性文件的法律法规体系。在内容上，主要设定认证认可市场主体的资格、准入的条件、准入的方式、明确的法律责任等，同时创设统一的国家认可制度、自愿性认证和强制性认证相结合的认证制度以及政府主管部门的层级监督管理及有关部门共同实施的制度等。

1. 法律

主要包括《计量法》《标准化法》《进出口商品检验法》及《产品质量法》。

2. 行政法规

主要包括《计量法实施细则》《标准化法实施条例》《认证认可条例》及《中华人民共和国进出口商品检验法实施条例》等。

3. 部门规章

主要包括《强制性产品认证管理规定》《进口许可制度民用商品入境验证管理办法》《无公害农产品管理办法》《进口食品国外生产企业注册管理规定》《能源效率标识管理办法》《出口食品生产企业申请国外卫生注册管理规定》《认证及认证培训、咨询人员管理办法》《认证证书和认证标志管理办法》《强制性产品认证机构、检查机构和实验室管理办法》《有机产品认证管理办法》《认证培训机构管理办法》《认证咨询机构管理办法》及《实验室和检查机构资质认定管理办法》等。

（三）认证制度

1. 认证类别

认证可分为产品认证、服务认证、管理体系认证。

产品认证是指以产品为认证对象的认证，包括强制性产品认证和自愿性产品认证。强制性产品认证是指国家为保护公众的人身、财产安全、保护环境等，通过立法或颁布强制性指令等方式要求涉及人类和动植物生命安全和国家安全，以及涉及受环境影响的产品必须经过特定的认证并标注规定认证标志的产品评价制度，又称法规性认证。

自愿性产品认证是指产品的生产商或者贸易商自愿向认证机构申请，以证明其产品符合相关标准或规范的要求的产品评价制度。

服务认证，目前国家认证认可监督管理委员会批准的服务认证有：商品售后服务评价体系认证、体育场所服务认证、汽车玻璃零配安装服务认证。

管理体系认证是指由管理体系认证机构依据公开发布的管理体系标准，对组织的管理体系进行评定，评定合格的由管理体系认证机构颁发管理体系认证证书，予以注册公布并进行定期监督，从而证明组织在特定的范围内满足规定要求的评价制度。管理体系认证是一般是自愿性的，企业自主决定是否申请认证和选择认证机构等。

2. 认证机构和认证人员

认证机构是指对产品、服务、管理体系按照技术法规和标准进行合格评定活动的经营机构。根据认证机构的能力和从事认证活动业务领域的不同，认证机构可分为管理体系认证机构、产品认证机构、特种职业人员认证（注册）机构、服务认证机构等。

在我国境内设立认证机构，必须经国务院认证认可监督管理部门批准，并依法取得法人资格之后，方可从事批准范围内的认证活动。

认证人员是指从事认证及认证活动的人员，包括管理体系认证审核员、产品认证检查员等，以及认证机构的业务管理人员。从事认证活动的审核人员应经注册机构注册后方可从事相应的认证活动。

3. 认证基本规范和认证规则

认证基本规范是指认证活动必须依据的，包括认证制度设立、认证性质、认证模式及选择方式、技术要求和基本实施程序，以及对实施机构和人员的要求、表示合格的方式等的文件。认证基本规范包括两类：一类是包括上述全部内容或主要内容的针对特定产品、服务或管理体系做出的认证规定；另一类是针对特定产品、服务或管理体系认证专项事宜所做出的认证规定。

认证规则是指对某（类）产品、服务或管理体系实施认证的基本规则和程序。

认证基本规范和认证规则由国务院认证认可监督管理部门制定；涉及国务院有关部门职责的，国务院认证认可监督管理部门应当会同国务院有关部门制定。对于部分认证新领域（包括管理体系、服务和特定的产品领域），国务院认证认可监督管理部门尚未制定认证规则的，认证机构可以自行制定相应的认证规则，并报国务院认证认可监督管理部门备案。

4. 我国强制性产品认证制度

（1）强制性产品认证标志

我国强制性产品认证标志由国务院认证认可监督管理部门统一规定并对外发布，称为“中国强制认证”，也可简称“CCC”标志，由基本图案和认证种类英文字样组成。强制性产品认证标志分为标准规格和非标准规格。

（2）强制性产品认证制度的要求和适用范围

1）强制性产品认证制度的要求

为了保护国家安全、防止欺诈行为、保护人体健康或者安全、保护动植物生命或者健康、保护环境，国家规定纳入强制性产品认证目录的产品首先必须经认证合格、标注国家规定的强制性产品认证标志后，方可出厂、销售、进口或者在其他经营性活动中使用。

2）列入强制性产品认证目录的产品

①涉及国家安全的产品；

②涉及防止欺诈的产品；

③涉及人身健康或安全的产品；

④涉及动植物生命安全的产品；

⑤涉及环境保护的产品。

（四）认可制度

认证机构、检查机构和实验室是通过开展认证、检查和检测活动来为社会提供中介服务的组织，是通过认可机构的认可，以保证其认证、检查、检测能力持续、稳定地符合认可条件。

1. 认可机构

认可机构是指由国家授权的，从事认证机构认可、实验室认可、认证培训机构和认证人员认可的机构。在我国，认可机构必须经国家认证认可监督管理委员会确定，除国务院认证认可监督管理部门确定的认可机构外，其他任何单位不得直接或者变相从事认可活动。其他单位直接或者变相从事认可活动的，其认可结果无效。

目前，中国合格评定国家认可委员会（CNAS）是由国务院认证认可监督管理部门依法唯一确定的国家认可机构，统一负责对认证机构、实验室和检查机构等相关机构的认可工作。它是由原中国认证机构国家认可委员会（CNAB）和中国实验室国家认可委员会（CNACL）合并重组而成的。

2. 认可领域

CNAS认可的领域包括：认证机构认可、实验室认可和检查机构认可。

认证机构认可领域目前包括：质量管理体系认证机构认可；环境管理体系认证机构认可；职业健康安全管理体系认证机构认可；食品安全管理体系认证机构认可；软件过程及能力成熟度评估机构认可；产品认证机构认可；有机产品认证机构认可；人员认证机构认可；良好农业规范认证机构认可。

实验室认可是正式表明检测和校准实验室具备实施特定检测和校准工作能力的第

三方证明。除实验室认可外，CNAS还提供标准物质/标准样品生产者和能力验证计划提供者等相关机构的认可服务。实验室认可领域目前包括：检测和校准实验室认可；医学实验室认可；生物安全实验室认可；标准物质/标准样品生产者认可；能力验证提供者认可。

检查机构认可是正式表明检查机构具备实施特定检查工作能力的第三方证明。检查机构认可的领域包括：商品检验、特种设备建设工程、货物运输、工厂检查、信息安全等。

七、缺陷产品召回法律法规

产品缺陷是指产品存在危及人身、他人财产安全的不合理的危险。

2012年10月10日，国务院第219次常务会议通过了《缺陷汽车产品召回管理条例》（国务院令第626号），自2013年1月1日起施行。2015年7月10日，国家质检总局局务会议审议通过了《缺陷汽车产品召回管理条例实施办法》（国家质检总局令第176号），自2016年1月1日起施行。

2007年7月25日，国务院第186次常务会议通过了《国务院关于加强食品等产品安全监督管理的特别规定》（国务院令第503号），自公布之日起施行；2007年8月27日，国家质检总局公布了《食品召回管理规定》（国家质检总局令第98号），自公布之日起施行；2015年3月11日，国家食品药品监督管理总局局务会议审议通过了《食品召回管理办法》（国家食品药品监督管理总局令第12号），自2015年9月1日起施行；2007年8月27日，国家质检总局局务会议审议通过了《儿童玩具召回管理规定》（国家质检总局令第101号），自公布之日起施行；2015年10月21日，国家质检总局发布《缺陷消费品召回管理办法》（国家质检总局第151号公告），自2016年1月1日起施行。

上述法规制度的颁布使得我国真正意义上的缺陷产品召回有了实际操作可依据的规定，进一步完善了我国缺陷产品召回制度体系。

（一）缺陷汽车产品的召回

1. 法律法规体系

《产品质量法》《侵权责任法》《消费者权益保护法》《缺陷汽车召回管理条例》《缺陷汽车召回管理条例实施办法》《缺陷汽车产品调查和认定实施办法》《缺陷汽车产品检测与实验监督管理办法》《缺陷汽车产品召回信息系统管理办法》《缺陷汽车产品召回专家库建立与管理办法》、GB/T 34405—2017《汽车产品安全　风险评估与风险控制指南》。

2. 法律责任

（1）按照《产品质量法》《侵权责任法》《消费者权益保护法》的规定，生产者和销售者应当对所生产、销售的缺陷产品承担损害赔偿责任。

因产品存在缺陷造成人身、缺陷产品以外的其他财产损害的，生产者应当承担赔偿责任；由于销售者的过错使产品存在缺陷，造成人身、他人财产损害的，销售者应当承担赔偿责任；销售者不能指明缺陷产品的生产者也不能指明缺陷产品的供货者的，销售者应当承担赔偿责任。

（2）生产者违反《缺陷汽车召回管理条例》规定，有下列情形之一的，由产品质量监督部门责令改正；拒不改正的，处 5 万元以上 20 万元以下的罚款：

1）未按照规定保存有关汽车产品、车主的信息记录；

2）未按照规定备案有关信息、召回计划；

3）未按照规定提交有关召回报告。

（3）违反《缺陷汽车召回管理条例》规定，有下列情形之一的，由产品质量监督部门责令改正；拒不改正的，处 50 万元以上 100 万元以下的罚款；有违法所得的，并处没收违法所得；情节严重的，由许可机关吊销有关许可：

1）生产者、经营者不配合产品质量监督部门缺陷调查；

2）生产者未按照已备案的召回计划实施召回；

3）生产者未将召回计划通报销售者。

（4）生产者违反《缺陷汽车召回管理条例》规定，有下列情形之一的，由产品质量监督部门责令改正，处缺陷汽车产品货值金额 1%以上 10%以下的罚款；有违法所得的，并处没收违法所得；情节严重的，由许可机关吊销有关许可：

1）未停止生产、销售或者进口缺陷汽车产品；

2）隐瞒缺陷情况；

3）经责令召回拒不召回。

（5）生产者违反《缺陷汽车召回管理条例实施办法》规定，有下列行为之一的，责令限期改正；逾期未改正的，处以 1 万元以上 3 万元以下罚款：

1）未按规定更新备案信息的；

2）未按规定提交调查分析结果的；

3）未按规定保存汽车产品召回记录的；

4）未按规定发布缺陷汽车产品信息和召回信息的。

（6）违反《缺陷汽车召回管理条例实施办法》规定，零部件生产者不配合缺陷调查的，责令限期改正；逾期未改正的，处以 1 万元以上 3 万元以下罚款。

（7）违反《缺陷汽车产品召回管理条例》规定，从事缺陷汽车产品召回监督管理工作的人员有下列行为之一的，依法给予处分。

1）将生产者、经营者提供的资料、产品和专用设备用于缺陷调查所需的技术检测和鉴定以外的用途；

2）泄露当事人商业秘密或者个人信息；

3）其他玩忽职守、徇私舞弊、滥用职权行为。

（二）缺陷儿童玩具产品的召回

1. 法律体系

《产品质量法》《侵权责任法》《国务院关于加强食品等产品安全监督管理的特别规定》《儿童玩具召回管理规定》《儿童玩具召回信息与风险评估管理办法》。

2. 法律责任

（1）按照《产品质量法》《侵权责任法》《消费者权益保护法》的规定，生产者和销售者应当对所生产、销售的缺陷产品承担损害赔偿责任。

因产品存在缺陷造成人身、缺陷产品以外的其他财产损害的，生产者应当承担赔偿责任；由于销售者的过错使产品存在缺陷，造成人身、他人财产损害的，销售者应当承担赔偿责任；销售者不能指明缺陷产品的生产者也不能指明缺陷产品的供货者的，销售者应当承担赔偿责任。

（2）违反《国务院关于加强食品等产品安全监督管理的特别规定》要求，生产企业和销售者不履行主动召回义务的，责令生产企业召回产品、销售者停止销售，对生产企业并处货值金额3倍的罚款，对销售者并处1000元以上5万元以下的罚款；造成严重后果的，由原发证部门吊销许可证照。

（3）生产者违反《儿童玩具召回管理规定》要求，有下列情形之一的，予以警告，责令限期改正；逾期未改正的，处以1万元以下罚款：

1）未按规定要求进行相关信息备案的；

2）未按有关规定要求建立健全信息档案的。

（4）生产者违反《儿童玩具召回管理规定》要求，有下列情况之一的，予以警告，责令限期改正；逾期仍未改正的，可处2万元以下罚款：

1）接到省级以上质监部门缺陷调查通知，但未及时启动调查的；

2）拒绝配合省级以上质监部门进行缺陷调查的；

3）未及时将缺陷调查结果报告省级以上质监部门的。

（5）生产者违反《儿童玩具召回管理规定》要求，未停止生产销售存在缺陷的儿童玩具的，处以3万元以下罚款；违反有关法律法规规定的，依照有关法律法规规定处理。

（6）生产者违反《儿童玩具召回管理规定》要求，未依法向社会公布有关儿童玩具缺陷等信息、通知销售者停止销售存在缺陷的儿童玩具、通知消费者停止消费存在缺陷的儿童玩具，未实施主动召回的，予以警告，责令限期改正；逾期未改正的，处以3万元以下罚款；违反有关法律法规规定的，依照有关法律法规规定处理。

（7）违反《儿童玩具召回管理规定》要求，生产者召回儿童玩具未及时将主动召回计划提交所在地的省级质监部门备案或在接到国家质检总局责令召回通告5个工作日内，未向国家质检总局提交召回报告的，予以警告，责令限期改正；逾期未改正的，处以3万元以下罚款；违反有关法律法规规定的，依照有关法律法规规定处理。

（8）违反《儿童玩具召回管理规定》要求，生产者未在主动召回报告确定的召回完成时限期满后15个工作日内，向所在地的省级质监部门提交主动召回总结的；在责令召回实施过程中，未按照国家质检总局的要求，提交阶段性召回总结或者未制作并保存完整的责令召回记录，并在召回完成时限期满后15个工作日内，向国家质检总局提交召回总结的，予以警告，责令限期改正；逾期未改正的，处以3万元以下罚款。

（9）生产者违反《儿童玩具召回管理规定》要求，未按照经国家质检总局审查批准的召回报告及时实施召回或者未按照国家质检总局提出的召回要求实施召回的，处以3万元以下罚款。

（10）从事玩具召回监督管理的公务人员或专家等玩忽职守、滥用职权、徇私舞弊的，依照有关规定追究相关责任。

（三）缺陷消费品的召回

1. 法律法规体系

《产品质量法》《侵权责任法》《消费者权益保护法》《进出口商品检验法》《国务院关于加强食品等产品安全监督管理的特别规定》《缺陷消费品召回管理办法》《缺陷消费品召回管理工作规范（试行）》。

2. 法律责任

（1）按照《产品质量法》《侵权责任法》《消费者权益保护法》的规定，生产者和销售者应当对所生产、销售的缺陷产品承担损害赔偿责任。

因产品存在缺陷造成人身、缺陷产品以外的其他财产损害的，生产者应当承担赔偿责任；由于销售者的过错使产品存在缺陷，造成人身、他人财产损害的，销售者应当承担赔偿责任；销售者不能指明缺陷产品的生产者也不能指明缺陷产品的供货者的，销售者应当承担赔偿责任。

（2）违反《国务院关于加强食品等产品安全监督管理的特别规定》要求，生产企业和销售者不履行主动召回义务的，责令生产企业召回产品、销售者停止销售，对生产企业并处货值金额3倍的罚款，对销售者并处1000元以上5万元以下的罚款；造成严重后果的，由原发证部门吊销许可证照。

（3）生产者违反《缺陷消费品召回管理办法》要求，由产品质量监督部门按照《产品质量法》《消费者权益保护法》《进出口商品检验法》《国务院关于加强食品等产品安全监督管理的特别规定》等法律法规处理。

（4）从事缺陷消费品召回监督管理工作的人员存在玩忽职守、徇私舞弊、滥用职权，泄露当事人商业秘密或者个人信息等行为的，依法给予处分。

生产者依照《缺陷消费品召回管理办法》召回缺陷消费品，不免除其依法应当承担的责任。

第二节 技术依据

质监行政执法的技术依据主要有标准、规范、规程、技术法规等。质监行政执法需要按照技术依据判断质量技术行为是否符合法律规定的要求。在质监行政执法实践中，正确理解和适用标准、规范等技术依据关系重大。

一、技术依据的内涵

（一）技术依据的概念

质监行政执法的技术依据是指质监行政执法中用以判断产品生产等技术行为是否符合法律规定要求的标准、规范、规程、技术法规等文件规定的技术要求的总和。可以从两个方面理解：

（1）技术依据主要是有关产品的技术要求。

一是产品质量要求。为使一种产品满足顾客要求或预期的使用要求以及政府法律法规的强制性要求，都要对其技术性能、安全性能、互换性能及对环境和人身安全、健康影响的程度等多方面的要求做出规定，这些规定组成对产品相应质量特性的要求。不同产品会有不同的质量特性，同一产品的用途不同，其质量特性要求也会不同。对产品的质量特性要求一般都转化为具体的技术要求在产品标准和其他相关产品设计图样、作业文件或检验规程中明确规定。二是工艺过程和操作方法要求。在生产过程中，各种原材料、半成品加工成产品的方法和过程要求，如使用设备工序、执行工艺过程等要求，是以标准、生产规范形式发布的技术要求。三是检验技术要求。即规定检验方法和过程的技术性要求。这些技术要求是由标准、规范、规程、技术法规等文件规定的，是法定要求。

（2）有关产品的技术要求是判断质量技术行为是否符合法律规定的技术依据。

由于生产制造产品、检验衡量产品的技术性很强，生产、销售、使用产品的行为均可理解为是一种质量技术行为。质监行政执法的对象正是产品在生产、销售、使用等过程中存在的质量技术行为。这些质量技术行为，有的必须对照产品的技术要求来判断其是否符合法律规定，如生产、销售、使用不符合保障人体健康、人身财产安全强制性标准规定的产品，以不合格产品冒充合格产品的产品等，必须对照产品的技术要求进行检验检测，做出合格判定，认定违法行为。

（二）技术依据的种类及定义

1. 标准

从语言文字的角度，“标准”的定义是：一是衡量事物的准则，二是可供同类事物比较核对的事物。

从技术术语的角度，在 1983 年国际标准化组织发布的 ISO 第二号指南（第四版）对“标准”的定义是：“由有关各方根据科学技术成就与先进经验，共同合作起草，一致或基本上同意的规范或其他公开文件，其目的在于促进最佳的公众利益，并由标准化团体批准。”

GB/T 20000.1—2014 对“标准”的定义是：“通过标准化活动，按照规定的程序经协商一致制定，为各种活动或其结果提供规则、指南或特性，供共同使用的和重复使用的文件。”如 GB/T 21120—2007《水泥混凝土和砂浆用合成纤维》，2007 年 11 月 1 日发布，2008 年 6 月 1 日实施，该标准规定了水泥混凝土和砂浆用合成纤维的术语和定义、分类、要求、试验方法、检验规则、标志、出厂、包装、运输、储存等。目前，我国的国家标准有 2 万多项，据不完全统计，行业标准多达十几万项。

2. 规范

GB/T 20000.1—2014 对“规范”的定义是：“规定产品、过程或服务应满足的技术要求的文件。”如《起重机械使用管理规则》（TSG Q5001－2009），该规范规定了起重机械的使用登记和变更、日常维护保养和自行检查以及使用安全管理方面的要求，以规范起重机械使用环节的管理工作。

3. 规程

GB/T 20000.1—2014 对“规程”的定义是：“为产品、过程或服务全生命周期的有关阶段推荐良好惯例或程序的文件。”如 TSG 21—2016《固定式压力容器安全技术监察规程》。再如计量检定规程，是指用标准计量器具对工作计量器具进行检测时必须严格执行的程序。其内容包括适用范围、使用条件、操作步骤、检定项目、测试方法、不确定度分析和数据记录格式等。其目的是统一计量器具检定工作的执行方法，确保量值传递的准确性。每一种计量器具都有其自身的检定规程，如卡尺检定规程、秒表检定规程、示波器检定规程等。目前我国现行有效的国家计量检定规程有800多项。

4. 技术法规

GB/T 20000.1—2014对“法规”的定义是“由权力机关通过的有约束力的法律性文件。”GB/T 20000.1—2014对“技术法规”的定义是“规定技术要求的法规，它或者直接规定技术要求，或者通过引用标准、规范或规程提供技术要求，或者将标准、规范或规程的内容纳入法规中。”如由公安部和住建部联合制定的《民用建筑外保温系统及外墙装饰防火暂行规定》。

5. 国家有关规定

是指除标准、规范、规程、技术法规等以外，国家机关发布的具有约束力的非立法性文件做出的有关技术要求的规定。例如，我国处置三聚氰胺奶粉事件中，原卫生部在《关于乳与乳制品中三聚氰胺临时管理限量值规定的公告》（2008年第25号）中规定“婴幼儿配方乳粉中三聚氰胺的限量值为1mg/kg，高于1mg/kg的产品一律不得销售”。再如，原卫生部等7部门《关于撤销食品添加剂过氧化苯甲酰、过氧化钙的公告》（2011年第4号）。原卫生部等6部门《关于禁止双酚A用于婴幼儿奶瓶的公告》（2011年第15号）等。

6. 产品明示的技术要求

以产品标识、产品说明、广告宣传、实物样式等明示方式表明质量状况的技术要求，也是质监行政执法中的技术依据之一，但它是有一定条件限制的依据。如家电产品说明书中标注的有毒有害物质或元素含量说明。

二、标准、规范的分类

（一）标准的分类

1. 按照标准的适用范围分类

按照标准的适用范围不同，我国标准分为国家标准、行业标准、地方标准和团体标准、企业标准。

（1）国家标准。国家标准是对全国经济技术发展有重大意义，必须在全国范围内统一的技术要求。国家标准由国家标准化行政主管部门组织制定并发布，在全国范围内适用，其他各级标准不得与国家标准相抵触。国家标准一经批准发布，与其重复的行业标准、地方标准相应废止，国家标准是标准体系中的主体。对保障人身健康和生命财产安全、国家安全、生态环境安全以及满足经济社会管理基本需要的技术要求，应当制定强制性国家标准。

（2）行业标准。行业标准是在全国范围的各行业内统一的技术要求。行业标准是对国家标准的补充，是专业性、技术性较强的标准。行业标准由国家相关具有行业监管职责的行政主管部门制定并发布，在全国范围的某一行业内适用。

（3）地方标准。地方标准是对没有国家标准和行业标准而又需要在省、自治区、直辖市范围内统一的工业产品的安全、卫生要求。地方标准由省级标准化行政主管部门组织制定并发布，在本行政区域内适用。在我国标准体系中之所以设地方标准，是考虑到我国幅员辽阔，各地技术、经济发展不平衡。

（4）团体标准。团体标准是指由具有法人资质，且具备相应专业和标准化能力的学会、协会、商会、联合会等社会组织和产业技术联盟经过公开、透明、协商一致原则制定，共同使用和重复使用的一种规范性文件。国务院标准化行政主管部门会同国务院有关行政主管部门对团体标准的制定进行规范、引导和监督。

（5）企业标准。企业标准是企业所制定的产品标准和在企业内需要协调、统一技术要求和管理、工作要求所制定的标准。企业生产的产品没有国家标准、行业标准和地方标准的，应当制定企业标准，作为生产的依据。对已有国家标准、行业标准和地方标准的，企业可以制定严于国家标准、行业标准和地方标准的企业标准，在企业内部适用。

2. 按照标准化对象分类

按照标准化对象不同，标准分为技术标准、管理标准和工作标准 3 大类：

（1）技术标准。技术标准是对标准化领域中需要协调、统一的技术事项所制定的标准。包括基础标准、产品标准、工艺标准、检测试验方法标准，及安全、卫生、环保标准等。

（2）管理标准。管理标准是对标准化领域中需要协调、统一的管理事项所制定的标准。

（3）工作标准。工作标准是对工作的责任、权利、范围、质量要求、程序、效果、检查方法、考核办法所制定的标准。

3. 按照是否必须强制执行分类

按照是否必须强制执行，标准分为强制性标准和推荐性标准两大类。

（1）强制性标准。强制性标准是国家要求必须强制执行的标准，即标准所规定的技术内容和要求必须执行，不允许以任何理由或方式加以违反、变更。强制性国家标准的代码为“GB”。

强制性标准分为 3 类：一是保障人体健康的标准；二是保障人身、财产安全的标准；三是法律、行政法规规定强制执行的标准。强制性内容的范围包括：有关国家安全的技术要求；保障人体健康和人身、财产安全的要求；产品及产品生产、储运和使用中的安全、卫生、环境保护、电磁兼容等技术要求；工程建设的质量、安全、卫生、环境保护要求及国家需要控制的工程建设的其他要求；污染物排放限值和环境质量要求；保护动植物生命安全和健康的要求；防止欺骗，保护消费者利益的要求；国家需要控制的重要产品的技术要求。省、自治区、直辖市标准化行政主管部门制定的工业产品的安全、卫生要求的地方标准，在本行政区域内是强制性标准。

强制性标准可分为全文强制和条文强制两种形式，标准的全部技术内容需要强制时，为全文强制形式；标准中部分技术内容需要强制时，为条文强制形式。

对于全文强制形式的标准，在标准前言的第一段以黑体字写明："本标准的全部技术内容为强制性。"对于条文强制形式的标准，根据具体情况，在标准前言的第一段以黑体字并采用下列方式之一写明：当标准中强制性条文比推荐性条文多时，写明："本标准的第×章、第×条、第×条……为推荐性的，其余为强制性的"；当标准中强制性条文比推荐性条文少时，写明："本标准的第×章、第×条、第×条……为强制性的，其余为推荐性的"；当标准中强制性条文与推荐性条文在数量上大致相同时，写明："本标准的第×章、第×条、第×条……为强制性的，其余为推荐性的"。标准的表格中有部分强制性技术指标时，在标准前言中只说明"表×的部分指标强制"，并在该表内采用黑体字，用"表注"的方式具体说明。

（2）推荐性标准。推荐性标准是指国家鼓励自愿采用的具有指导作用而又不宜强制执行的标准，即标准所规定的技术内容和要求具有普遍的指导作用，允许使用单位结合自己的实际情况，灵活加以选用。它以自愿采用为原则，不要求强制执行。对于推荐性标准的规定，有利于企业自主权的切实发挥，引导企业采用或制定高水平、严要求的标准。推荐性国家标准的代码为"GB/T"。

推荐性标准仅存在于国家标准和行业标准中，对于有关工业产品的安全、卫生方面的地方标准都属于强制性标准，法律、行政法规对地方标准的推荐性有规定的从其规定。对于企业标准，不存在推荐性，企业标准作为企业组织生产的依据，企业必须保证其得以严格贯彻执行。

（二）规范的分类

产品的规范可分为生产规范和检验规范两大类。

1. 生产规范

生产规范是指生产产品有关的使用设备工序、执行工艺过程以及产品质量要求等方面的准则和标准的文件。例如，在生产过程中，将各种原材料、半成品加工成产品的方法和过程，所形成的技术性资料称为工艺文件。工艺规程即工艺文件的一种，是指规定产品或零件制造工艺过程和操作方法的工艺文件。工艺规程包括工艺流程、工序卡片、检验卡片、工艺装备图样以及铸造、锻造毛坯图样等。工艺规程的内容应包括整机、部件、零件的名称和代号、数量、材质及所用的加工设备、工、夹、模具、刃具、量具等的名称、规格、代号。用于加工零件的简图应标注定位基准、夹紧部位。在生产过程中，操作者应严格按工艺规程生产，检验人员应认真按工艺规程进行检验，才能生产出符合设计要求和工艺规程要求的合格产品。

2. 检验规范

检验规范是指检验产品性能是否符合要求的全部技术性文件。主要规定检验的依据、设备等条件、操作方法、步骤以及经对照比较，确定每项检验的特性是否符合标准和文件规定的要求等。

检验要对产品的一个或多个质量特性，通过物理的、化学的和其他科学技术手段和方法进行观察、试验、测量，取得证实产品质量的客观证据。因此，需要有适用的检测手段，包括各种计量检测器具、仪器仪表、试验设备等，并且对其实施有效控制，保持所需的准确度和精密度。质量检验的结果，要依据产品技术标准和相关的产品图样、过程（工艺）文件或检验规程的规定进行对比，确定每项质量特性是否合格，从而对单件产品或批产品质量进行判定。

三、标准、规范、规程的特性

从标准、规范、规程的制定、作用等方面来看，标准、规范、规程的特性主要有以下几个方面：

（一）同一性

标准、规范、规程都是供共同使用的和重复使用的文件，能够共同使用和重复使用，具有同一性，是制定标准、规范、规程的前提，也是制定标准、规范、规程的目的。例如，同一类技术活动在不同地点、不同对象上同时或相继发生，或某一种概念、符号被许多人反复应用等，具有重复性，人们根据积累起来的实践经验，制定标准、规范、规程等，以便更好地指导或规范未来的同一种实践活动。

（二）科学性

标准、规范、规程是“以科学、技术和实践经验的综合成果为基础”制定出来的。如果仅仅是科学技术成果，没有经过综合研究，比较、选择、分析其在实践活动中的可行性、合理性或没有经过实践检验，那么是不能纳入标准、规范、规程中的。同样，如果仅仅是实践检验，没有总结其普遍性、规律性或经过科学的论证，也是不能纳入标准、规范、规程中的。这一规定反映标准、规范、规程的严谨性和科学性。

（三）民主性

标准、规范、规程要“经协商一致制定”，也就是说，在制定标准、规范、规程的过程中，涉及的各方面需要规定的内容，应当形成统一的各方均可接受的意见，以保证标准、规范、规程的全局观、社会观和公正性。这就要求制定标准、规范、规程应当具有民主性，制定标准、规范、规程的民主性越突出，就越有生命力。

（四）权威性

标准、规范、规程是“经一个公认机构批准”的。公认机构是社会公认的或法定的组织机构或管理机构。经过该机构对标准、规范、规程制定的过程、内容进行审查，确认标准、规范、规程的科学性、民主性、可行性，以特定的形式批准。既保证了标准、规范、规程的严肃性，也体现了标准、规范、规程发布后的权威性。

（五）技术性

有关标准、规范、规程等，均是主要规定有关技术要求的，有的是产品质量的技术要求，有的是产品工艺过程或操作方法、步骤等技术要求，有的是产品检验的技术要求。它来自技术实践，又规范技术。这就决定了标准、规范、规程等本身具有很强的技术性。

四、对标准、规范、规程、技术法规相互关系的理解

准确地理解标准、规范、规程、技术法规之间的联系与区别，可以在质监行政执法中更好地适用技术依据。一般来说，标准、规范、规程、技术法规等的相同之处是：内容都是规定技术要求，都要经一定程序，以文件形式由公认机构发布。尤其是规定的技术要求可以互相引用，缺乏严格的内容分工的界定。有人认为：标准、规范、规程、技术法规都是标准的一种表现形式，可以统称为标准，实际上，这是强调了它们之间的共同之处。

质监行政执法过程中，执法人员既要看到标准、规范、规程、技术法规的相同之处，也要认清它们之间的差异，应当从执法实际需要出发，抓住标准、规范、规程、技术法规的主要特征，采用通常习惯看法，加以区别。主要从以下方面把握：

（一）针对的典型的具体对象有区别

标准针对的最典型的具体对象是产品的技术要求，如 GB 12771—2008《流体输送用不锈钢焊接钢管》、GB/T 3956—2008《电缆的导体》、JTG B01—2014《公路工程技术标准》等。规范、规程针对的最典型的具体对象是操作、工艺、检验的技术要求，如 TSG 21—2016《固定式压力容器安全技术监察规程》《示波器检定规程》、JGJ 33—2012《建筑机械使用安全操作规程》等。

（二）文件发布形式有区别

标准由标准化行政主管部门组织制定、批准并发布。规范、规程一般由负有行业监管职责的行政主管部门组织制定、批准并发布。如果规范、规程本身或其中的某些内容经过了标准制定程序，由标准化行政主管部门批准并发布，则规范、规程本身或其中某些内容可以成为一项标准、一项标准的一部分或一项标准的独立部分。标准、规范、规程相关技术要求内容经过立法程序，由权力机关发布可以成为技术法规（如部门规章），未经立法程序，但经国家机关组织制定发布，可以成为由具有约束力的非立法性规范性文件规定的国家有关规定。

（三）其他特征的区别

标准的名称表述方式多种多样，如《活性氧化锌》《金属材料　拉伸试验　第1部分：室温试验方法》《电动自行车通用技术条件》等，但均有统一规范的标准编号。规范、规程的名称表述方式比较一致，如《××规范》《××规程》，无统一规范的编号。用规范、规程形式规定技术要求，在建设工程、计量、特种设备等领域采用较多。部分技术法规、非立法性规范性文件的名称与其规定的技术要求内容可能不一致，全文内容中可能仅部分涉及技术要求。

五、技术依据的适用问题

（一）标准、规范的时效问题

在质监行政执法过程中，需要注意标准和规范等技术依据的时效性。已颁布实施的标准、规范等技术依据，如果没有规定时效限制，那就长期有效，直至权力机关、机构公告废止、修订及新文件代替为止。质监行政执法过程中应用有关标准、规范等技术依据时，应当查验其是否现行有效。

新标准代替旧标准时，往往提前公布新标准而延迟正式实施时间，或规定新标准正式实施时旧标准可以继续实施，给旧标准废止留下过渡期限。质监行政执法过程中，遇到标准、规范等技术依据出现时效问题时，一般应当从宽执行，应当充分考虑旧标准长期实施的习惯性，留给新标准执行者更宽裕的调整时间。

按《标准化法》规定，一般标准应5年修订一次，企业标准应定期复审，复审周期一般不超过3年。但是，未按规定修订或复审的，并不意味着该标准失效，质监行政执法过程中应当正确理解这一问题。

（二）标准滞后问题的处理

由于标准必须建立在科学技术和实践经验综合成果基础上，是一定时期一定条件下的产物，不可能超前于生产力和科技水平的发展与进步，因此，标准滞后是大部分标准固有的特质。

为了尽可能减少标准滞后特性带来的不利影响，应当加快标准制、修订的步伐，但仍受到诸多限制：一是标准制、修订的程序比较复杂。按照国家有关规定，国家标准的制、修订首先要报计划，计划下达后由技术委员会组织制、修订，完成的标准草案由技术委员会上报上级主管部门，再由主管部门报国家标准化管理委员会审查，审查通过后才能发布实施。顺利情况下至少需要2年。二是标准制、修订过程中需要反复试验、论证、广泛征求意见并修改，同样需要较长的时间。

标准滞后问题主要体现在标准规定的产品质量要求、检测项目、检测方法等已经落后于最新技术要求和市场需求，如果用滞后的标准去衡量产品，得出的结论是不科学、不合理的，将产生制约产品技术进步、更新换代的不良后果。

质监行政执法过程中，应当本着实事求是、客观公正、科学合理的原则处理标准滞后问题。一是高度重视当事人质疑等渠道提出的标准滞后问题，可以通过向权威部门请示，组织专家研究论证等方式，确认标准规定是否存在滞后问题。二是对存在滞后问题的标准不应机械教条地硬性执行，可以用更加科学合理的技术要求、检测方法等来代替。三是对用滞后标准判定的不合格产品进行处罚，形式上合法，但实质上不合理，也不合法，违背了有关产品质量法律法规的立法精神，也背离了质监行政执法科学性的宗旨。

（三）标准缺失问题的处理

很多企业研制的新产品、改进产品、进行技术改造中的产品，没有国家标准、行业标准和地方标准，又没有制定备案企业标准，客观上形成了标准缺失问题。质监行政执法过程中，由于标准缺失带来的是否应当认定为无标生产以及如何衡量产品质量两个问题应当正确处理。

首先，企业未制定企业标准是违反法律规定的行为，应当督促其尽快制定企业标准。《标准化法》规定，企业生产的产品必须执行相应的标准，即：有国家标准、行业标准或地方标准的，必须执行；没有国家标准、行业标准或地方标准的，应当制定企业标准作为组织生产的依据。由于新产品、改进产品层出不穷，各级标准化行政主管部门不可能及时制定相应标准，生产企业应当履行法定义务，制定企业标准作为组织生产的依据，保证产品质量。对没有依法制定企业标准的违法行为，质监行政执法机关应当督促其尽快制定。

其次，缺乏明确对应的产品标准时，可以考虑采用下列相关技术依据来衡量产品技术要求：一是该产品所归属的大类产品的强制性的通用技术条件。二是涉及该产品中有关质量特性的强制性技术要求，三是产品明示的质量状况，四是合同约定的技术要求。不符合上述要求均可能存在违法行为。需要强调的是，如果缺乏对应的产品标准以及相关技术依据，则该产品技术要求无法衡量，牵强附会采用不相关技术依据衡量的结果无效。

（四）标准矛盾问题的处理

多部门制定发布标准，导致不同标准对同一技术内容的说法或要求不一致，以及多种标准应当执行哪项等均属于标准矛盾问题。质监行政执法过程中应注意辨别并按下列原则处理：

（1）法定标准与非法定标准有矛盾时以法定标准为准。

在我国，国家标准、行业标准、地方标准、企业标准属于法定标准，除此之外，国际标准、国外先进标准、协会标准等不属于法定标准，无法律地位。当法定标准与非法定标准在技术内容上不一致时，应当以法定标准为准。由于国外先进标准比较先进、科学、合理，国际标准代表国际标准化的潮流，国际标准化组织鼓励世界各国积极采用国际标准，把国际标准转化为采用国的国家标准。我国也鼓励采用国际标准或国外先进标准，我国相当一部分国家标准是等同、修改或非等效采用了国际标准或国外先进标准，并结合国情制定的。

（2）强制性标准与推荐性标准有矛盾时以强制性标准为准。

强制性标准一般都是涉及保障人体健康和人身、财产安全，以及法律、行政法规规定的标准，企业应当执行。推荐性标准是非强制性的标准，企业可以有选择地使用。如果强制性标准和推荐性标准出现技术内容或适用有矛盾时，应当以强制性标准为准。

（3）国家标准与行业标准有矛盾时以国家标准为准。

一般情况下，国家标准一经批准发布，与其重复的行业标准、地方标准相应废止，就不会出现矛盾。但是由于日积月累，行业标准的数量繁多、内容复杂，仍可能出现已废止的行业标准以外的相关行业标准规定的技术要求与国家标准规定不一致的情况。质监行政执法过程中，按照其他标准不得与国家标准相抵触的原则，如果国家标准与行业标准有矛盾时，应当以国家标准为准。如果没有国家标准，而行业标准之间互相有矛盾时，应当做技术分析论证，以正确的行业标准规定为准，具体情况具体处理。

（五）产品明示、合同约定问题的处理

（1）产品明示、合同约定的质量技术要求可以作为产品检验依据。

有法律法规规定的产品质量技术要求均可以作为产品的检验依据。《产品质量法》规定，产品应当符合以产品说明、实物样品等方式表明的质量状况。《合同法》规定，合同内容中对质量要求约定不明确的，按照国家标准、行业标准履行，没有国家标准、行业标准的，按照通常标准或者符合合同目的的特定标准履行。因此，检验产品的依

据除了包括国家法律、法规及有关规定，产品相应的国家标准、行业标准、地方标准、经规定程序备案的企业标准外，还包括产品明示的技术文件和质量承诺，以及合同约定的技术要求，质量承诺包括：产品标识、产品说明、广告宣传、实物样品表明的质量状况等。

（2）依据产品明示的质量技术要求检验产品的要求如下：

1）如果所检产品明示的质量技术要求高于国家标准或行业标准要求时，应当按所检产品明示的质量技术要求检验。

2）如果所检产品明示的质量技术要求低于国家或行业强制性标准要求时，应当按国家或行业强制性标准要求检验。

3）如果所检产品明示的质量技术要求低于国家或行业推荐性标准要求，且不涉及强制性标准时，应当按所检产品明示的质量技术要求检验。

（3）不符合产品明示、合同约定的质量技术要求的处理。

产品明示的质量技术要求既是产品检验的依据，也是执法的技术依据，不符合产品明示的质量技术要求，违反了《产品质量法》相关规定，执法机关应当依法对其实施行政处罚。

合同约定的质量技术要求可以作为产品检验的依据，但不可以作为执法的技术依据。因合同约定要求并非法定要求，对产品不符合合同约定的质量技术要求的行为，执法机关应当按照只有违反了法定要求时才能处罚的原则处理，具体有两种情况：

（1）当产品既不符合合同约定的质量技术要求，又经检验判定不符合相关标准规定的要求或不合格时，由于标准等规定是法定要求，不符合标准规定要求或不合格的行为是违法行为，质监行政执法机关应当依法实施行政处罚。

（2）仅仅不符合合同约定的质量技术要求，不得实施行政处罚。这是因为，合同约定要求仅限供需双方，并没有向社会公示，面向不确定对象，不属于产品明示的质量技术要求。不符合合同约定的质量技术要求产生的纠纷，属于民事法律关系，完全可以通过民事诉讼等渠道解决。

（六）轻微与严重违法行为的处理

技术依据作为质监行政执法中衡量质量技术行为的准则，不仅要衡量质量技术行为是否符合技术要求，还要衡量不符合质量技术要求程度的轻与重，由此确定违法行为的轻微与严重程度，实施恰当的行政处罚。一般行政执法在裁量处罚时，往往以定性分析为主，缺乏定量分析的细化标准，质监行政执法凭借技术依据衡量结果用数据说话，为科学、准确裁量处罚幅度提供了依据，为处罚恰当打下了坚实基础。这是质监行政执法的优势所在。

第三章　质监行政处罚程序

程序是指为进行某种活动或过程所规定的途径。现代法治原则要求，行政主体的行政执法活动无论在实体上还是在程序上都应受到法律制约，行政执法过程中的一切活动，不仅在实体上要求合法，而且还必须在程序上合法。否则，程序上有瑕疵的行政执法，不仅难以达到预期的法律效果，还可能导致行政执法行为无效。所以，行政程序是行政主体在行政执法过程中所必须遵循的准则，是为规范、有效的实施行政执法行为，保障公民、法人和其他组织的合法权益，由法律、法规和规章规定的公正而民主的程序。

行政处罚程序是指按照《行政处罚法》的规定，在实施行政处罚的过程中，行政机关和当事人所必须遵循的规范和制度，在实施行政处罚的过程中必须依照法定的途径（次序、形式、时限）来进行，否则就是程序违法。因为行政处罚直接关系到公民、法人或者其他组织的人身权和财产权，通过对行政处罚的程序进行规范，来保障行政处罚的正确实施和公民、法人或者其他组织的合法权益是十分必要的。

为规范好行政处罚权力的运行，保障当事人的合法权益，原国家技术监督局、原国家质量技术监督局和国家质检总局立法制定了规范质监行政处罚程序的部门规章，并进行了多次修订。1990 年 7 月 16 日，原国家技术监督局制定发布了《技术监督行政案件办理程序的规定》（国家技术监督局令第 6 号）；1995 年 12 月 8 日，原国家技术监督局制定发布了《技术监督行政案件现场处罚规定》（国家技术监督局令第 42 号）；1996 年 9 月 18 日，原国家技术监督局制定发布了《技术监督行政处罚委托实施办法》（国家技术监督局令第 45 号）、《技术监督行政案件审理工作规则》（国家技术监督局令第 48 号）和《技术监督行政案件听证工作规则》（国家技术监督局令第 49 号）。2011 年 3 月 2 日，国家质检总局发布了《质量技术监督行政处罚程序规定》（国家质检总局令第 137 号）和《质量技术监督行政处罚案件审理规定》（国家质检总局令第 138 号），两项部门规章于 2011 年 7 月 1 日正式施行，同时废止了之前的几项规定。本章关于质监行政处罚程序的阐述主要围绕新的程序规定展开。

第一节　一般程序

行政处罚的一般程序，即通常理解的普通程序。根据《行政处罚法》的规定，行政机关对案情比较复杂、处罚较重的行政处罚案件应当适用一般程序。按照一般程序办理行政处罚案件，可以保证行政机关在彻底查明事实的基础上，根据违法行为的情节、危害后果的严重程度，依法做出行政处理决定。本节从管辖、受理立案、调查取证、调查终结、案件审理、行政处罚告知、行政处罚决定、行政处罚决定执行、行政处罚结案等几个方面梳理相关规定，供质监行政执法人员参考。

一、管辖

行政处罚管辖权是行政主体就行政处罚活动所做的权限划分，这种权限的划分主要在横向不同性质行政主体之间、纵向同一性质行政主体之间进行。其法律特性表现为内部性、独占性、程序性。内部性是指行政管辖权的法律效力限于行政主体之间，不涉及当事人的实体权利；独占性是指在一般情况下，一项行政管辖事务由一个行政主体行使；程序性是指行政管辖权仅解决程序性问题。管辖问题是规范行政处罚的重要原则之一，是正确实施行政处罚的前提和基础，只有明确对行政违法案件的管辖权，才能有效地实施行政处罚，也有利于监督行政主体依法行政。

行政处罚管辖按大类划分可分为职权管辖、层级管辖、地域管辖、指定管辖、转移权管辖、移送管辖等形式，《质量技术监督行政处罚程序规定》中第二章共五条，规定了地域管辖、指定管辖、管辖权转移和移送管辖的相关要求。

（一）职权管辖

职权管辖是同一区域内不同职能的行政机关之间的管辖权划分。职权管辖是行政处罚职权法定的体现，也是做出行政行为越权无效判断的基础。职权管辖的主要依据有两个方面：一是法律、法规和规章的实体法授权；二是确定本级政府部门职能的“三定方案”。

（二）层级管辖

层级管辖是指统一智能的行政机关上下级之间的职权分工。确定层级管辖，主要以行政事务的性质为依据（全国性事务或不同层级的地方事务），结合影响范围与程度、后果、责任轻重等划分。行政处罚的层级管辖以基层管辖为原则，以管辖权转移为补充。

（三）地域管辖

《质量技术监督行政处罚程序规定》第七条规定了地域管辖。地域管辖是基于宪法和组织法原则，指质监行政处罚由质量技术监督违法行为发生地的质量技术监督行政主体管辖。地域管辖是确定同级质量技术监督行政主体之间受理案件的分工和权限，质监部门在行政处罚活动中首先应当遵守地域管辖的规定。

在地域管辖中，首先要正确地确定违法行为发生地。《行政处罚法》对违法行为发生地的界定并未做出明确的解释，按照广义的理解，违法行为发生地包括违法行为的着手地、实施（发生）地、经过地和危害结果发生地，即包括整个违法行为各个环节所经过的空间。但从执法实践中看，以违法行为的实施地或结果地作为违法行为发生地，由当地的质监部门对当事人进行行政处罚，最便于行政处罚的实施，也有利于提高质监行政执法的有效性和效率性。

确定违法行为发生地时要避免两种误区：一是要避免将违法行为发生地错误地理解为合同履行地。合同履行地可以是合同所约定的任意地点，只有当合同履行地是违法行为的实施地或结果地时，合同履行地才是违法行为发生地。二是要避免将违法行为发生地错误地理解为违法行为发现地，不能简单地将发现违法行为的地点作为违法行为发生地。

《质量技术监督行政处罚程序规定》第七条第二款对有管辖权的质监部门到本行政区域之外进行调查取证时所应当遵守的程序进行了规定，即应当通报当地的质监部门，取得其协助和配合，如果认为有必要，还应当逐级报请两地共同的上一级质监部门做好协调工作。

（四）指定管辖

指定管辖是指上级质监部门依照法定的管辖原则，指定其辖区内的下级质监部门对某一具体案件行使管辖权，《质量技术监督行政处罚程序规定》第八条规定了指定管辖的 3 种情形：

（1）质监部门之间对管辖权发生争议的，报请共同的上一级质监部门指定管辖；

（2）有管辖权的质监部门由于特殊原因不能行使管辖权的，上级质监部门可以指定管辖；

（3）上级质监部门认为需要指定管辖的，可以指定管辖。

需要注意的是，上级质监部门只有在符合上述条件时才能指定管辖，不能随意行使指定管辖权。

（五）管辖权转移

《质量技术监督行政处罚程序规定》第九条规定了管辖权转移。管辖权转移是指在质监部门上下级之间移交某一案件的管辖权。需要注意的是管辖权转移和移交管辖的区别：管辖权转移的案件是有管辖权的案件，且只能在上下级质监部门之间进行；移交管辖的案件是没有管辖权的案件，且移交部门无此限制。管辖权转移有以下两种情形：

（1）上级质监部门在必要时，可以直接办理下级质监部门管辖的行政处罚案件；

（2）对重大、复杂的行政处罚案件，下级质监部门可以报请上级质监部门办理。

（六）移送管辖

《质量技术监督行政处罚程序规定》第十条和第十一条规定了移送管辖。移送管辖是指已经受理行政事务的行政主体因没有法定的管辖权，依法将此行政事务移送到有管辖权的行政主体处理的一种管辖制度。移送管辖的实质是案件的移送，而非管辖权的移送。

移送管辖可以是系统内移送，依照《质量技术监督行政处罚程序规定》第十条执行；也可以是系统外移送，依据有关法律、法规、规章和有关规定执行。需要特别注意的是，系统外移送包括部门间的移送和司法移送。《行政执法机关移送涉嫌犯罪案件的规定》（国务院令第 310 号）以及两高司法解释和国家质检总局的相关规定都对行政执法和刑事司法衔接工作做出了具体规定，在执法工作中要严格执行。对于涉案货值、违法情节、危害后果等达到刑事追诉标准、涉嫌构成犯罪的，必须严格依法移送司法机关，坚决禁止有案不移、以罚代刑。

二、受理立案

立案是指质监部门对公民、法人和其他组织的质量技术监督行政违法行为决定成立行政案件并进行调查处理的活动。《质量技术监督行政处罚程序规定》第十二条对立案程序进行了规定。

1. 案件的来源

质量技术监督立案案件的来源有以下 6 种：

（1）质监部门在行使监督检查职权中发现的；

（2）当事人主动交代的；

（3）举报投诉的；

（4）其他部门移送的；

（5）上级部门交办的；

（6）其他依法需要立案的。

2. 立案的前置核查

质监部门审核决定是否立案应当审查是否同时具备以下 3 个条件：

（1）存在违反质量技术监督法律、法规和规章的事实，可能需要追究行政法律责任；

（2）依照有关法律、法规、规章和“三定方案”等规定，违法行为由本行政机关管辖；

（3）不适用行政处罚简易程序（详见本章第二节）。

凡经过核查符合立案条件的，案件承办机构应当立即启动立案报批程序。

3. 立案前置核查的时限

质监部门应当自发现违法行为线索之日起 15 日内组织核查，并决定是否立案。这里的 15 日是指从获悉违法行为线索之日起，到做出是否立案决定的法定期限。15 日的规定，有利于促进各级质监部门提高工作效率，防止有诉不查、久查不立、拖延处理等现象发生。

在执法实践中，对立案进行前置核查时往往需要进行检验、检测、检定、鉴定以及被假冒的生产企业对产品进行鉴别等，这些时间不是质监部门能够控制和决定的，所需的时间不计入 15 天的限制范围内。在具体执行中，检验、检测、检定、鉴定等所需的时间可以认为是自承检机构接到检测样品之日起至办案部门收到检测结果之日止所需的时间。

三、调查取证

调查取证是指各级质监部门对于立案处理的案件，为了查明行政违法案件的事实真相而依法进行的专门调查、获取证据和采取有关的行政强制措施的活动。

具体内容见本书第四章。

四、调查终结

案件调查终结报告是质量技术监督案件承办机构对所承办的案件认为具备终结调查条件时，向案审办报告调查取证情况和拟处理意见，并呈请审查的书面报告。案件调查终结报告完整地反映案件承办机构查处案件的全过程，是对案件调查取证工作的总结。

案件的调查报告根据内容不同可以分为 4 类：包括拟予以行政处罚的调查终结报告、拟不予行政处罚的调查终结报告、拟终止案件调查并予以结案的调查终结报告、拟移送其他机关处理的调查终结告。

（一）拟予以行政处罚的调查终结报告

案件承办机构认为违法事实成立，应当给予行政处罚的，需要撰写拟予以行政处罚的调查终结报告。报告的正文应包括以下内容：主要违法事实、相关证据及证明内容、案件性质、自由裁量的理由、处罚依据、处罚建议。

（二）拟不予行政处罚的调查终结报告

不予行政处罚是指因有法律规定的特定情形存在，行政机关对某些不应承担行政责任的当事人不予行政处罚的情形。行政处罚的目的在于维护社会秩序、教育违法行为人、震慑潜在违法行为人、保护公民的合法权益。如果行政处罚不能实现上述目标，就失去了实施的必要性。基于这种认识，法律规定在某些特定情形下，行为人虽然实施了违法行为，但不对其进行行政处罚。

根据《行政处罚法》有关规定，在下列情况下，质量技术监督案件承办机构应做出拟不予行政处罚的调查终结报告：①不满十四周岁的人有违法行为的；②精神病人在不能辨认或者不能控制自己行为时有违法行为的；③违法行为轻微并及时纠正，没有造成危害后果的；④除法律另有规定外，违法行为在两年内未被发现的。

拟不予行政处罚的调查终结报告正文应当包括以下内容：当事人的基本情况、违法事实或者有关违法情况、相关证据及其证明内容、拟不予处罚的建议和理由。

需要注意的是，对违法行为轻微并及时纠正，没有造成危害后果的违法行为不予行政处罚的，须有相应的法律依据或充分的自由裁量理由；对超过处罚时限或者无责任能力人实施的违法行为拟不予行政处罚的，必须有充分的证据。

（三）拟终止案件调查并予以结案的调查终结报告

终止案件调查并予以结案是指违法事实不成立或者出现法律规定的特定事由依法不予行政处罚的，案件承办机构终止行政处罚程序并予以结案的行政行为。

终止案件调查并予以结案适用于以下情形：

1. 违法事实不能成立

（1）当事人确实不存在违法行为。这种情况是指没有证据证明当事人实施了违法行为，反而有证据证明违法行为不存在或者该违法行为不是被立案调查的当事人所为。在这种情况下，案件承办机构应当认定违法行为不成立，终结案件调查。

（2）违法事实不清楚。认定当事人的违法行为必须以办案人员在调查取证过程中收集到的证据作为依据。执法实践中，有时遇到这样的情况：虽然没有足够证据证明当事人实施了违法行为，但也没有证据证明当事人没有实施该行为，即违法事实不清。根据《行政处罚法》第三十条的规定：“违法事实不清的，不得给予行政处罚。”因此，如果遇到违法事实不清的情况，即使当事人存在重大违法嫌疑，也应认定违法事实不成立。

需要注意的是，认定违法事实不清的必要条件是办案人员已穷尽调查取证手段。如果现有证据无法证明违法事实，但还有其他可能的取证手段，则应继续调查取证以查清事实，不得以违法事实不清为由终止调查。

2. 出现法律规定的特定事由

法律规定的特定事由有涉嫌违法的自然人死亡或者法人、其他组织终止且不存在权利义务承担人两种情况。出现这两种情况就表明实施违法行为的主体已不存在，行政处罚措施无法实施。

拟终止案件调查并予以结案的调查终结报告除应写明上述基本内容外，还应写明终止案件调查并予以结案的建议、理由及其依据。

（四）拟移送其他机关处理的调查终结报告

案件承办机构在调查取证过程中如发现案件不属于本机关管辖，或者违法行为人涉嫌犯罪应当移送司法机关，则应写出调查终结报告，并说明拟移送的机关和理由。

移送其他行政机关处理应当满足以下条件：①做出移送决定的质监部门已经对该行政处罚案件立案调查；②做出移送决定的质监部门对其已经立案的行政处罚案件确实没有管辖权；③接受移送的行政机关对该违法行为有管辖权。

（五）注意事项

《质量技术监督行政处罚程序规定》第二十五条规定，当出现法律规定的特定事由（涉嫌违法的自然人死亡或者法人、其他组织终止且不存在权利义务承担人）对违法主体依法不予行政处罚时，案件承办机构做出拟终止案件调查并予以结案的调查终结报告可以直接报请质监部门主要负责人批准即可，不需要报送案审办进行初审。除此以外的所有调查终结报告，均应当由案件承办机构连同案件的全部材料提交案审办进行初审。

五、案件审理

案件审理是指各级质监部门依照有关法律、法规和规章的规定，对实施行政处罚的案件在做出正式处理决定之前，按照规定的程序，遵循一定的原则，根据案件审理的基本要求，对案件的事实、证据、定性、处理以及办案程序等方面所做的审核处理工作。案件审理是对案件调查取证活动及其结论的审查，担负着整个案件查处的把关定向，在质监行政处罚程序中处于重要位置。

（一）案件审理组织

1. 案件审理委员会（以下简称案审委）

《质量技术监督行政处罚程序规定》第二十六条第一款规定："各级质量技术监督部门应当设立行政处罚案件审理委员会，实行案件集体审理制度。"《质量技术监督行政处罚案件审理规定》第三条规定："各级质量技术监督部门应当设立行政处罚案件审理委员会，负责对立案查处的行政处罚案件进行集体审理。"

根据以上规定，各级质监部门都需要设立行政处罚案件审理委员会，专门负责对立案查处的行政处罚案件进行集体审理工作。所有经过立案的一般程序案件都需要通过案审委集体审理，使用简易程序办理的案件不需要案审委集体审理。

《质量技术监督行政处罚案件审理规定》第四条对案审委组成人员进行了规定，县（区）以上质监部门设立的案审委应当由5名以上的单数委员组成，其中主任委员、副主任委员各1名，主任委员由质监部门主要负责人或者其委托的负责人担任，副主任委员由质监部门有关负责人担任；县（区）级质监部门可以根据人员编制等实际情况设置案审委委员。

需要注意的是，案审委全部委员必须是取得行政执法证的人员。案件审理工作是质监部门履行行政执法职能的专门活动，客观上要求案审委委员具有较高的法律综合素质，必须由具备相应能力和资格的人担任，因此，案审委委员必须取得行政执法证件。

2. 案审委办公室

《质量技术监督行政处罚案件审理规定》第七条规定："案审委应当下设办公室（或者专职工作人员，下同）。案审委办公室（以下简称案审办）应当按照查审分离的原则设置。"

该条明确规定了案审办的6项主要工作职责：

（1）对行政处罚案件进行初审；

（2）召集案审会议，组织整理审理记录；

（3）按照案审委提出的处理意见，组织案件承办机构制作相应的执法文书，并履行相关的报批手续；

（4）组织行政处罚案件复核及听证工作；

（5）组织对下级质监部门报批案件的审查；

（6）承担案审委的其他日常工作。

查审分离是指行政处罚案件的调查和审理由不同的机构和不同的工作人员承担。查审分离是规范行政处罚程序，提高工作效率的重要内部监督制约机制。实践证明，行政处罚的查审分离制度，既能充分发挥案件审理机构的法律审核和监督把关作用，也能充分保证案件承办机构行政执法工作的准确性和公正性。

（二）案件审理程序

1. 案审办初审

案审办应当自接到案件材料后5个工作日内，完成对案件的初审工作。初审内容主要包括：①案件是否具有管辖权；②违法主体认定是否准确；③办案程序是否符合法定要求；④案件事实是否清楚，证据是否确凿充分，执法文书是否规范；⑤适用法律依据是否准确；⑥处理建议是否合法、适当；⑦处罚裁量是否合理、公正；⑧违法行为是否涉嫌犯罪，并需要移送司法机关。

案审办对案件进行初审后，应当以书面形式提出初审意见，初审意见如下：

（1）对事实清楚、证据确凿、定性准确、适用依据正确、处罚适当、程序合法的案件，应当同意案件承办机构意见并报案审委集体审理决定。

（2）审查自由裁量权的行使，发现滥用或者不恰当、没有法律依据适用自由裁量的，案审办应当提出处罚建议，报案审委集体审理决定。

（3）发现案件需要进行补充调查或者案件材料需要进行补正的，应当向案件承办机构提出补充调查或者补正的建议：①对定性不准、适用法律依据错误、处罚不当的案件，建议案件承办机构修改；②对事实不清、证据不足的案件，建议案件承办机构补充调查或补正（如违法所得的计算、违法事实数量的认定等均须依法确认）；③对程序不合法的案件建议案件承办机构补正（如行政强制措施的采取、解除，办案期限等）。

（4）对违法事实不成立或者已经超过追责期限的案件，应当向案件承办机构提出不予处罚的建议，报案审委集体审理决定。

（5）对违法事实轻微并及时纠正，没有造成危害后果的案件，应当向案件承办机构提出不予行政处罚的建议，报案审委集体审理决定。

（6）对超出管辖权的案件，应当向案件承办机构提出按有关规定移送有管辖权的部门的建议，报案审委集体审理决定。

（7）对涉嫌犯罪的案件，应当向案件承办机构提出按有关规定移送司法机关处理的建议，报案审委集体审理决定。

案审办应当将初审意见及时反馈给案件承办机构，如果案件承办机构对初审建议有不同意见且双方不能达成一致意见时，由案审办提交案审会讨论决定。

2. 案审会议审理

案审委审理案件实行会议制度。案审会议由主任委员或者其委托的副主任委员主持。对拟做出责令停产停业、吊销许可证、较大数额罚款决定的，或者情节复杂、影响重大的行政处罚案件，应当由三分之二以上委员进行集体审理。对其他行政处罚案件，可以由 3 名以上委员进行集体审理。

情节复杂、影响重大案件一般是指涉及群体或社会公共利益，社会影响较大，案件事实或法律关系复杂的案件。具体包括影响较大的涉外案件、在当地有一定社会影响的案件、需移送司法部门追究刑事责任的案件以及其他重大疑难案件等。

需要注意的是，此处的“较大数额罚款”与行政处罚听证范围中“较大数额罚款”

并非同一概念。行政处罚听证范围中“较大数额罚款”其上位法依据是《行政处罚法》，按照地方性法规、地方政府规章等规范性文件设定的标准执行。而此处的“较大数额罚款”是对质监部门内部审理原则的一个规定，由省级质监部门结合本地实际确定。省级质监部门不做规定的，可参照听证范围中“较大数额罚款”标准执行分工审理。

案审会议按照以下程序进行：

（1）会议主持人宣布本次会议参加人员是否符合规定，说明本次会议审理案件的数量及审理程序等。

（2）案件承办人员介绍案情及拟处理意见。应当包括以下主要内容：①当事人基本情况；②案件来源；③现场检查及调查取证情况；④立案时间及案件延期情况；⑤调查认定事实及支持事实认定的依据。应重点对收集的证据加以说明，逐一出示认定违法事实的主要证据，并对每一份证据详细说明其来源、主要内容和证明对象；⑥涉案产品货值金额认定及违法所得计算方法；⑦当事人违法情节是否具有从重、从轻、减轻处罚理由；⑧违法行为性质的认定；⑨调查取证过程中当事人陈述申辩意见以及是否采信的情况。应当本着全面、公正的原则，充分表述当事人对调查认定的违法行为陈述申辩意见以及陈述申辩意见是否采信等情况；⑩适用法律条款及主要内容、拟处理意见等。

（3）案审办介绍案件的初审意见。

（4）参加会议的委员对案件的管辖权、违法事实、证据、办案程序、法律依据、当事人申辩事实及理由、拟处理意见等内容进行审议，并发表意见。

（5）参加会议委员对拟处理意见的合法性及合理性进行审议，并形成结论性的意见。

（6）会议主持人宣布案审会议结束。

在案审会议上，案件承办人员应当列席会议，主要任务是向案审会议介绍案情、提出拟处理意见。案件承办人员没有审议表决案件处理的权力，不能对案件发表审理意见，也不需要在案审会议记录上签字。在案审委员审理环节中，案审委员可以就案情汇报中存在的问题向案件承办人员进行询问，案件承办人员应当如实回答。

案审会议上，案审委员应当各自独立发表明确的审理意见，根据“法定职责不得放弃”原则，参加案审会议的案审委员原则上不得以任何理由放弃发表审理意见做出弃权的意思表示。在案审委员发表各自审理意见后，由会议主持人提出案审委最终处理意见。少数人的不同意见可以保留并记录在案。若审理意见出现较大分歧，案审委主任委员或者主持会议的副主任委员可以决定另行审议。

3. 形成审理意见

案件审理可以根据需要，征求有关部门的专家意见，专家意见应当记录在案。案审委应当对案件进行全面审理，并提出以下处理意见：

（1）对违法事实清楚、证据确凿的，依法给予行政处罚；

（2）对违法事实不能成立、违法行为已过追诉时效或者违法主体依法不予行政处罚的，不予行政处罚；

（3）对违法行为轻微并及时纠正，没有造成危害后果的，不予行政处罚；

（4）对违法行为需要由其他部门进一步处理的，向有关部门提出行政建议；

（5）对违法行为依法不属于本部门管辖或者依法需要追究刑事责任的，移送有管辖权的部门或者司法机关；

（6）对违法行为需要补充调查或者案件材料需要补正的，提出补充调查或者补正等处理意见。

案审会议应当形成审理记录，经参加会议的案审委委员确认签字，存入行政处罚案卷。具备条件的可以同时采集录像、录音等视听资料，作为文字记录的辅助材料存入案卷。

应当在审理记录上签字的人员包括会议主持人、审理人员和记录人，列席人员不需要在记录上签字，但应当记录列席人员的情况。如审理记录未做修改，可以仅在文书的最后一页签字，记录改动处应经改动人或者被改动文字的表述人签字确认。

六、行政处罚告知

行政处罚告知是指质监部门在做出行政处罚决定之前，应当依法履行告知程序，听取当事人的意见。

（1）告知程序是行政处罚的必经程序。

《行政处罚法》第三十一条规定：“行政机关在作出行政处罚决定之前，应当告知当事人作出行政处罚决定的事实、理由及依据，并告知当事人依法享有的权利。”《质量技术监督行政处罚程序规定》第二十七条规定：“对当事人拟作出行政处罚的，应当告知当事人违法事实、处罚依据及理由、处罚种类及幅度，并告知当事人依法享有的陈述、申辩、听证等权利。”

在告知程序中，“告”是行政机关的法定义务，“知”是当事人的法定权利。实施行政处罚，无论是适用简易程序，还是适用一般程序，都必须按照规定履行行政处罚前的告知义务。行政处罚告知时，应当使用行政处罚告知书。告知的内容包括：已查明的当事人违法事实，实施行政处罚的理由和依据，拟给予处罚的种类和幅度，当事人依法享有的陈述、申辩和要求听证等权利及行使该权利的时限要求。

（2）当事人依法享有陈述权和申辩权，对符合条件的案件享有申请听证的权利。

陈述权是指当事人表明自己的意见和看法、提出自己的主张和证据的权利。申辩权是指当事人对自己的行为进行解释、辩解、反驳对自己不利的意见和证据的权利。

质监部门实施行政处罚的过程中，无论是适用简易程序，还是适用一般程序，当事人都享有陈述权和申辩权。在当事人未明确表示放弃此项权利的情况下，任何行政机关均无权剥夺其陈述权和申辩权。

关于当事人提出陈述、申辩的形式，《质量技术监督行政处罚程序规定》未做明确规定，一般情况下由当事人在规定期限内采用书面形式提出陈述申辩意见；当事人口头进行陈述、申辩的，质监部门应当允许，由工作人员记录后交由当事人签字、押印确认。

另外，质监部门拟对当事人做出责令停产停业、吊销许可证和较大数额罚款的行政处罚的，还应当告知当事人有申请听证的权利，这也是行政处罚的必经程序。如果不按规定告知当事人申请听证的权利，就属于程序违法。听证程序详见本章第三节。

（3）充分听取当事人陈述、申辩。

陈述权、申辩权是当事人享有的基本权利，质监部门必须要充分听取当事人的陈述和申辩，这既有利于保护当事人的合法权益、尊重当事人的人格尊严，也有利于保障行政机关正确、有效行使行政处罚权力，体现了行政处罚程序公平与效率兼顾的原则。

《质量技术监督行政处罚程序规定》第二十八条规定：“质量技术监督部门对当事人提出的事实、理由和证据，应当进行复核。”《质量技术监督行政处罚案件审理规定》第十六条规定：“当事人提出新的申辩事实及理由的，案审办应当组织进行复核，并报请案审委重新审理。”这里的“新的申辩事实及理由”可以从以下几个方面把握：一是从时间上看，新的申辩事实及理由应当是在行政处罚告知之后提出的，如果是在案件调查阶段已经提出的，因在案件初审及集体审理时已经加以审查，就不能认定为新的事实及理由；二是从内容上看，新的申辩意见应当是当事人在行政处罚告知前未提出过的意见，如果仅仅是将行政处罚告知前提出的意见变换了一种表述方式，则不应当认定为新的申辩事实及理由；三是从效果上看，新的申辩事实及理由要有可能改变事实认定结果，否则也不需要复核重审。

（4）不得因申辩加重处罚。

《行政处罚法》第三十二条规定：“行政机关不得因当事人申辩而加重处罚。”这是民主、平等、人权在行政行为中的具体表现。它的设立，使得行政处罚当事人能够充分行使陈述权、申辩权，保障了当事人的合法权益得以维护。

在执法实践中，如质监部门在履行行政处罚告知义务后，发现当事人有新的或遗漏的违法事实或证据、案件关系人提出申辩、适用法律错误等情形，且由此而产生的法律责任超过了原拟决定的处罚种类或最高处罚限度，确实需要对其做出较原告知的处罚更重的处罚的，不受本条限制，但需要重新进行案件审理、处罚告知等程序。

七、行政处罚决定

（一）行政处罚决定书的意义

《质量技术监督行政处罚程序规定》第二十九条规定：“质量技术监督部门对当事人依法给予行政处罚的，应当制作行政处罚决定书。”《质量技术监督行政处罚案件审理规定》第十五条规定：“当事人对行政处罚告知内容未提出陈述、申辩或者在法定期限内未要求听证的，质量技术监督部门应当及时制作行政处罚决定书，报请案审委主任委员批准后送达并执行。”

行政处罚决定书是质监部门出具的、载明质监部门对当事人依法给予行政处罚的有关内容的法律文书。它是质监部门做出行政处罚的行为具备法律效力的表现形式。通过这一法律形式，确定质监部门实施行政处罚的法律效力，对当事人产生约束力。行政处罚决定书是被处罚人依法申请行政复议或者提起行政诉讼的法律上的依据。

（二）行政处罚决定书的内容

1. 当事人名称

行政处罚决定书应当按以下原则载明当事人名称：当事人为公民的，应标识当事人的姓名、性别、年龄、住所等基本情况，与居民身份证的情况一致；当事人为法人或者依法设立的其他组织的，应与营业执照或登记文件上的名称一致；当事人为没有领取营业执照的法人分支机构的，以设立该分支机构的法人为当事人；个体工商户以营业执照上登记的业主为当事人，有字号的，应在法律文书中同时注明登记的字号；法人或者其他组织应登记而未登记即以法人或者其他组织名义进行民事活动，或者他人冒用法人、其他组织名义进行民事活动的，以直接责任人为当事人。

当同一案件有多个当事人时，应当对当事人名称分别列举。

2. 当事人违法事实及证据

违法事实及证据是实施行政处罚的根据。关于违法事实的表述，一般应包括违法时间、地点、人物、产品、原因、后果、情节 7 个要素，即何时、何地、何人、何物、何因、何果、何情节等。其中，对经过听证程序或行政处罚案件告知、复核程序的案件，行政处罚决定书所载明的事实，应以听证会或复核后查明认定的事实为准。

3. 处罚依据及理由

行政处罚决定书所援引的法律、法规和规章应当使用全称，适用的法律条文应当精确到具体的条、款、项、目。处罚的理由部分应当写明认定的事实和有关法律、法规和规章的规定，以及行使行政处罚自由裁量权的理由。对当事人因实施多个违法行为，触犯不同法律规定而应受不同处罚情况的，应当分别认定实施处罚，处罚结果可合并执行。

4. 处罚种类及幅度

行政处罚种类是行政处罚外在的具体表现形式。根据《行政处罚法》第八条的规定，行政处罚有以下 7 种：警告，罚款，没收违法所得、没收非法财物，责令停产停业，暂扣或者吊销许可证、暂扣或者吊销营业执照，行政拘留，法律、行政法规规定的其他行政处罚。根据现行质量技术监督法律、法规和规章的规定，质监部门对实施违法行为的当事人，可以给予除吊销执照和行政拘留以外的行政处罚。

在给予行政处罚时，应当严格按照相关实体法的规定，在行政处罚决定书中载明行政处罚的种类和具体的处罚幅度，不得擅自减少、增加行政处罚的种类，也不能擅自超越法定幅度或者做出处罚幅度不明确、不具体的行政处罚。

5. 处罚履行方式及期限

行政处罚决定一经依法做出，即发生法律效力，应督促当事人按期履行行政处罚决定。行政处罚的履行期限是指行政处罚决定书中所载明的履行期限。为便于当事人履行缴纳罚款，行政处罚决定书应载明履行期限及收缴银行地址和账号。

6. 救济途径及期限

根据《行政诉讼法》的规定，当事人对行政机关做出的行政处罚决定不服的，可以向该行政机关所在地的基层人民法院提起行政诉讼。根据《行政复议法》和《中华人民共和国行政复议法实施条例》的有关规定，当事人对质监部门做出的具体行政行为不服的，可以选择向做出该具体行政行为的质监部门的本级人民政府或者其上一级质监部门申请行政复议。行政处罚决定书应该按照此规定，明确载明当事人提起行政诉讼、申请行政复议权利的途径。关于复议和诉讼期限，应注意不要将复议期限“六十日”写成“两个月”、诉讼期限“六个月”写成“180 天”。

7. 做出处罚决定的行政机关

行政处罚决定书的制作主体只能是行政机关、法律法规授权的组织，其内设机构、受委托执法机构不能以自己的名义制作行政处罚文书。

8. 关于责令改正的规定

质监部门在实施行政处罚时，应当依法责令当事人改正或者限期改正违法行为。责令限期改正的期限按照法律、法规、规章或者规范的规定执行。法律、法规、规章或者规范没有规定的，改正期限一般不超过 30 日；确有必要超过 30 日的，应当根据案件实际情况确定，并报请质监部门负责人批准。

责令改正的处理可依据有关法律法规的设定做出，在法律法规未明确对违法行为做出责令改正的处理时，也可依职权做出。

（三）做出处罚决定的期限

1. 办案期限

根据《质量技术监督行政处罚程序规定》第三十二条第一款规定："质量技术监督部门办理行政处罚案件，应当立案之日起 3 个月内作出处理决定"。应当明确两点：一是办案期限的起算，明确是自立案之日起计算；二是明确以做出处理决定为准，而不是"结案"，这里的处理决定是指案件经案审委审理后做出的处理决定。

需要注意的是，案件办理过程中听证、公告、检验、检测、检定或者鉴定以及发生行政复议或者行政诉讼的，所需时间不计入办案期限。

2. 关于延期的规定

因案情复杂不能按期做出处理决定的，经质监部门主要负责人批准，可以延长 30 日。案情特别复杂的，经延期仍不能做出处理决定的，应当报请上一级质监部门批准，适当延长办案期限。

关于案情复杂、案情特别复杂的界定。各级质监部门可以根据自身实际情况界定，在实际操作中经一次延期后仍不能做出处理决定的，不管是复杂案件还是特别复杂案件，都应当报请上一级质监部门决定是否继续延期。申请延长办案期限，应注意以下两个问题：一是报请上一级质监部门决定延期，应在 3 个月期限届满前提出申请，给上级部门留出审查决定的时间，绝不能超过办案期限再申请，否则此时的"申请"就变成"备案"了。二是对上级机关决定延长办案期限的具体时限没有做出限制，执法实践中，可由上级机关根据申请和案件实际需要确定。

（四）送达处罚决定的期限

行政处罚决定做出后，应当在 7 日内送达当事人。7 日内若是无法送达的，应当重新做出行政处罚决定并送达。

八、行政处罚决定执行

行政处罚决定的执行是指行政机关为了实现行政处罚决定所确立的内容所进行的相关活动。行政处罚决定的执行是行政处罚决定实现的过程，是国家行政管理权能否真正行使的重要标志之一。行政处罚决定执行的方式包括自动履行、中止执行、终止执行、强制执行以及其他相关情况。

（一）行政处罚决定的法律效力

行政处罚决定的法律效力主要体现在送达生效和不停止执行原则两个方面。

1. 送达生效

《质量技术监督行政处罚程序规定》第四十六条规定："行政处罚决定书一经送达，即发生法律效力。"从该条可以看出，行政处罚决定书在送达后即对当事人产生法律效力。而且行政处罚决定的法律效力是双向的，对于行政机关和当事人来说，都具备法律效力。需要注意的是，同一份行政处罚决定书，对行政机关和当事人发生法律效力的时间是不一样的。根据《质量技术监督行政处罚案件审理规定》第十八条："行政处罚决定一经做出，不得擅自改变。"对行政机关来说，在行政处罚决定做出时即产生法律效力。

2. 不停止执行原则

《行政处罚法》第四十五条规定："当事人对行政处罚决定不服申请行政复议或者提起行政诉讼的，行政处罚不停止执行，法律另有规定的除外。"不停止执行原则从法理来说，主要有两个根据。第一，行政行为具有先定力，是指行政机关代表国家依据法定程序做出的行政行为，在有权机关依据法定程序撤销以前，具有法律效力。第二，保证行政效率。国家的行政管理具有连续性和时效性，如果行政行为可以因申请行政复议或者提起行政诉讼而停止执行的话，在行政复议和行政诉讼较多时，整个行政管理活动就会陷入瘫痪状态。如果因当事人申请行政复议或者提起行政诉讼而停止执行，那么违法行为就得不到及时有效的制止，当事人的违法行为状态可能仍然继续存在。

（二）行政处罚决定的强制执行

《行政诉讼法》第九十七条规定："公民、法人或者其他组织对具体行政行为在法定期间不提起诉讼又不履行的，行政机关可以申请人民法院强制执行，或者依法强制执行。"具体见本章第四节。

（三）延期或者分期缴纳罚款

在执法实践中，有时会出现这样的情况：当事人不是主观上拒交罚款，而是客观上有经济困难，不具备如期缴纳罚款的能力。根据《行政处罚法》第五十二条以及《质量技术监督行政处罚程序规定》第四十九条的规定，当事人确有经济困难，可以延期或者分期缴纳。

请求延期或分期缴纳罚款的，当事人应当提交书面申请，并在书面申请中写明请求延期还是分期缴纳、事实理由和相关证据。执法人员应当对申请的事实理由进行查实，查证属实的报质监部门主要负责人批准。

执法实践中应当将上述情况与故意拒缴罚款或拖延缴纳罚款的情形予以区分，允许有特殊困难的当事人暂缓或者分期缴纳，对于当事人有能力履行却故意不履行的，质监部门可以根据法律规定，采取加处罚款等措施。

没收违法所得不能适用延期或者分期缴纳。罚款和没收违法所得，尽管表现形式都是当事人向国家缴纳一定数额的金钱，但两者之间存在本质区别。罚款是当事人违反法律法规规定，行政机关依法科处当事人一定数额的金钱给付义务，即罚款是对当事人合法财产的剥夺，不论当事人是否因违法行为获得利益，目的是对当事人进行惩戒。没收违法所得，是由行政机关将当事人因违法而获得的收益收归国有的处罚方式，是对当事人非法占有财产的剥夺。不给予没收违法所得延期或者分期缴纳的权利，目的是以更严厉的制度来引导公民、法人和其他组织严格依法行事。

（四）行政处罚决定执行的中止

中止执行行政处罚决定是指行政处罚决定发生法律效力后，由于发生了某些法定理由、无法克服的或者难以避免的特殊情况而暂时停止执行，等暂停原因消除后，继续执行行政处罚决定。因此，中止程序是执行程序的暂时停止，不是执行程序的结束。

根据《质量技术监督行政处罚程序规定》第五十二条的规定，有以下 3 种情形之一的，可以中止行政处罚决定的执行。

1. 行政复议或者行政诉讼期间，依法需要中止执行的

《质量技术监督行政处罚程序规定》第四十六条规定：“行政复议或者行政诉讼期间，行政处罚决定不停止执行。”但是，该条款还规定，在法律有特别规定的情况下，行政复议或者行政诉讼期间，行政处罚决定可以停止执行。实践中，在行政复议或者行政诉讼期间，做出行政处罚决定的质监部门认为行政处罚决定在合法性或合理性上存在问题，需要停止自己做出的行政处罚决定的，可以中止执行。

2. 申请人民法院强制执行，人民法院裁定中止执行的

根据《民事诉讼法》第二百五十六条的规定，在执行中因出现下列情况的，人民法院应当裁定中止执行：案外人对执行标的提出确有理由的异议；作为当事人的公民死亡，需要等待继承人继承权利或者承担义务；作为当事人的法人或者其他组织终止，尚未确定权利义务承受人；人民法院认为应当中止执行的其他情形。人民法院中止执行的裁定，送达当事人后立即生效。中止执行后，质监部门发现中止事由消灭，如当事人已具有履行义务的能力后，可向人民法院提出申请恢复执行程序。

3. 其他需要中止执行的

如出现地震、大雪等自然灾害的特殊情况，一时难以或者不便履行行政处罚决定的，质监部门可以做出中止执行的决定。

中止执行影响比较重大，在质监行政执法中属于重大事项。因此，本条要求中止行政处罚决定的执行必须经质监部门主要负责人批准。经主要负责人批准后，质监部门要制作相应的文书并送达当事人。

（五）行政处罚决定执行的终止

终止执行行政处罚决定是指由于出现了某些特殊情况，使得处罚决定无法继续执行或者没有必要继续执行，进而结束执行。

终止执行是结束执行的一种方式，但不是正常的结束执行方式。中止执行和终止执行都是在特殊情况下发生的，但是二者发生的原因不一，在法律后果上也不同。中止执行是因为出现了案件暂时无法继续下去的情况而暂时停止，不是执行程序的结束，在中止执行的原因消除后，执行程序恢复。终止执行时因为行政处罚决定执行中出现了无法或者无须继续执行的情形，终止执行后，执行程序宣告结束，以后也不再恢复。也就是说，能否在引发原因消失后继续执行是中止执行和终止执行的根本区别。

根据《质量技术监督行政处罚程序规定》第五十三条的规定，出现以下情形的，可以终止行政处罚决定的执行：

（1）因自然人死亡并且无权利义务承受人，致使行政处罚决定无法继续执行的。在执行过程中，被执行人死亡，如有遗产的，可以执行其遗产；如有义务承担人的，也应责令其义务承担人履行行政处罚决定的义务。

（2）因法人或者其他组织终止，并且无权利义务承受人，致使行政处罚决定无法继续执行的。

终止执行实质上关系到罚与不罚的问题，终止执行决定一旦做出，原本的行政处罚决定就不再履行，其影响较中止执行更大，属于质监部门行政执法中的特别重大事项。因此，要求终止执行行政处罚决定的，必须经质监部门主要负责人批准。经主要负责人批准后，质监部门要制作相应的文书并送达当事人。文中应当写明终止执行的内容、依据和理由。

（六）罚没物品的管理和处置

罚没物品是指在质监行政执法中，依据有关法律、法规进行查处并按法定程序予以没收的产品、计量器具，用于生产、销售的原辅材料、半成品、零配件、生产工具、设备，以及产品标识、包装物、检验及检定印、证等物品。为加强罚没物品的管理和处置工作，2001 年 9 月 4 日，原国家质量技术监督局发布了《质量技术监督罚没物品管理和处置办法》（国家质量技术监督局令第 16 号）。

1. 罚没物品管理制度

（1）罚没票据领用缴销制度

根据《行政处罚法》《质量技术监督罚没物品管理和处置办法》等法律、法规和规章的规定，结合当地实际，制定罚没票据领用缴销制度，做到对罚没票据统一造册登记，统一办理领用和缴销手续，在罚没物品时，使用省、自治区、直辖市财政部门统一制发的罚没票据。

（2）罚没物品结算交接制度

明确案件承办人员、罚没物品管理人员、罚没物品处理人员和相关人员各自的职责。案件承办人应当在罚没物品后交与保管人员，保管人员在核实罚没物品的名称、规格型号、数量等与罚没票据的记录一致后，办理交接手续；经审核同意进行处置的罚没物品，应当由保管人员与罚没物品处理人员办理出库交接手续并将凭据归档备查。

（3）罚没物品保管制度

设立罚没物品保管仓库或者专用场所，对有毒、有害、易燃、易爆等危险物品应当设立专门保管仓库。确定罚没物品保管人员对罚没物品实行统一管理。

（4）罚没物品处置程序和制度

质监部门对在规定期限内未申请行政复议也未提起行政诉讼的罚没物品，应当在半年内提出处理意见，按规定程序审核同意后统一处置。罚没物品的处置应当根据国家有关规定和罚没物品的不同特征采取多种方式进行。

2. 罚没物品的监督销毁

罚没物品有以下情况之一的，应当监督销毁：①不能做技术处理或者技术处理后仍可能危及人体健康、人身、财产安全的；②属于国家明令淘汰并已禁止使用产品的；③失效、变质的；④已经失去使用和回收利用价值的；⑤不能消除伪造产地，伪造或者冒用他人厂名、厂址，伪造或者冒用认证标志等质量标志印记的；⑥属于虚假的产品标识、标志和包装物的；⑦属于国家禁止使用的计量器具的；⑧伪造、盗用、盗卖检验及检定印、证的；⑨属于残次计量器具零配件的；⑩其他应当销毁的罚没物品的。

监督销毁应当根据罚没物品的不同特性，采取压碾粉碎、火烧水浸、切割肢解、有机溶解以及其他改变产品原始用途或者状态的方式进行。监督销毁罚没物品时，应当有两名以上质监行政执法人员参加，制作销毁笔录，记明销毁的时间、地点、方式，销毁罚没物品的名称、种类、数量以及执行人。需要拍照、摄像的，应当拍照、摄像存档。监督销毁罚没物品应当符合国家有关卫生、环保、公安消防等方面的要求。

3. 罚没物品的拍卖

经检验或者鉴定，罚没物品符合下列要求的，可以按照《中华人民共和国拍卖法》规定委托具有罚没物品拍卖资质的机构进行拍卖：①不存在危及人体健康，人身、财产安全的；②消除伪造产地，伪造或者冒用他人厂名、厂址，伪造或者冒用认证标志等质量标志印记和合格证明的；③有一定使用价值或者回收利用价值的；④经计量检定合格或经测试、校准合格的计量器具；⑤质量技术监督法律、法规和规章规定的其他条件。拍卖物品的拍卖款应当按照财政部门的规定及时上缴国库。

4. 其他方式

运用技术处理等其他方式处理罚没物品时，应当符合国家和地方政府的有关规定。

技术处理包括除去非法标识、拆卸、分解等方法。至于经过技术处理后的物品，在属性上依然属于国有资产，要依照《行政处罚法》第五十三条的规定，按照国家规定公开拍卖或者按照国家有关规定处理。

九、行政处罚结案

结案是质监部门对案件进行最后处理，使行政处罚案件办理工作结束。与结案相呼应的概念是立案，两者分别关系到行政处罚案件办理的一尾一头，因此结案的规定要与立案的规定相呼应、相协调，最终形成案件管理闭环，避免不必要的法律风险。在执法实践中，可能会出现特殊原因导致案件无法顺利办结，根据可能出现的各种情况，在这里总结了结案的 6 种情形，确保所有立案的案件都有路径使案件从立案到结案形成闭环，使案件办理程序上更加完备。

（一）结案的 6 种情形

（1）行政处罚决定执行完毕。

（2）经人民法院判决或者裁定后，执行完毕的。

（3）不予行政处罚的。

（4）案件移送有管辖权部门或者司法机关的。

（5）决定终止调查的。

（6）决定终止执行行政处罚决定的。

（二）结案的程序

结案审批主要是进行形式审查。案件承办机构认为案件符合结案要求的，应该提交结案审查表等案件材料报请质监部门负责人审核。质监部门负责人批准同意后案件结案。

（三）报告和备案

案件报告和备案制度，对上级质监部门或同级人民政府掌握下级质监部门行政处罚案件办理情况，方便决策、规范和指导行政案件办理具有积极意义，也对加强行政执法监督、落实行政执法过错责任追究工作和促进依法行政工作起到积极作用。

1. 向上一级质监部门报告

根据《质量技术监督行政处罚程序规定》第五十五条的规定，属于以下情形的，应当在结案后 15 日内向上一级质监部门报告、备案：①上级质监部门督办的案件；②指定管辖的案件；③在本行政区域内有重大影响的案件；④向司法机关移送的案件；⑤经人民政府行政复议或者行政诉讼结案的案件。

2. 向本级人民政府报告

近年来，国家法律、法规进一步强调了地方人民政府的责任，为密切配合、积极协助本级政府的重点工作，根据《质量技术监督行政处罚程序规定》第五十五条第二款的规定，质监部门对于本级人民政府交办的案件或者在本行政区域内有重大影响的案件，应当及时向本级人民政府报告。

（四）整理归档

行政机关档案作为行政管理的一种工具，反映行政机关职能活动情况，具有凭证作用和参考作用。从法律规定上说，根据《中华人民共和国档案法》（以下简称《档案法》）和《机关文件材料归档范围和文书档案保管期限规定》的规定，行政处罚案件材料作为质监部门履行职责中形成的材料，属于应当归档范围的文件材料．从工作需要来说，不论是行政复议、行政诉讼、信息公开、信访处理，还是机关内部执法监督检查、执法过错责任追究，都需要档案材料的支撑。

1. 档案要求

质监部门按照法定程序，在办理行政处罚案件过程中直接形成或者采集的反映案件事实和执法活动各个程序环节，具有保存价值的各种文字、图表、声像等不同形式的历史记录，属于质监部门行政处罚档案材料，应当立卷归档。

根据《档案法》《中华人民共和国保密法》（以下简称《保密法》）和国家质检总局有关档案管理的规定，行政处罚案件档案要内容完整、存放安全，做到不遗失、不泄密，符合下列要求：①材料真实准确，反映行政处罚活动的客观情况和案件事实；②内容齐全完整，记录行政处罚工作的全部过程；③格式正确，纸质文件材料须使用A4纸制作，小于A4纸的应当粘贴在A4纸上，大于A4纸的应折叠成A4纸大小；④文字材料字迹必须清楚整洁、符号正确、签署完备，载体应符合耐久性要求。实物证据在入档前可以进行拍照，照片存放在对应的案件处罚档案中。

案卷装订前，要对入卷材料进行检查整理，破损的材料应当进行修补或者复制，字迹难以辨认的材料应当附有抄件，信封、照片和纸张较小、较薄的文书，证物应当加贴衬纸并骑缝加盖办案单位印章，纸张的折叠、裁剪以A4纸为准，所有材料上的金属物件必须全部剔除。不便装订入卷的证据材料，应当拍照、录音或录像入卷保存，原物按有关规定处理。入卷的照片，应当在衬纸上注明拍摄时间、地点和拍摄人姓名，并对照片内容加以简要说明。处罚档案案卷装订采用三孔一线的装订方式。处罚档案案卷封面采用硬封面和软封面两种形式。采用软封面的，逐卷装订后，装入档案盒。

2. 档案顺序

处罚档案按照以下顺序整理：①封面；②卷内目录；③处罚决定书；④其他材料

按照形成时间先后顺序依次排列；⑤备考表。处罚档案卷内文件应当以阿拉伯数字编写页号，空白页不编写页号。各分卷独立编制页号。页号编写位置：单面书写文件在右上角；双面书写文件，正面在右上角，背面在左上角。

3. 封面

处罚档案的封面内容应按照下列要求填制：①全宗名称：即立档单位名称，用全称或者规范化简称；②档案类别：行政处罚案件档案；③案件名称：简要写明违法主体和违法行为；④起止日期：卷内文件形成的起止日期；⑤保管期限：根据档案保管期限划定；⑥卷内文件数量：卷内的文件份数和页数；⑦归档号：本案件共有的案卷数量及各卷的次序；⑧目录号：由本部门档案管理机构根据档案分类大纲的规定确定；⑨卷号：处罚案件档案的归档顺序号，按年度一保管期限排列。

4. 卷内文件目录

处罚档案的卷内文件目录内容应按照下列要求填制：①序号：卷内文件的排列序号，用阿拉伯数字从“1”起依次标注卷内文件的顺序，一份文件只标注一个顺序号；②文号：文件编号，文件制发过程中由制发机关、团体或个人赋予文件的顺序号，没有文号的不需填写；③题名：文件的标题，文件没有标题或者标题不规范的，可以依据其内容拟写标题，并加“[ ]”号。④页号：每份文件首页上标注的页号；⑤备注：注释文件需要说明的情况，如案卷有副卷的，应当在卷内目录的最后一个序号栏中标明。

5. 备考表

处罚档案的备考表内容按照下列要求填制：①本卷情况说明：缺损、修改、补充、移出、部分灭失等情况；如发生行政复议或行政诉讼的，应填写行政复议或行政诉讼基本情况说明；②整理人：负责整理人员签名；③检查人：负责检查案卷质量的审核人员签名；④时间：归档案卷整理完毕的日期。

6. 保管期限

一般程序处罚的案件档案保管期限为30年。简易程序处罚的案件档案保管期限为5年。处罚档案保管期限届满后，档案管理机构应当会同法制工作机构和案件承办机构对案件档案进行鉴定，提出拖长保管期限或予以销毁的意见，报本部门负责人批准后按规定程序和方法执行。处罚档案的销毁应当按照档案管理有关规定由档案管理机构和法制工作机构统一集中处理。

第二节 简易程序

行政处罚的简易程序实际上是当场处罚程序，是行政机关执法人员在符合法定条件下，对某些违法行为人在违法现场即行处罚的制度。相对于一般程序和听证程序而言，简易程序更加简单、方便、易行，一般程序和听证程序中的立案、案件审理等程序和内容在简易程序中被省略或者简化。但是，简易也不等于不讲规矩，更不等于执法人员可以为所欲为，仍要符合收集必要证据、处罚告知、听取陈述申辩、出具预定格式处罚决定书等要求。《行政处罚法》《质量技术监督行政处罚程序规定》对简易程序也都有明确的规定要求。

一、简易程序的适用条件

（一）必须满足的条件

使用简易程序实施行政处罚必须同时满足以下3个条件：

1. 行政处罚种类和幅度符合简易程序标准

使用简易程序实施行政处罚的种类和幅度限制在依法对公民处以五十元以下、对法人或者其他组织处以一千元以下罚款或者警告。如果当事人涉嫌的违法行为依法还应处没收非法财物、责令停产停业、暂扣或者吊销许可证、没收违法所得等行政处罚的，由于这些行政处罚都比较严厉，对当事人影响较大或者重大，质监部门不能适用简易程序进行当场处罚。

2. 违法事实清楚、证据确凿

（1）有确实、充分的证据证明违法事实的存在及性质、程度，即违法事实符合法律、法规和规章预先设定的事项。

（2）有确实、充分的证据证明当事人实施了违法事实。对违法事实尚不清楚或证据不够充分的案件，因为难以判断应当适用哪些法律法规，难以确定罚款数额，不能适用简易程序当场处罚。至于当事人对行政处罚是否有异议并不是能否适用简易程序的评判标准。只要事实清楚、证据确凿，符合适用简易程序的法定条件，当事人对行政处罚即便有异议也不影响简易程序的适用。

3. 有法定依据

对当事人的行为进行处罚，必须有明确、具体的法律依据，在没有明确、具体法律依据的情况下，处罚必然是随意的。因此，当场无法确定法律依据或法律依据不明确的，即便符合适用简易程序的其他条件，也不能当场处罚。

（二）注意事项

1. 可以选择是否适用简易程序

质监部门对同时具备上述3个条件的行政违法行为，是“可以”适用简易程序而不是"一定"要适用简易程序。也就是说，质监部门可以根据实际情况自主选择，符合适用简易程序的法定条件，则可以选择适用简易程序当场处罚，也可以不适用简易程序而使用一般程序进行处罚。

2. 个体工商户适用简易程序的条件

在简易程序中，个体工商户是按照公民还是按照其他组织对待存在争议。法人、其他组织和个体工商户在法律规定中都有其特定的含义。法人是指具有民事权利能力和民事行为能力，依法独立享有民事权利和承担民事义务的组织，系法律拟制的人。法人又包括企业法人、机关法人、事业单位法人和社会团体法人。其他组织是指合法成立、有一定的组织机构和财产，但又不具备法人资格的组织，包括法人依法设立并领取营业执照的分支机构、依法登记领取营业执照的私营独资企业、合伙组织等。《民法通则》第二十六条规定："公民在法律允许的范围内，依法经核准登记，从事工商业经营的，为个体工商户。"《个体工商户条例》第二条规定："有经营能力的公民，依照本条例规定经工商行政管理部门登记，从事工商业经营的，为个体工商户。"据此，个体工商户应当认定为依法登记从事经营的公民，不宜认定为其他组织，现场处罚时，将个体工商户按公民对待。

二、简易程序的办案程序

相对于一般程序而言，简易程序更为简单、方便，即时决定即时完成，有些一般程序和听证程序中的内容和形式，在简易程序中肯定都被省略了。但是，简易是简化了程序要求，并不是没有程序要求。质监部门使用简易程序进行处罚的，应当按照下列程序进行。

（1）向当事人表明身份。表明身份是表明处罚主体是否合格、合法的必要手续，因此行政执法人员应当向当事人出具行政执法证件并表明身份，并记录在案。

（2）收集必要的证据。简易程序适用于事实清楚、证据确凿且后果比较轻微的案件，无须采用特定方法对当事人的违法事实进行调查取证，这是简易程序和一般程序的区别之一。但这一特点也绝不意味简易程序无须调查取证。相反，违法事实清楚、证据确凿也是适用简易程序的前提之一。因此，行政执法人员在实施当场处罚时，应当收集必要的物证、书证、当事人陈述、现场笔录等证据。

需要特别指出的是，在简易程序中强调收集的证据，仅限于"必要"的范围之内，否则，简易程序与一般程序就没有什么区别了。

（3）听取当事人的陈述和申辩。陈述和申辩权利是行政处罚案件当事人的基本权利。当事人可以在被告知的前提下，对处罚进行陈述和申辩。简易程序中，当事人的陈述和申辩一般是当场口头进行的，但也不排斥事后以书面形式提交。行政执法人员对于当事人的口头陈述和申辩，应当充分听取，并予以全面、正确的口头答辩，使当事人心服口服，而不得因当事人的陈述和申辩而加重处罚。

在具备条件的情况下，行政执法人员也可以对当事人的陈述和申辩做出简要的书面记录并由当事人签字，避免事后出现纠纷而难以处理。

（4）当场制作行政处罚决定书。当场行政处罚决定书应当是统一制作、格式统一的制式文书，并由执法人员当场填写。当场行政处罚决定书应载明：被处罚人姓名或单位名称；违法行为事实；行政处罚种类和幅度；处罚依据；时间、地点；告知复议权利和诉讼权利及期限；处罚机关名称；执法人员的签名或盖章。制作当场行政处罚决定书的要求，目的主要是为了防止行政执法人员处罚的口头性和随意性。

（5）行政处罚决定书应当当场交付当事人。按照简易程序当场做出行政处罚决定的，都必须当场将行政处罚决定书交付当事人，这是当场处罚的重要标志之一。如果不能当场交付当事人的，就不能按照简易程序处罚，而应当适用一般程序。

（6）行政处罚备案。执法人员当场做出的行政处罚决定，必须及时报行政机关备案。具体的备案形式应该是由执法人员上交处罚决定书的存根或者副本，或者至少在所属机关就处罚的基本事项进行登记，方便行政机关知晓并掌握行政处罚决定内容，也有利于行政机关对执法人员进行监督和管理。

三、当场收缴罚款的规定

《行政处罚法》第四十六条确立了罚款决定机关和罚款收缴机构分离原则，要求做出罚款决定的行政机关应当与收缴罚款的机构分离，做出行政处罚决定的行政机关及其执法人员不得自行收缴罚款。但是，考虑到一些特殊情况，如执法人员不当场收缴罚款，可能以后就难以收缴到罚款，使行政处罚决定成为一纸空文，违法行为得不到应有的惩处，因此，《行政处罚法》第四十七条和第四十八条规定，在某些特殊情况下执法人员可以当场收缴罚款。

1. 可以当场收缴罚款的情况

（1）依简易程序当场给予20元以下罚款。

（2）依简易程序做出罚款决定，不当场收缴事后难以执行的。

针对当事人对行政执法行为不配合或不自觉缴纳罚款的情况，行政机关客观上无法对其进行强制执行或者进行强制执行可能会增加许多不必要的困难。因此，“不当场收缴事后难以执行”主要表现在当事人无法提供或者拒不提供能够证明其身份的证件，行政机关无法获知其姓名等基本信息。

（3）在边远、水上、交通不便地区，质监部门依简单程序做出罚款决定后，当事人向指定银行缴纳罚款确有困难，经当事人提出，行政执法人员可以当场收缴罚款。

考虑到当事人身处边远、水上、交通不便地区，与指定银行存在较长距离或者在较长时间内无法到达陆地，要求其在限定时间内将罚款缴纳到指定银行，有可能会给当事人增加极大的不便。《行政处罚法》赋予当事人选择权，只要当事人要求质监部门当场收缴罚款的，执法人员都可以当场收缴。

2. 当场收缴罚款的程序

（1）出具统一制发的罚款收据。质监部门及其执法人员当场收缴罚款的，必须向当事人出具省、自治区、直辖市财政部门统一制发的罚款收据。质监部门对当事人进行处罚不使用罚款单据或者使用非法定部门制发的罚款收据的，当事人有权拒绝处罚，并有权予以检举。

（2）在规定的期限内上缴罚款。执法人员当场收缴的罚款，应当自收缴罚款之日起二日内，交至质监部门；在水上当场收缴的罚款，应当自抵岸之日起二日内交至质监部门；质监部门应当在二日内将罚款缴付指定的银行。

四、适用简易程序有关注意事项

1. 执法人数要求

质监部门在调查取证时，案件承办人员不得少于两人，应当向当事人或者有关人员出示行政执法证件，并记录在案。

2. 简易程序的归档要求

适用简易程序当场处罚的案件，相应的材料也应该立卷存档。在当事人对行政处罚决定不服而申请行政复议或提起行政诉讼时，便于质监部门答复或者应诉。同时也便于质监部门对执法人员的工作进行检查，有利于督促执法人员严格依法行政。

第三节　听证程序

质监行政处罚听证是指质量技术监督行政主体办理属于听证范围的案件，在做出行政处罚决定之前，依当事人申请，以听证会的形式听取当事人、案件承办人员对案件的违法事实、处罚依据等进行陈述和质证的活动。听证程序是一般程序当中针对个别行政处罚种类所增加的一个调查查证的特殊环节和特殊形式，用这种环节和形式来赋予特定行政处罚在调查阶段新的内容、新的要求与新的调查查证形式。同时，听证也是程序公正的客观要求，为当事人充分维护和保障自身合法权益提供了程序上的便利，通过行政处罚听证程序，行政处罚的公开性、透明性得以增加。

一、适用听证的范围

（一）适用听证的一般情况

听证是较正式地听取各方当事人意见，手续也较为复杂。如果要求所有行政处罚行为做出之前都举行听证，必然造成行政资源的浪费和行政效率的降低。因此，《行政处罚法》对适用听证程序的案件范围予以了一定限制，并且采取了行为标准，即仅限于少数严厉的行政处罚行为：责令停产停业、吊销质监部门核发的许可证或者处以较大数额罚款三者中任何一个或者多个时，质监部门应当告知当事人有权提出听证申请。具体包括：

1. 责令停产停业

责令停产停业是指质监部门对违法当事人，依法在一定期限内禁止其从事生产或者经营活动的行政处罚，属于行为罚的一种。由于责令停产停业的处罚将直接影响当事人的生产与经营利益，因此适用于比较严重的行政违法行为。

2. 吊销许可证

吊销质监部门核发的许可证是指质监部门剥夺违法当事人已经取得的从事某项行政许可事项的许可证，从而使其丧失继续从事该项行政许可事项的资格的行政处罚，属于行为罚的一种。实践中常见的许可证包括：计量器具制造许可证、特种设备生产许可证、工业产品生产许可证等。

3. 处以较大数额罚款

罚款是指质监部门依法强制违法当事人在一定期限内缴纳一定数量货币的处罚行为，是财产罚的一种。行政处罚法将较大数额的罚款规定在听证范围内，既反映了法律对当事人权利的广泛保护，也兼顾了行政效率原则，避免了所有罚款案件都适用听证程序。

关于较大数额罚款的确定：因为各地区的经济发展水平不平衡，所以全国不可能一个标准、一个数额，较大数额罚款标准的制定应在法制统一的基础上，体现地区经济发展和行业的差异。《质量技术监督行政处罚程序规定》第三十三条第二款做出了相关规定："前款（三）项规定的较大数额罚款的标准，按照地方性法规、地方政府规章等有关规范性文件的规定执行。地方性法规、地方政府规章等有关规范性文件未做规定的，较大数额罚款的标准为3万元以上（含3万元）。"

（二）适用听证的特殊情况

1. 没收较大数额财物

在《行政处罚法》规定的听证申请范围中，并不包括"没收较大数额财物"的处罚种类，但根据《最高人民法院关于没收财产是否应进行听证及没收经营药品行为等有关法律问题的答复》（〔2004〕行他字第1号）的规定，行政机关应当将"没收较大数额财物"案件纳入听证范围。执法实践中，为防止与司法机关的理解产生矛盾，从化解行政争议的角度，按照有利于当事人的原则，特别是对重大、复杂或者争议较大的案件，质监部门可以在没收违法财物达到较大数额标准的处罚告知书中，告知当事人的听证权利。没收违法财物的较大数额标准参照较大数额罚款的标准执行。

2. 行政机关决定听证

相对于法定听证来说，行政机关决定听证是另一种听证的特殊程序。法定听证的条件比较简单，就是行政机关首先要告知当事人有权要求听证，如当事人要求举行则行政机关必须举行听证，所以被告知和当事人要求听证是法定听证的主要条件。而行政机关决定听证，属于法律强制要求以外的，虽然没有法律要求必须听证，但组织听证并不违反法律规定，相反，能更好地查清案件事实，给当事人充分行使权利的机会，也能让违法当事人心服口服，更有利于处罚的有效执行和社会秩序的维持和稳定。决定听证有两个条件：一是处罚案件有必要组织听证，二是行政机关决定进行听证。从程序上来讲，行政机关决定听证是启动决定听证程序的主要条件，没有行政机关的决定，就是客观上存在再多的理由，也无法实现听证，因为这毕竟不是法定听证。

执法实践中，可以考虑适用行政机关决定听证的案件主要有以下 3 类：一是在案件事实方面，行政机关与被处罚当事人有较大分歧的案件；二是在案件适用法律方面分歧较大的案件；三是当事人甚至包括一些群众，对行政机关查处违法案件有不理解和怀疑情绪的。

二、听证的申请

（一）听证申请的形式

正式的听证申请可以书面提出也可以口头提出。一般情况下，当事人应当以书面形式提出申请，书面申请可以直接到行政机关送交或者通过信函、传真、电报、电子邮件等方式提出；当事人也可以口头提出申请，口头申请则要求质监部门案审办的工作人员记录后，由当事人签章确认。

执法实践中，最常见的提出方式以直接到行政机关送交听证申请和通过信函提出为主。而随着电子政务要求的提出和网络的普及，从有利于当事人的原则出发，也应当允许当事人通过电子邮件、微信等网络通信方式提出行政处罚听证申请。

（二）听证申请的期限

当事人申请听证的法定为三日期限，自送达行政处罚告知书的次日算起。需要强调的是，根据《民事诉讼法》第八十二条第三款规定："期间届满的最后一日是节假日的，以节假日后的第一日为期间届满的日期。"

（三）听证申请的内容

当事人提出的听证申请应当包括当事人的基本情况、听证请求事项以及主要的事实和理由。在执法实践中，大多数听证申请无法做到以上基本要求，只是简单的要求对处罚告知内容提出听证申请。对于这种情况，行政机关不能因为当事人的听证申请过于简单，而拒绝组织听证。因为听证程序本身是当事人行政救济权的重要组成部分，对于救济权的行使，行政机关应当提供必要的便利，以维护当事人的权益。听证程序的核心是组织听证会，会上当事人会提出明确的听证请求，会对做出行政处罚的事实、证据进行质证，提供相应主张的证据，从而表明要求听证的事实和理由。

（四）听证申请权的丧失

当事人逾期未提出听证申请的，视为放弃听证的权利。一方面权利可以放弃，当事人可以自行选择是否行使法律赋予的救济权利，有放弃行使权利的自由；另一方面出于行政效率原则的要求，行政机关不可能无限期的等待当事人行使权利，要保证行政处罚程序的继续进行，就要有明确的听证申请期限规定。

（五）听证申请的撤回

申请行政处罚听证，是当事人依法享有的权利。质监行政处罚撤回听证申请的形式有两种：一是当事人在举行听证之前，提出撤回听证申请的，质监部门应当准许，案审办的工作人员记录在案后，由当事人签章确认。二是当事人无正当理由不出席听证的，视为撤回听证申请，主持人、记录人员将情况在听证笔录中载明，并签字确认。

正当理由是指出现当事人不能预见、不能避免和不能克服的客观情况，致使当事人不能按照通知时间、地点参加听证会的理由。如自然灾害、当事人或者其委托代理人疾病原因等。实践中，如当事人不能如期参加听证会，只要当事人提出延期申请，原则上质监部门应当延期举行听证会。

三、听证的组织

（一）听证的组织机构

案审办负责听证的具体组织工作。有关听证的执法文书的制作人员应当是案审办人员，不是案件承办机构的案件承办人员。

（二）确定听证的主持人

听证主持人即负责主持听证的人员。听证主持人一般由质监部门指派具有相对独立地位的本部门人员担任。按《行政处罚法》的规定，由行政机关内的非本案调查人员主持听证，即实行调查人员与听证主持人相分离的制度。下列人员不得被任命为听证主持人：①案件的调查取证人员；②行为人的近亲属；③与案件有直接利害关系的人员。

作为居中的裁判者，听证主持人根据法律的规定和行政机关的委托，享有法定权力。法定权力总的来说是两种权力：一是独立主持听证的权力；二是做出初步裁决或建议性的权利。其中主持听证的权力具体包括：①决定听证的过程。听证主持人有权决定听证的时间、地点，是否允许延期以及提出证据的方式和时间表，以保证听证有条不紊地进行；②接受证据和审查证据以及查清事实的权力；③决定程序上的请求和类似问题，如可以允许当事人向对方提供补充情节的要求、决定允许补充原来的听证文书等。

（三）确定听证的参加人

听证参加人包括当事人及其代理人、调查人员、证人、鉴定人员等。

听证程序中的当事人享有以下听证权利：①要求举行听证或者放弃听证的权利；②对与案件有利害关系的听证主持人，有要求回避的权利；③得到通知的权利；④既可以亲自参加听证，也可以委托一至二人作为代理人参加听证。委托的代理人必须有书面委托，且明确有关授权的内容，否则，该委托即属于无效委托，代理人的代理行为也无效，关于代理人的人数，《行政处罚法》限定为一至二人；⑤陈述、申辩和提出证据的权利；⑥对质和驳斥不利证据的权利；⑦对听证记录进行审核的权利以及要求行政机关只能根据听证案卷中记载的证据做出裁决的权利。需要注意的是，当事人权利的实现，建立在要求当事人在听证中履行一定的义务，这些义务如按时到达指定地点出席听证、遵守听证纪律而不得无理取闹、如实回答听证主持人员的询问等。

调查人员即质监部门中具体承办案件的行政执法人员。举行听证时，案件的调查人员有权提出当事人的违法事实、证据和可能的行政处罚建议，有权与当事人就案件事实和处理进行质证和辩论。调查人员在听证中主要是承担举证责任，当然也有义务遵守听证纪律，服从听证主持人的指挥。

其他听证参与人是指与案件相关的证人、鉴定人员和记录人员等。他们的职责是协助听证的进行，帮助搞清案情，与案件没有法律上的利害关系。

（四）确定听证的主要内容

案审办向听证主持人提交当事人的基本情况、违法事实、证据、拟处罚意见以及听证申请等有关资料。

（五）确定听证的时间和地点

自质监部门接到当事人听证申请的次日起算，应当15日内组织召开听证会。在15日的听证期间内，案审办应当在举行听证的7日前，将听证的时间、地点通知当事人。案审办应当制作《听证通知书》并依法送达当事人。在送达听证通知书时，除告知当事人听证时间、地点外，还应当告知其听证主持人和记录人姓名，为当事人申请回避提供便利。

（六）确定听证是否公开

除涉及国家秘密、商业秘密或者个人隐私的案件，听证会应当公开举行。国家秘密是指关系国家的安全和利益，依照法定程序确定，在一定时间内只限一定范围的人员知情的事项。商业秘密是指不为公众所知悉、能为权利人带来经济利益，具有实用性并经权利人采取保密措施的技术信息和经营信息，是一种财产权利，受《中华人民共和国反不正当竞争法》等法律保护。个人隐私是指公民个人生活中不愿为他人公开或知悉的秘密。隐私权是自然人享有的对其个人的、与公共利益无关的个人信息、私人活动和私有领域进行支配的一种人格权。受《民法通则》等法律保护。

四、听证的程序

听证会按照以下程序进行：

（1）主持人宣布听证会纪律。会场纪律主要包括：听证参加人应自觉遵守听证会场秩序，未经允许不得擅自发言，不得擅自中途退场；旁听人员不得喧哗、鼓掌，不得在场内随意走动；场内禁止吸烟；关闭通信工具；不得进行其他妨碍听证会秩序的活动等。

（2）核对听证参加人姓名、年龄、身份，告知听证参加人权利、义务。核对案件承办人员身份，应当要求其出示有效行政执法证件；核对当事人身份，应当要求其出示有效身份证件，代理人应当提供授权委托书。听证参加人的自然情况应当记录在听证笔录中，并附有提供者签名的相关证件复印件。

（3）案件承办人员提出当事人违法事实、证据以及处罚意见。案件承办人员提出调查中发现的违法事实，出具认定当事人违法事实的相应证据，应包括事实依据和法律依据，并提出本机关拟做出的行政处罚意见。

（4）当事人进行申辩和质证。当事人就案件承办人员提出的违法事实和证据进行申辩和质证，并可以当场提供证明自己主张的证据。质证过程中，听证主持人要充分保障当事人的陈述权、申辩权，主持人可以通过询问，引导当事人充分表达自己的主张。

（5）主持人宣布听证会结束。

五、听证的结束程序

案审办应当将听证笔录和案件有关材料一并提交行政处罚案件审理委员会进行重

新审理。

（一）制作听证笔录

制作听证笔录内容应当准确无误，并使用制式文书，载明下列事项：①案由；②举行听证的起止时间和地点；③听证主持人、记录人员的姓名、职务以及听证参加人基本情况；④主持人核对参加听证会人员身份并告知其权利、义务；⑤案件承办人对违法事实的调查认定情况及拟处理意见；⑥当事人、委托代理人或者第三人陈述、申诉的事实和理由；⑦当事人、委托代理人或者第三人质证情况等。听证笔录应当当场交听证主持人以及听证参加人审核无误后签名或者盖章。

听证记录人应当将笔录交予当事人进行审核，如果当事人认为笔录中关于其陈述、申辩等内容的记载，与其陈述内容不符的，应当向行政机关提出，行政机关应当予以更正，并由当事人签字或者押印确认。当事人经审核笔录认为无误的，应当在笔录上签字或者盖章。

（二）对案件重新审理

听证程序结束后，听证主持人应当对经过听证的案件事实是否属实，原理的初步处罚决定是否合法、适当，提出对本案的处理意见，并提交行政处罚案件审理委员会对案件进行重新审理。

六、未依法告知听证权利或未依法组织听证的后果

质监部门对未依法告知当事人听证权利或者未依法组织听证的，其做出的行政处罚决定无效。

（一）未依法告知听证权利

质监部门告知当事人依法享有听证权利，是在行政处罚告知同时进行的，实践中出现“未依法告知当事人听证权利”一般是因为执法人员在送达告知书，不能按照相应送达方式进行有效送达所导致。例如，在直接送达时，未将告知书送达给法定代表人或者其指定的委托代理人，而是随意的送达给当事人单位的其他工作人员。因送达存在的瑕疵，当事人完全可以在行政复议或者诉讼程序中，以行政机关未依法告知听证权利为由，请求复议机关或者法院确认行政处罚违反法定程序，进而提请撤销行政处罚。

（二）未依法组织听证

在听证组织过程中，行政机关未按上文中的规定程序和要求，使得当事人的合法

权利没有得到保障。

（三）违反法定程序和程序瑕疵

程序瑕疵一般指违反建议性的、非强制性的程序规定。从整个行政处罚行为来看，如果违反法定程序的行为没有组织或者妨碍当事人正当权利的行使，当事人不因该行为遭受损失，则可以视为程序瑕疵。反之，则应当认定行政机关违反法定程序，由其承担行政处罚无效的后果。

第四节　行政强制程序

行政强制行为是行政机关为保证实现行政管理目的，对公民的人身自由以及公民、法人或者其他组织的财产或行为采取强行限制措施的具体行政行为的总称，它包括行政强制措施和行政强制执行。行政强制措施是指行政机关在行政管理过程中，为制止违法行为、防止证据损毁、避免危害发生、控制危险扩大等情形，依法对公民的人身自由实施暂时性限制，对公民、法人或者其他组织的财产或行为实施暂时性控制的行为；行政强制执行是指行政机关或者行政机关申请人民法院，对不履行行政决定所确立义务的公民、法人或者其他组织，依法强制履行义务的行为。行政机关掌握行政强制权并能够依据行政实务需要依法做出行政强制行为，对具有重大现实意义和法制功能意义。

一、质量技术监督行政强制措施

（一）行政强制措施的种类和设定

《中华人民共和国行政强制法》（以下简称《行政强制法》）第九条规定，行政强制措施的种类包括：

（1）限制公民人身自由；

（2）查封场所、设施或者财物；

（3）扣押财物；

（4）冻结存款、汇款；

（5）其他行政强制措施。

行政强制措施的设定：法律可以设定以上种类的强制措施；行政法规可以设定除限制公民人身自由，冻结存款、汇款和应当由法律规定的行政强制措施以外的其他行政强制措施；地方性法规可以设定查封场所、设施或者财物和扣押财物；法律、法规以外的其他规范性文件不得设定行政强制措施。法律对行政强制措施的对象、条件、种类做了规定的，行政法规、地方性法规不得做出扩大规定。法律中未设定行政强制措施的，行政法规、地方性法规不得设定行政强制措施。但是，法律规定特定事项由行政法规规定具体管理措施的，行政法规可以设定除限制公民人身自由，冻结存款、汇款和应当由法律规定的行政强制措施以外的其他行政强制措施。

（二）质监行政执法相关法律、法规中关于行政强制措施的规定

1. 产品质量法

《产品质量法》第十八条规定："县级以上产品质量监督部门根据已经取得的违法嫌疑证据或者举报，对涉嫌违反本法规定的行为进行查处时，可以行使下列职权：……（四）对有根据认为不符合保障人体健康和人身、财产安全的国家标准、行业标准的产品或者有其他严重质量问题的产品，以及直接用于生产、销售该项产品的原辅材料、包装物、生产工具，予以查封或者扣押。"

2. 特种设备安全法

《特种设备安全法》第六十一条规定："负责特种设备安全监督管理的部门在依法履行监督检查职责时，可以行使下列职权：……（三）对有证据表明不符合安全技术规范要求或者存在严重事故隐患的特种设备实施查封、扣押。"

3. 计量法实施细则

《计量法实施细则》第四十四条规定："制造、销售未经型式批准或样机试验合格的计量器具新产品的，责令其停止制造、销售，封存该种新产品，没收全部违法所得，可并处3000元以下的罚款。"

4. 标准化法实施条例

《标准化法实施条例》第三十三条第三款规定："进口不符合强制性标准的产品的，应当封存并没收该产品，监督销毁或做必要技术处理；处以进口产品货值金额百分之二十至百分之五十的罚款；对有关责任者给予行政处分，并可处以五千元以下罚款。"

5. 工业产品生产许可证管理条例

《工业产品生产许可证管理条例》第三十七条规定："县级以上工业产品生产许可证主管部门根据已经取得的违法嫌疑证据或者举报，对涉嫌违反本条例的行为进行查处并可以行使下列职权：……（三）对有证据表明属于违反本条例生产、销售或者在经营活动中使用的列入目录产品予以查封或者扣押。"

6. 棉花质量监督管理条例

《棉花质量监督管理条例》第二十条规定："棉花质量监督机构在实施棉花质量监督检查过程中，根据违法嫌疑证据或者举报，对涉嫌违反本条例规定的行为进行查处时，可以行使下列职权：……（四）对涉嫌掺杂掺假、以次充好、以假充真或者其他

有严重质量问题的棉花以及专门用于生产掺杂掺假、以次充好、以假充真的棉花的设备、工具予以查封或者扣押。”

（三）行政强制措施的实施主体及人员

行政强制措施应由行政主体实施，行政主体包括行政机关和法律、行政法规授权的具有管理公共事务职能的组织。其他组织无权实施。

行政强制措施应由行政机关具备资格的行政执法人员实施，其他任何人员不得实施。

行政强制措施实施权不得委托，凡委托其他组织或个人实施的，均属于违法行政行为。

（四）行政强制措施的实施条件

1. 具备履行行政管理职责的需要

行政管理职责主要包括制止违法行为、防止证据毁损、避免危害发生、控制危险扩大等。

2. 具备法律法规的明确授权

只有在法律、法规中明确授权有关行政主体行政强制措施权时，该主体才能实施行政强制措施。

3. 符合行政强制适当原则

《行政强制法》第五条规定：“行政强制的设定和实施，应当适当。采用非强制手段可以达到行政管理目的的，不得设定和实施行政强制。”

当违法行为情节显著轻微或者没有明显的社会危害时，如果存在其他损害更小的非强制手段可以达到制止该违法行为的目的，行政机关就应采取其他非强制性手段而不应采取行政强制措施；如果采取多种强制措施均可实现行政目的，行政机关应采取对当事人损害最小的强制措施。

（五）行政强制措施的一般程序

行政强制措施的一般程序是指实施各类行政强制措施均应该遵循的程序。主要包括：报告及批准、表明身份、通知当事人到场、告知、听取陈述和申辩、制作现场笔录等。其中，听取陈述和申辩程序为当事人参与行政活动提供了便利渠道。当事人可以就行政机关所提供的行政强制措施的理由、依据进行有针对性的抗辩，以维护自身的合法权利。

1. 报告及批准

实施前须向行政机关负责人报告并经批准。报告及批准程序可以延缓行政机关实施行政强制措施的进程，使行政强制措施的实施更加慎重。避免执法人员随意做出行政强制措施，侵害当事人的合法权益。

2. 由两名以上行政执法人员实施

有利于约束和保护行政执法人员依法实施行政强制措施，便于执法人员间的相互监督。同时也可以防止当事人诬陷、诬告、贿赂执法人员。

3. 表明身份

行政执法人员在实施行政强制措施前应当出示执法证件。这有利于取得当事人的配合，也便于当事人进行陈述、申辩和对实施的过程进行监督。

4. 通知当事人到场

行政强制措施是针对当事人做出的，当事人应该到场，这样才便于行政执法人员向其说明实施强制措施的有关情况，同时也便于其对执法过程进行监督，以维护自己的合法权益。如果当事人不能到场，为对行政执法人员进行有效监督，执法人员应当邀请见证人到场。

5. 告知

告知程序体现了行政机关对当事人的充分尊重，能够提高行政强制措施的可接受性，减少当事人的反抗情绪。当场告知当事人采取行政强制措施的理由、依据以及当事人依法享有的权利、救济途径。告知的内容应在行政强制措施决定书中载明，同时也要当场向当事人宣读。在当事人未能到达现场的情况下，载有告知内容的行政强制措施决定书的送达就视为告知。

6. 听取陈述和申辩

行政执法人员向当事人告知采取行政强制措施的有关情况后，当事人有权表明自己的意见和看法，提出自己的主张和证据，也有权进行辩解、解释，反驳对自己不利的意见和证据。

7. 制作现场笔录

制作现场笔录是行政机关在行政活动中保存证据的重要方式之一。现场笔录一般包括以下内容：第一，实施行政强制措施的事由、时间、地点、当事人、执法人员、见证人的到场情况；第二，当事人的陈述和申辩，或者见证人的意见、看法；第三，实施行政强制措施的过程、结果；第四，其他需要记录的情况。制作现场笔录时还应注意以下事项：现场笔录应由当事人和行政执法人员签名或者盖章；当事人拒绝到场的，行政执法人员应在笔录中予以注明，这并不影响现场笔录的法律效力；如果当事人不能到场的，执法人员应该邀请见证人到场，由见证人和行政执法人员在现场笔录上签名或盖章。

8. 法律、法规规定的其他程序

除上述程序外，各单行法律、法规可能还要对特定行政强制措施的实施做出其他的程序规定，行政机关在执法时也要一并遵守。

（六）行政强制措施的特殊程序

1. 紧急程序

由于情况紧急需要当场实施行政强制措施的，行政执法人员可以先行做出行政强制措施，但应当在24小时内向行政机关负责人报告，并补办批准手续。行政机关负责人在听取执法人员汇报后，认为不应当采取行政强制措施的，应当立即解除。需要注意的是，紧急情况的行政强制措施，除了可在事后报告并补办批准程序外，仍然必须履行行政强制措施的其他程序。

关于紧急情况的理解。紧急情况是一个概括性较强的表述，它给执法人员留下了必要的裁量空间。由于对紧急情况的理解直接影响着采取相应行政强制措施所应遵循的程序，因此，有必要对其内涵做分析梳理。考虑到行政强制措施的实施目的是制止违法行为、防止证据损毁、避免危害发生、控制危险扩大等，紧急情况应当与制止违法行为、避免危害发生、控制危险扩大相对应。具体来说，紧急情况是指违法行为极有可能发生危害、引发的危害刚刚发生或者已造成危害但尚未结束的状况。

2. 涉罪移送程序

质监部门在办理行政案件时，实施行政强制措施时发现当事人的违法行为已构成犯罪时，应依法移送司法机关追究刑事责任，不应以行政处罚代替刑事责任，使犯罪分子逍遥法外。根据《行政强制法》第二十一条的规定，质监部门在查处违法行为时，发现当事人涉嫌犯罪的，应当及时将案件移送司法机关，同时应将所查封、扣押的财物一并移送，并书面告知当事人。

（七）实施查封扣押的有关要求

在质监行政执法实践中，目前质监部门所依据的法律、法规中设定了查封（封存）、扣押两种行政强制措施。查封是指行政机关对特定场所、设施或者财务就地查实、封存，以待具体行政行为做出后加以处理的行政强制措施。查封是原地进行的行为，并不改变被查封对象原有的物理位置。扣押是指行政机关强制留置当事人的财务，限制其继续对其财务进行占有和处分的行政强制措施。相对于查封来说，扣押是把被扣押物品进行物理位置的转移，并且扣押的对象只能是财物，而查封的对象相对广泛，除了财物，还可以查封场所和设施。

1. 查封、扣押的范围

查封、扣押限于涉案的场所、设施或者财物，不得查封、扣押与违法行为无关的

场所、设施或者财物；不得查封、扣押公民个人及其所抚养家属的生活必需品；当事人的场所、设施或者财物已被国家其他机关依法查封的，不得重复查封。

2. 查封、扣押的实施程序

（1）做出查封、扣押决定

查封、扣押决定是行政主体实施相应行政措施的根据，也是查封、扣押的首要环节。应当现场制作查封、扣押决定书和清单。查封、扣押清单一式两份，由当事人和行政机关分别保存。决定书应当载明下列事项：①当事人的姓名或者名称、地址；②查封、扣押的理由、依据和期限；③查封、扣押场所、设施或者财物的名称、数量等；④申请行政复议或者提起行政诉讼的途径和期限；⑤行政机关的名称、印章和日期。

（2）执行查封、扣押决定

实施查封、扣押决定应当包括以下步骤：第一，通知当事人与有关人员到场；第二，负责查封、扣押的人员应向当事人出示证明身份证件和执行文书，并说明有关情况；第三，行政主体对依法查封的财产加贴封条；对被扣押的财物，必须清点清楚，当场开列清单一式两份，由见证人、持有人、执行人签名或者盖章。应当当场交付查封、扣押决定书和清单。

现场应当制作查封、扣押笔录。笔录应当载明下列内容：①执行措施开始及完成的时间；②财产的所在地、种类、数量；③财产的保管人；④其他应当记明的事项。由于查封、扣押笔录是对查封、扣押过程的忠实记录，对查封、扣押程序是否合法的认定有重大关系，因此记载应当详细明确，并当场完成以备查阅。执法实践中有时通知不到应到场人员，或有关人员经通知后拒不到场的，为避免执行迟延，仍然可以实施查封、扣押，但应在执行笔录中写明，并由在场人员签名。

3. 查封、扣押的期限

查封、扣押的期限不得超过30日；情况复杂的，经行政机关负责人批准，可以延长，但是延长期限不得超过30日。法律、行政法规另有规定的除外。

延长查封、扣押的决定应当及时书面告知当事人，并说明理由。

对物品需要进行检测、检验、检疫或者技术鉴定的，查封、扣押的期间不包括检测、检验、检疫或者技术鉴定的期间。检测、检验、检疫或者技术鉴定的期间应当明确，并书面告知当事人。检测、检验、检疫或者技术鉴定的费用由行政机关承担。

4. 查封、扣押财物的保管责任

对查封、扣押的场所、设施或者财物，行政机关应当妥善保管，不得使用或者损毁；造成损失的，应当承担赔偿责任。

对查封、扣押的场所、设施或者财物，行政机关可以委托第三人保管，第三人不得损毁或者擅自转移、处置。因第三人的原因造成的损失，由于行政机关和第三人之间存在委托关系，而当事人和第三人之间不存在委托关系，应当由行政机关向当事人先行赔付，行政机关先行赔付后，有权向第三人追偿。

因查封、扣押发生的保管费用由行政机关承担。这里的保管费用是因行政机关采取查封、扣押措施产生的费用，行政机关不得以任何形式变相向当事人收取保管费用。

5. 查封、扣押的后续措施

行政机关采取查封、扣押措施后，应当及时查清事实，依法在规定期限内做出处理决定。对违法事实清楚，依法应当没收的非法财物予以没收；法律、行政法规规定应当销毁的，依法销毁；应当解除查封、扣押的，做出解除查封、扣押的决定。

6. 解除查封、扣押的条件和程序

有下列情形之一的，行政机关应当及时做出解除查封、扣押决定：

（1）当事人没有违法行为；

（2）查封、扣押的场所、设施或者财物与违法行为无关；

（3）行政机关对违法行为已经做出处理决定，不再需要查封、扣押；

（4）查封、扣押期限已经届满；

（5）其他不再需要采取查封、扣押措施的情形。

解除查封、扣押后应当立即退还财物；已将鲜活物品或者其他不易保管的财物拍卖或者变卖的，退还拍卖或者变卖所得款项。变卖价格明显低于市场价格，给当事人造成损失的，应当给予补偿。

7. 查封、扣押的注意事项

质量技术监督领域内现行的单行法中对行政强制措施实施程序的规定较少，实施程序的规定主要反映在解释中，由于国家质检总局对法的部分行政解释制定早于《行政强制法》，与《行政强制法》的规定相抵触的，必须依据《行政强制法》的规定执行。例如，《关于实施〈中华人民共和国产品质量法〉若干问题的意见》（国质检法〔2011〕83号）规定："查封、扣押的期限为三个月；对于产品的安全使用期或者失效日期不足三个月的，查封、扣押后的处理不得超过产品的安全使用期或者失效日期。因案情复杂等情况，质量技术监督部门需要延长查封、扣押期限的，应当报上一级质量技术监督部门批准。"其查封、扣押的期限，延长查封、扣押期限的批准不符合《行政强制法》第二十五条第一款规定。

二、质量技术监督行政强制执行

行政强制执行是指在行政机关依法做出行政处罚决定后，如果当事人在行政处罚决定规定的期限内不依法履行义务，依照法律规定享有行政处罚强制执行权的行政机关可以采取法律规定的强制措施实现行政处罚决定的内容。行政处罚强制执行依行政机关单方面的意思表示即可成立，不需要征得当事人的同意。行政处罚强制执行发生在行政处罚过程中，执行的是行政处罚决定，体现行政管理活动所要达到的目的，因此，行政处罚强制性具有较强的行政色彩。

（一）行政强制执行的条件

1. 行政决定已经依法做出

行政强制执行的基础是具有可执行的行政决定，因此，行政机关实施行政强制执行，需要有行政机关依法做出的行政决定，且该决定已经生效，具有可执行性。

2. 当事人未履行

只有在当事人履行不能实现的情况下，才会适用直接的强制实现法律所确定的权利义务关系。因此，也只有在当事人未能在行政机关决定或法定的履行期限内不履行行政决定所确定的义务时，行政机关才能进行行政强制。

3. 行政机关具有行政强制执行权

由于我国采取行政机关执行和法院执行的双重体制，且以法院执行为原则，因此行政机关自行执行必须得到法律的明确授权，否则应申请人民法院执行。

（二）行政强制执行的种类

《行政强制法》规定了行政强制执行的 6 种方式：①加处罚款或者滞纳金；②划拨存款、汇款；③拍卖或者依法处理查封、扣押的场所、设施或者财物；④排除妨碍、恢复原状；⑤履行；⑥其他强制执行方式。

根据现行法律的授权，质监部门目前实施的行政强制执行的主要有 3 种：一是加处罚款；二是对逾期不申请行政复议或者提起行政诉讼，经催告仍不履行的，在实施行政管理过程中已经采取查封、扣押措施的，可以将查封、扣押的财物依法拍卖抵缴罚款；三是申请人民法院强制执行。将查封、扣押财物依法拍卖可参照上文中罚没物品拍卖程序进行，以下重点阐述加处罚款程序和申请人民法院强制执行程序。

（三）质监部门加处罚款程序

根据《行政处罚法》和《质量技术监督行政处罚程序规定》的相关规定，当事人未按行政处罚决定的期限缴纳罚款的，质监部门可以每日按罚款数额的 3%加处罚款。加处罚款本身是执行罚，所谓执行罚是指行政法上的义务人逾期不履行行政机关做出的具体行政行为，行政机关迫使义务人缴纳一定比例的强制金，促使义务人自觉履行行政义务的一种行政强制措施。因此，该性质的罚款可以按日反复进行，不受“一事不再罚”原则的限制。

1. 加处罚款的条件

质监部门具有决定是否加处罚款的权力。即质监部门不论是加处罚款，还是不加处罚款，都符合法律规定。如果质监部门要采取加处罚款措施的话，必须同时具备以下条件：①处罚决定已经送达当事人，对当事人发生法律效力；②有关机关未因法定理由决定或裁定停止执行；③当事人未按行政处罚决定规定的期限和形式缴纳罚款。

2. 加处罚款的金额

加处罚款数额的计算公式如下：加处罚款数额＝当事人逾期未缴纳的罚款数额×3%×逾期天数。遇有当事人已经部分缴纳罚款的，只能以逾期尚未缴纳的罚款数额来计算。执法实践中，逾期天数的计算有多种方式：有的以人民法院做出裁定执行之日起计算；有的以当事人的起诉期满开始计算；还有的以行政处罚决定中确定的罚款缴纳期限届满之日起开始计算。考虑到加处罚款制度的目的是为了促使当事人自觉缴纳罚款，如当事人不缴纳罚款就会遭受更大的经济损失，从而引导当事人自觉按期缴纳罚款。因此，逾期天数应该以行政处罚决定书确定的罚款缴纳期限届满之日起计算。遇有当事人获得质监部门批准延期缴纳罚款的，逾期天数从延期期限届满之日起计算。

《行政强制法》第四十五条第二款规定：“加处罚款或者滞纳金的数额不得超出金钱给付义务的数额。”

3. 加处罚款的程序

质监部门对当事人决定加处罚款，应当下达加处罚款决定书，并及时送达当事人。在执法实践中，经常出现这样的做法：质监部门在行政处罚决定书中已经告知当事人逾期不缴纳罚款将每日按罚款数额的3%加处罚款，没有单独再做出加处罚款决定。但考虑到加处罚款属于间接强制措施中的执行罚，是独立于罚款的一个新的具体行政行为，所以建议质监部门应当在行政处罚决定之外单独制作行政处罚加处罚款决定书。

加处罚款决定书应当包括以下内容：①当事人名称；②做出加处罚款决定的依据和理由；③加处罚款的标准；④加处罚款的起始计算时间；⑤当事人依法享有的救济权利；⑥做出加处罚款决定的行政机关名称和盖章。

（四）申请强制执行的有关规定

质监部门申请人民法院强制执行属于非诉行政执行，是指具体行政的当事人对具体行政行为在法定期限内没有提起行政复议或行政诉讼，行政机关申请人民法院强制执行的制度。

1. 申请人民法院强制执行的条件

行政机关申请人民法院强制执行其做出的行政决定的前提条件是，当事人在法定期限内不申请行政复议或者提起行政诉讼，又不履行行政决定的，没有行政强制执行权的行政机关可以自期限届满之日起3个月内，申请人民法院强制执行。

2. 申请人民法院强制执行的程序

行政机关申请人民法院强制执行前，应当催告当事人履行义务。催告书送达10日后当事人仍未履行义务的，行政机关可以向所在地有管辖权的人民法院申请强制执行；执行对象是不动产的，向不动产所在地有管辖权的人民法院申请强制执行。

行政机关向人民法院申请强制执行，应当提供下列材料：

（1）强制执行申请书；

（2）行政决定书及做出决定的事实、理由和依据；

（3）当事人的意见及行政机关催告情况；

（4）申请强制执行标的情况；

（5）法律、行政法规规定的其他材料。

强制执行申请书应当由行政机关负责人签名，加盖行政机关的印章，并注明日期。

人民法院接到行政机关强制执行的申请，应当在5日内受理。行政机关对人民法院不予受理的裁定有异议的，可以在15日内向上一级人民法院申请复议，上一级人民法院应当自收到复议申请之日起15日内做出是否受理的裁定。

3. 关于申请人民法院强制执行的注意事项

（1）关于先予执行。根据《最高人民法院关于执行〈中华人民共和国行政诉讼法〉若干问题的解释》第九十四条的规定，在行政诉讼过程中，行政机关申请人民法院强制执行被诉行政处罚行为的，人民法院将不予执行。但是，如果不及时执行该处罚决定可能给国家利益、公共利益或者他人合法权益造成不可弥补的损失的，人民法院可以先予执行。行政机关申请人民法院先予执行的，无须提供相应的财产担保。

（2）人民法院的合法性审查。人民法院受理质监部门申请执行其行政处罚决定后，在30日内由行政审判庭组成合议庭对行政处罚行为的合法性进行审查，并就是否准予强制性做出裁定。被申请执行的行政处罚行为有下列情形之一的，人民法院将裁定不准予执行：①明显缺乏事实根据的；②明显缺乏法律依据的；③其他明显违法并损害被执行人合法权益的。

（3）申请执行人民法院发生法律效力的行政判决和裁定。这也属于质监部门在执法实践中可能遇到的问题。对发生法律效力的行政判决书和行政裁定书，负有义务的当事人拒绝履行的，质监部门可以依法向第一审人民法院申请强制执行。质监部门申请人民法院执行的期限为3个月。该期限从法律文书规定的履行期间最后一日起计算；

法律文书中没有规定履行期限的，从该法律文书送达当事人之日起计算。逾期申请的，除有正当理由外，人民法院将不予受理。

（4）行政机关申请人民法院强制执行，不缴纳申请费。强制执行的费用由被执行人承担。人民法院以划拨、拍卖等方式强制执行的，可以在划拨、拍卖后将强制执行的费用扣除。

第四章　质监行政处罚案件调查

第一节　概述

质监行政处罚案件调查，是质监部门做出最终行政处罚决定的基础性工作，调查内容涉及国民经济、国计民生、社会治理、环境保护等多个领域，具有广泛性、技术性、专业性和时效性，应当依法、科学、合理、高效地开展案件调查工作。

质监部门行政处罚程序分为简易程序和一般程序，本章探讨的行政处罚案件调查问题，只涉及一般程序办理的行政处罚案件。

一、概念及特征

（一）概念

质监行政处罚案件调查是指质量技术监督行政执法机关为查明事实真相、收集证据，对案件发生的时间、地点事实真相、情节、责任人、危害结果及影响等问题进行查证核实所进行的一系列活动。包含以下基本内容：

（1）质监行政处罚的调查权限来源于法律赋予质监部门的行政管辖权，是质监部门履行监管职责的一项重要活动，需按法定程序进行，不得超越权限范围开展调查工作。

（2）质监行政处罚案件调查，只能通过全面、客观、公正的调查核实案件信息资料，将法律、法规和规章的执行情况与具体行政违法事实紧密地联系起来，判断具体对象是否有违反法定义务的行为，为进一步采取行政措施提供依据。

（3）质监行政处罚案件调查，涉及行政处罚以及对行政相对方合法权益的保护，调查结果关系到将来当事人债的转移和信用评价。因此，调查活动依法实施的同时，必须科学、合理及接受监督，避免行政侵权责任的发生，违法行为应及时制止，调查过程中要特别注意证据的收集、整理和归档，避免行政案件败诉。

（二）特征

质监行政处罚案件调查是案件办理的基本过程和关键步骤，符合我国行政处罚案件调查的共同特征，概括为以下几点：

1. 行政行为

质监行政处罚案件调查是质监部门在行政管理过程中依职权做出的具体行政行为，包含以下 4 个方面的内容：

（1）调查的主体是行政机关：对质监部门来说，具有行政处罚权的行政机关是行政处罚案件调查的唯一主体，依据法律的规定，参与质监行政处罚案件调查的组织及相关调查人员，必须符合法律相关规定，并受到该行政机关的委托，行政机关对调查产生的后果承担行政责任。

（2）依职权实施：质监行政处罚案件的调查，必须在法律、法规、规范、行政命令等赋予质监部门的职权范围内组织实施。同时，它是提供行政参考的有效方式，通过反馈法律、法规、规范、行政命令的执行效果，为法律、法规、规范、行政命令的及时制定、修改、废除提供案例资料。

（3）针对当事人所实施：行政处罚案件调查，调查的对象局限于当事人的具体行政违法行为，与具体案件无关的其他情形不在调查范围。

（4）对当事人权益产生影响：受委托的案件承办机构通过调查收集客观证据资料，核实违法行为，为行政案件的审理提供准确、客观的处理依据，调查结果影响当事人的法律地位和权利义务，行政处罚案件调查应及时排除各种干涉因素的影响，具有一定的独立性。

2. 程序行为

质监行政处罚案件调查必须按照执法办案程序要求进行，无论当事人是否配合，受委托的案件承办机构都要按法定程序完成调查工作。

3. 中间行为

质监行政处罚案件调查是质监部门在做出行政处罚决定之前，受委托的案件承办机构依据法定程序调查结果，不具有最终性，最终影响当事人权益关系的是行政机关最终做出的行政处罚决定。

4. 强制行为

质监行政处罚案件调查活动具有行政强制性，案件调查方式可以通过法律赋予的行政强制手段保障实施，表现形式有现场检查、抽样调查、查封、扣押、询问、鉴定等。

5. 辅助行为

质监行政处罚案件调查过程中必须充分听取当事人辩解和陈述，全面收集涉案证据资料，以辅助行政机关对当事人的违法行为做出客观的判断。

6. 合作行为

质监行政处罚案件调查活动，具有社会广泛性，普遍情况下是由多方共同合作参与的活动，必定要与其他社会主体之间发生直接或间接的各种各样的合作关系，应尽量避免命令式、强制式、粗暴式、教条式、诱导式、封闭式的合作方式。

二、重要性

行政处罚案件中的调查取证是指行政机关为查明案件事实，依据法律、法规和规章的规定，围绕案件事实进行检查、查验及其他收集证据的行政行为。调查取证是行政处罚程序的基本过程和关键步骤，调查取证工作在行政案件办理过程中具有不可替代的重要作用。

（一）调查取证是案件办理的关键步骤

办理行政处罚案件，基本要求是做到事实清楚、证据确凿、程序合法，法律、法规和规章适用准确，处罚合理、公正，执法文书使用正确、规范。要达到这些要求，就要按照行法定程序及相关规定开展调查取证工作，全面了解案情，获取认定违法事实必要的证据资料。

对于经批准立案调查的案件，依法办案，公平公正是最基本的要求，证据支撑作用尤其重要，应当按照全面、客观、公正的基本原则进行调查取证工作，调查取证是案件办理的关键步骤。

抓住案件调查各个关键环节，有效组织和实施案件调查，提高办案人员积极性，科学合理策划案件方案，及时、主动收集涉案证据资料，确保证据收集真实可靠，合理合法，这样才能准确认定违法事实和及时制止违法行为，牢牢掌握案件办理的主动权，确保办案质量。

（二）调查取证是依法履责的关键环节

从世界法治发展的客观规律来看，人民群众基于对提升国家治理效能的更高期望，对严格执法、公正执法、阳光执法的要求和渴望也就越来越高，这就要求行政执法部门要尽职履责，避免不作为和乱作为的情况。

在行政处罚案件调查过程中，证据将对整个案件的定性和最终的行政处罚结果提供事实根据。因此，调查取证关系到国家法制规范是否能得到贯彻执行，关系到社会公共权益是否得到有效维护，也关系到当事人私权益与公权益之间平衡问题。在行政处罚案件办理过程中，证据收集是否具有合法性、真实性、完整性和逻辑性，是检验执法人员是否正确履责的客观标准。

抓住调查取证这个关键环节，对案件调查问题进行深入研究，科学和系统的探讨案件调查原则、案件调查权限范围、案件调查方式等内涵，梳理案件调查工作的方法要点、办案方法技巧，对于彰显法律威严、打击违法行为、保证当事人正当合法权益、保护公众利益、维护法律权威、依法行政以及帮助执法人员明确职责要求、化解执法风险、避免渎职侵权等方面都具有重要的现实意义。

三、分类和原则

简单地说，案件调查就是收集和整理案件资料并形成案件证据的过程，结合质监行政执法办案的特点，根据不同的案件线索来源、不同的案件调查程序启动方式、不同的案件调查方式把质监行政处罚案件调查活动进行不同的分类。

（一）根据案件线索来源不同分类

可分为随机调查、指定调查和联合调查。

1. 随机调查

指案件承办机构主动分析本区域案发规律，通过有计划安排部署，在排查中发现案件线索，是随机开展的调查。如农贸市场计量检查、特种设备巡查、区域专项执法打假等。

2. 指定调查

指案件承办机构根据上级或其他部门交办、投诉、举报、网络舆情等相对明晰的案件线索来源，针对特定事件组织的调查。

3. 联合调查

指案件承办机构参与跨区域、跨行业、跨部门的联合调查，获取案件线索，依职权开展的调查。如电商联合跨区域打假、办理其他部门转办的案件、协助其他办案机构办理的案件、政府组织的各个专项整治行动等。

（二）根据案件调查程序启动方式不同分类

可分为紧急调查和一般调查。

1. 紧急调查

指发生紧急事件后，案件承办机构启动紧急调查程序，一般采用先行强制措施，立即启动的调查。

2. 一般调查

指按照一般程序办理的行政违法案件调查。

（三）根据案件调查方式不同分类

可分为间接调查和直接调查。

1. 间接调查

指案件承办机构为获取案件外围证据资料，了解案情而开展的一系列调查。如通过税务查询、调取货运凭证、追查购销合同、互联网查询等多种方式获取涉案证据资料。

2. 直接调查

指案件承办机构通过与当事人直接接触获取证据资料的调查方式。直接调查一般表现为现场检查、调查询问、抽样、鉴定、登记保存、查封、扣押等与违法行为相关人直接接触的调查取证方式。

（四）案件调查的基本原则

《行政处罚法》《行政强制法》《质量技术监督行政处罚程序规定》等规定了案件调查必须遵守的原则和基本制度，违反则构成违法调查，取得的证据可能无效，执法人员可能构成行政侵权。但由于比较分散，容易被执法人员忽视。

1. 合法性原则

案件调查的主体法定、职权法定、对象法定、措施及方式法定、条件法定、时限法定、证据及证据形式法定，应当依照法律法规的授权和规定实施。

2. 公开调查原则

案件调查应当公开进行，《行政处罚法》《行政强制法》等规定了两人以上开展执法、出示执法身份证件、出示检查依据、告知权利义务等制度，一些执法活动还有着装与佩戴公务标识的要求。

3. 范围限定原则

案件调查仅限于涉嫌的违法行为，不得对与违法行为无关的单位、个人或者与违法行为无关生产经营活动、日常生活随意开展调查。对违法行为的调查，也应按照比例原则，尽量采取对当事人正常生产经营和生活干扰最小的调查方式、手段。

4. 通知到场原则

到场权是当事人的基本权力，是当事人行使合法权利的基础，《行政处罚法》虽然未作规定，《行政强制法》第十八条和《质量技术监督行政处罚程序规定》第十五条对通知当事人到场做出了规定，当事人拒不到场的，行政机关在笔录中注明情况，不影响检查、强制措施、执行的进行，可以邀请见证人到场。

四、基本要求

（一）履行职责的要求

质监行政处罚案件调查活动，是行政机关履行宪法和法律赋予的行政管理职责的具体行政行为，要求执法人员必须依法正确履职尽责，避免渎职侵权。《行政处罚法》第十五条规定："行政处罚由具有行政处罚权的行政机关在法定职权范围内实施。"《行政处罚法》第三十六条规定："行政机关发现公民、法人或者其他组织有依法应当给予行政处罚的行为的，必须全面、客观、公正地调查，收集有关证据；必要时，依照法律、法规的规定，可以进行检查。"

行政案件调查活动中，发现当事人存在违法行为的，需按法定要求，及时采取行政强制措施，制止违法行为。

（二）保护当事人的合法权利的要求

案件调查过程及结果对当事人权益产生影响，不得滥用职权任意扩大调查范围，调查活动需按计划进行并在规定时限内完成，调查过程中应当及时给予当事人救济的渠道，调查活动不能用损害当事人合法权益的手段去调查取证。

执法人员应当严格依据法律、法规以及目前适用的《质量技术监督行政处罚程序规定》调查取证，并获得授权，调查过程注意保密，维护当事人的合法利益。

（三）及时调查的要求

质监行政处罚案件调查，要及时调查收集相关证据资料。及时调查，可以及时获取案件线索，及时发现和制止违法行为，及时解决消费者合理诉求。及时调查是掌握办案主动权、降低行政成本、提高行政效率的基本要求。

《质量技术监督行政处罚程序规定》第十二条规定："质量技术监督部门对依据监督检查职权或者通过举报、投诉、其他部门移送、上级部门交办等途径发现的违法行为线索，应当自发现之日起15日内组织核查，并决定是否立案。"

（四）全面、客观、公正的要求

质监行政处罚案件最终定性的依据来源于调查取证获取的案件证据资料。只有全面收集案件证据资料，才能全面了解案情；只有客观地开展调查取证工作，才能尊重客观事实，避免主观臆断，还原事实真相；只有公正地调查取证，才能正确履行职责，避免歪曲事实和选择性执法，维护法律的权威。

做到全面、客观、公正是案件调查的基本要求，执法人员在思想上要强化法律意识、证据意识、程序意识、权限意识、保密意识、责任意识、协作意识和自觉接受监督意识；在行动上要将文明执法、技术执法、和谐执法与宣传教育相结合，民主决策，科学实施。融法、理、情于一体，善于总结执法经验，防范风险，精益求精，全面、客观、公正获取案件证据资料。

（五）加强协作的要求

办理质监行政处罚案件，应当加强系统内部门之间的协作，更要加强与相关单位之间的协作。根据案情需要，可以向相关的质监部门提出协查请求，相关部门应当配合，发现违法行为需要其他部门处理的，应当及时通报。《质量技术监督行政处罚程序规定》第四条以制度形式设立了对协查、通报等责任义务的规定。

在市场经济条件下，跨区域、跨行业、跨领域的行政违法行为经常发生，涉案人员结构复杂，从事的违法活动也往往会披着合法的外衣，当事人也经常利用执法部门监管盲区，相互掩护，隐匿和销毁证据资料。特别是一些制假售假行政案件，当事人往往采用多个场所进行违法活动，存在生产成品异地组装，涉案物品多处藏匿，给案件调查取证工作增加了不少难度。

要确保案件调查顺利实施，就要加强本系统与外单位的协作办案力度，积极主动争取有利于调查取证的客观环境，争取得到社会的广泛支持和配合。加强协作是正确履行职责、化解执法风险、避免渎职侵权、确保案件调查顺利的关键环节，对排除执法干涉、了解技术方法、获得司法援助、收集涉案证据、确认违法事实、召回涉案物品等方面都具有重要作用。

（六）回避制度

回避制度是《行政处罚法》规定的一项具体原则，《质量技术监督行政处罚程序规定》第六条也做了相关规定。回避是确保案件调查活动公平、公正进行的制度性规定，必须严格遵守。执法人员与案件有直接利害关系的，应当主动申请回避，在做出行政处罚决定之前提出，并如实说明原因。当事人也可以申请要求执法人员回避。无论回避理由是否成立，由质监部门主要负责人做出是否回避的决定，要求质监部门主要负责人回避的，由上级部门决定。

第二节 实施过程

质监行政处罚案件调查要抓住调查过程中的主要矛盾，厘清调查组织与实施过程中的工作思路，寻找调查策略、方法、技巧的规律性，制定出切实可行的调查实施方案，选择突破案件的最佳途径，科学合理的组织案件调查工作，使案件承办机构能以最短时间、最小消耗而又及时准确地查办各类质监行政违法案件。

一、案件线索

线索是案件调查启动的开始，是将案件调查引向深入的关键。能否从线索当中发现案件关键信息，关系到将来能否制定出合理的调查实施方案和措施。案件线索的价值在于为案件办理提供了关键信息，是将抽象的不确定的违法行为变得具体化，变得有依有据。实践证明，案件线索对案件的成功办理起到至关重要的作用。

（一）案件线索的重要性和来源

1. 拓展案件线索的重要性

案件线索是成功办理案件的关键，也是质监部门履行职责的重要依托。可以说，主动拓展案件线索来源的渠道，就是主动实施执法打假行为，主动寻找案件线索的过程，就是案件调查活动主动实施的过程。

毫不夸张地讲，案件线索的来源直接关系到执法打假工作的成败，关系到质监部门是否履职尽责。质监部门主动获取案件关键线索，才能获取案件办理的主动权。

2. 案件线索的来源方式

从传统的案件线索来源方式上看，线索来源主要有两个渠道：一方面是各职能部门、内部各处室、各单位提供的线索；另一方面是社会各方面提供的举报、投诉等线索。

除了传统的案件线索来源方式以外，随着信息技术的普遍运用，多部门联合构建了共建、共治、共享的各种功能化信息平台，信息共享的时代已经悄然来临，案件承办机构可以充分利用大数据技术去发现案件线索。例如，查询特种设备信息管理系统，统计和分析电梯困人率、故障率、维保率等关键指标，从而判断该电梯是否按要求维保。

（二）核实案件线索的基本要求

1. 及时核实的要求

由于线索信息来源的不确定性和偶然性，不论案件线索来源如何，投诉、举报线索均受各种因素影响，线索信息很可能很快失去应有的价值，执法人员应当及时对线索进行查证和核实，避免信息失效。及时分析线索的来源方式、逻辑性、关联性、线索提供者的心态等相关因素，才能有效抓住零散信息中的关键部分，去其糟粕、取其精华，使其成为案件线索。

执法人员还要注意结合线索核实的具体情况，及时找准案发规律，找准案件调查的切入点，规划设计调查取证的要点，为立案调查获取更多的有效线索。需要注意，及时核实线索信息不等于不核实，欲速则不达，切莫有急功近利的心态。未核实线索信息就立即开展执法检查，会丧失办案主动权。

2. 与实际相结合的要求

受多种因素影响，线索提供者提供的信息零散、片面或者不准确，甚至带有主观意志，往往会夸大事实，或者表达强烈的不满，达到自己的目的，执法人员应当通过实际核查，才能做出正确的判断。

线索并不能孤立存在，而是与其他事物有着紧密的联系。眼见为实、耳听为虚，执法人员可采取现场核查、走访了解、电话咨询、购买样品、技术咨询、网络查阅等外围调查的方式核实情况，同时做好记录整理，及时反馈，结合实际核查情况与线索提供者进行有效交流，提高线索核实的准确性，获得真实可靠的涉案信息资料。

3. 依职权核实的要求

一般情况下，线索信息反映的是多方面的问题，往往涉及多个部门的交叉管辖，质监部门对案件信息的核实应根据自己的职责范围开展线索核实工作，不得超越职权核实其他部门管辖的线索，属于其他部门管辖的，应当依法移送其他有关部门，在《质量技术监督行政处罚程序规定》第二章中对管辖进行了详细规定。

核实线索的执法人员应当熟悉质监法律法规及相关规定，有相对丰富的执法办案经验，能够判断线索核实工作是否属于自己的职责范围，这有利于下一步行动的开展。分为以下两种情况：

（1）不属于职责范围的情况，应及时告知线索提供者。其他部门移送或者上级机关交办的案件线索要及时书面反馈意见。公民、法人或其他组织的投诉、申诉、举报书面信函，应根据相关要求及时回复，避免因反馈不及时造成行政不作为情况的发生。特别注意，属于消费者投诉的，应该按照《消费者权益保护法》第四十六条的规定，自收到投诉之日起 7 个工作日内，予以处理并告知消费者。

（2）属于职责范围的情况，应及时核实线索信息并根据办案程序规定及时立案调查。

二、案件立案前置核查

质监行政执法办案机构依职权或者接到上级部门交办、其他部门移送、举报或有证据表明违法事实的存在的案件线索，启动立案调查程序之前，应当做好充分的立案前置核查工作，确保案件调查顺利进行。

（一）案件立案前置核查的作用

立案前置核查是立案调查的基础，做好立案前置核查工作对案件的顺利办结来说是必不可少的、关键的、决定性的工作步骤。具有以下作用：

（1）立案前置核查的目的是获得案件关键的信息和资料，摸准案件规律，找准立案调查的目标和方向，起到案件立案前期调查的作用；

（2）通过立案前置核查判断是否存在违反质监法律、法规和规章行为，是否符合质监职责范围及管辖范围，是否满足立案调查条件等情况，为立案调查提供决策依据；

（3）预判违法案件性质，为是否进行进一步立案调查以及如何组织专业调查队伍、调查任务如何分工、后期调查如何开展、调查机构如何设置、需要达到什么调查目的提供客观现实的判断依据；

（4）反馈案件关键信息、摸准发案规律、寻找案件办理的突破口、确定立案调查期间进入现场检查收集证据的最佳时机、预估调查风险、提供充分的决策判断依据；

（5）采集外围证据，确定违法行为人，寻找案件突破口，为突破涉案人员的心理防线做好充分准备。

（二）案件立案前置核查的要点

案件立案前置核查也可理解为案件前期调查，质监行政执法人员应当尽量避免与利害关系人的行政接触，可以采用走访调查、询问了解、样品比对、实地查看、信息查询等外围调查方法，目的是调查了解行政相对方的组织架构、人员分工、作息时间等相关案件信息。

立案前置核查阶段，执法人员还要预先查阅相关技术资料，熟悉涉案物品的规范、生产工艺和方法，了解涉案物品使用的原材料、生产工具以及销售渠道等情况，确保核查效果，为立案调查做好充分的前期准备工作。

立案前置核查结束，案件承办机构应当及时组织召开案情分析会，群策群力，研究制定科学合理的调查计划，组织执法调查队伍，选择立案调查的突破口，使案件调查在可控范围内进行，保证案件调查的质量。

（三）案件立案前置核查的注意事项

（1）线索核查信息保密，避免因线索信息泄露导致当事人采取应对措施从而影响实际核查效果。《保密法》第七条规定：“机关、单位应当实行保密工作责任制，健全保密管理制度，完善保密防护措施，开展保密宣传教育，加强保密检查。”

（2）通过核查获取关键信息，案件立案前置核查的结果直接影响立案调查效果，应当科学合理地规划核查方案，尽量最大化地利用社会信息资源，重点是调查了解违法行为的外在活动规律，分析行业潜规则，为立案调查获取关键证据寻找突破口。

（3）提高行政效率，及时核查。《质量技术监督行政处罚程序规定》第十二条规定，应当自发现（案件线索）之日起 15 日内组织核查，并决定是否立案。实际执行中，可以扣除检验、检测、检定、鉴定等所需时间，线索信息反映的属于职责范围的情况，应及时核实线索信息并根据办案程序规定启动立案调查程序。法律法规另有时限规定的，要遵照执行。

（4）依职权范围开展，执法人员不得超越职权或者随意地开展核查工作，需得到批准，及时反馈核查结果。例如，某市质监局在开展核查前，需填写《案件立案前置核查审批表》，进一步完善、规范和细化核查程序。

三、案件调查决策

（一）案件调查决策的概念

案件调查决策是指案件承办机构分析研究案情，选择最佳调查策略和方案，以确保调查按照计划组织实施的过程。

对质监行政处罚案件调查规模、案件调查范围、案件调查方法、案件调查内容、案件调查保障、案件调查措施等做出具体安排部署的过程都是决策的过程，需要发挥集体的智慧做出正确的决策决定。

（二）案件调查决策的重要性

在整个质监行政处罚案件办理过程中，受多种因素的影响，案件调查质量难以保证。主要有两方面的原因：一方面，案件调查具有相对的独立性，行政机关只能依靠执法人员的调查取证这种唯一手段掌握案情，调查过程难以控制；另一方面，案件调查因为具有较强的主观性和随意性，调查活动的过程难以被监督。不经过决策或者乱决策的调查，是随意和散漫的调查，是不受约束和不受监督的调查，由此导致产生各种执法办案风险。

要做到客观、全面、公正地调查案件，对案件调查的要求仅仅满足依法行政、文明执法、技术执法的一般要求是远远不够的。如果不对调查实施的全过程进行控制和把关，不用科学、合理的调查决策去指导调查的实施，“查清违法事实”也就成了一句空话，案件调查也就成了形式，从而导致行政不作为、乱作为及渎职风险。

案件调查决策覆盖案件调查的方方面面，案件承办机构应当及时掌握案件办理进展情况，及时解决调查中出现的问题，引导、控制和监督调查活动始终在正确的轨迹上发展，从而达到保证案件办理质量的目的。科学合理的案件调查决策是确保办案质量的关键。

（三）案件调查决策的能力

具体地说，案件调查决策是由执法人员对案件调查活动做出具体的决定或选择，它是通过分析、比较，从若干种调查方案中选定最优化的调查方案，决策始终贯穿调查实施的全过程。要选择最佳的调查方案，就要从以下 3 方面提高案件调查决策的能力：

1. 开放的提炼能力

开放的提炼能力是指执法人员能以开放的态度，准确和迅速地提炼出解决问题的各种方案的能力。包括两个基本要素：第一，执法人员要以开放和包容的思想及态度，获取尽可能广泛的案件调查方案，特别是要善于学习借鉴同类案件成功的办案经验和方法，来帮助自己选择适用的调查方案。第二，对各种调查方案要进行提炼和总结，以准确把握各种调查方案的本质和核心，正确地评估每个调查方案的条件及效果，分析各种方案实施的可能性，重新总结各个案件调查方案的得与失，拓展和创新办案思路。

2. 准确的预测能力

预测是指执法人员在掌握现有信息的基础上，依照一定的方法和规律对未来的事情进行测算。没有预测，决策就失去了方向。案件调查预测包括两个基本要素：第一，必须以经过核实的案件线索的信息资料为切入点，结合同类案件的调查经验，研究具体案件调查活动发展规律，对未来调查存在的各种问题进行预估。第二，预测是决策的基础，要点是摆事实，讲道理，要充分结合各个阶段的办案实际情况和不同特点，认真分析案情，提出合理的调查计划和注意事项，目的是为下一步调查行动选择满意的方案。

3. 准确的决断能力

即执法人员选取满意方案的能力，以及危急时刻或紧要关头当机立断的决断能力。必须把握以下几个方面的内容：一是所选调查方案实施的条件要具备，若条件不具备、不充分，则要重新进行设计和规划，不可一意孤行影响调查效果。二是所选方案要与执法办案的宗旨和法制目标相符，不得偏离依法行政的原则和底线。三是所选方案要能被调查决策方案的相关利益人（消费者、投诉、举报人等）所接受，好的决策方案只有执行和实施后才能达到最终的目的，因此要注意决策方案的可接受性。四是正确评估案件调查方案的风险，风险预测不充分则有可能造成执法风险。

（四）案件调查决策的原则

借鉴管理学中的决策分类原则，结合质监行政执法办案调查活动的规律特点，案件调查决策不同于案件调查的具体实施，决策指导实施，执法人员需遵循以下原则进行决策：

1. 依法决策原则

在决策的整个过程中始终遵循法律的制约和规范，坚持法律优先原则，确保行政调查活动各个环节在法律监督的情况下运行。依法决策是由行政执法调查的性质决定的，以此确保执法调查活动的合法性。

2. 科学决策原则

在决策过程中广泛应用先进的科学思想、理论和技术，尊重事物发展客观规律，为决策提供可靠的客观依据，降低决策风险，提高决策质量，科学决策是调查活动取得成功的关键。执法人员应不断加强政策理论知识的学习，拓展自己的专业知识结构，避免盲目性决策。

3. 民主决策原则

在决策过程中要使不同意见得到充分和客观的表达，决策应当坚持集体讨论、表决，防止和杜绝个人专断。决策涉及其他部门参与支持的情况时，应在决策前征求相关部门的意见。民主决策是执法办案调查活动体系建设的基本要求，民主集中制是决策的基本方法，只有充分发挥民主，执法调查活动才不会出现“一言堂”的情况。

4. 维护当事人合法权益的原则

决策应当充分保障当事人对行政调查事项的知情权、监督权和救济权，落实“以人为本”的执法理念，防止滥用行政执法调查权。

5. 及时反馈处理原则

从系统控制论的角度看，反馈是一个完整系统的关键一环，它直接检验决策的指令是否正确，为决策者提供了指令修正、完善以至撤销的依据，及时反馈使案件调查活动本身构成了一个完整的有机系统。及时反馈是执法调查活动及时得到评估、调整、处理的基本原则，在调查方式创新、调查活动监督、解决实际问题、弥补管理漏洞、规避执法风险等方面都具有重要作用。

（五）案情分析与研究

决策的目的是提高办案质量，案情分析会是对案件案情进行分析讨论并做出判断的基本形式，是保证案件办理质量、完善执法监督的必要方式，工作方法是民主集中制。有效的案情分析会应当遵循以下方法：

1. 辩证分析法

运用唯物辩证法的分析方法，一切从案件的实际情况出发，现有线索、证据和获得的有关案情资料，以及案件涉及的专业技术问题，都要用辩证的观点去分析。既要分析违法行为的表外特征，也要分析违法行为发生的原因，由表及里地进行分析。在分析中发扬民主，集思广益，既要讲有利于案件调查的条件，也要讲不利于案件调查的因素，畅所欲言，辩证分析的结果达到主观与客观一致，符合案件的真实情况，从而对案情做出科学的判断，做出正确的决策。

2. 逻辑推理法

逻辑推理的方法是案件调查经常运用的有效方法。逻辑推理是根据已知的案件事实，运用有关证据推出未知的情况，扩大调查人员认识案情未知状况，从而引导案件调查的方向及重点。逻辑推理的方法是换种角度看问题的思维模式，拓展想象空间，根据客观现象符合逻辑地推理违法案情变化发展方法。特别是在证据资料不多，对案情知之甚少，陷入困境时，用逻辑推理的方法能极大地振奋精神，鼓舞斗志。

需要注意的是，运用逻辑推理方法分析案情首先必须严谨，严格按照逻辑推理方法进行思维，必须在有一定材料和情况的基础上才能进行推理，不然就是无根据的假想、空想。其次是对推理的结果运用必须谨慎，推理的结果说到底是有一定根据的推测、假设，并不一定是客观事实，有待于调查人员用事实去验证，因而这是一种方向，一个工作重点，切不可作为调查的终点。

3. 心理分析法

心理学理论认为，任何人的违法行为都是受违法人员的主观心理所驱使，都由其违法动机所支配，人的行为是主观心理的外在表现。调查工作中的对象主要是人，不同的人对供述、作证、提供情况都有不同的心理。案情分析就是分析如何获取案件调查的关键证据资料，需要人来证实和配合。说到底，案情分析是在分析涉案的有关人员心理的过程。

心理分析，不仅要分析案件被调查对象及相关证人，分析被调查对象可能持有的态度及心理状况，也要分析办案队伍的思想状况，如因办案时间长可能产生的厌战情绪、案情调查遇到重大挫折可能产生的畏难情绪，以及因进展顺利可能产生的轻敌情绪，有针对性地做好思想工作，使办案队伍始终保持健康向上的精神状态。

4. 民主分析法

充分发扬民主是开好决策会议的关键，让与会人员充分发表意见，发扬民主，各抒己见。案件能否分析得透，分析得准，关键是案情分析的主持者的方法是否得当，是否能调动与会人员的积极性。

决策者要善于使参加分析的人都能讲真话、讲实话，运用头脑风暴法，发挥集体智慧，要善于发现，及时表态，真正与参与者融为一体，这样才能听到不同意见，才能发挥出所有人的智慧，才能研究出好的思路和方法。案情分析要搞“群言堂”，不搞“一言堂”，民主出智慧，民主出良策，民主出信心，民主出力量。

四、案件调查实施

在质监行政处罚案件调查过程中，现场检查、询问调查是两种基本的行政执法调查手段，其他的各种行政措施，如采取强制措施、登记保存、抽样检验、现场处置措施，甚至处罚的执行措施等，都需要依托这两种调查手段作为支撑。

（一）现场检查

1. 现场检查的概念、目的和重要性

现场检查是质监部门查明事实、获取证据、发现和制止违法行为的必要手段和措施。《行政处罚法》《产品质量法》《特种设备安全法》等法律法规赋予了质监部门实施现场检查的职权。

现场检查目的主要有3个：查明事实、获取证据资料和制止违法行为。现场检查是发现、认定、核实当事人是否存在违法行为的法定调查手段，也是获取案件证据资料的主要途径，在此基础上，采取必要的行政强制措施及其他处置措施，及时制止、纠正违法行为。

违法现场是当事人实施违法行为的主要场所，自然成为产生、形成证据的主要场所，也必然成为发现、取得原始证据的主要场所。成功的现场检查，可以当场查实违法行为是否存在，发现和制止违法行为，决定案件是否继续深入调查，是否移交，是行政处罚案件调查的关键环节。

2. 现场检查的主体、对象和方式

实施现场检查的行为主体是执法人员。现场检查的执法人员不得少于两人，可以邀请法定检验、检测、检定、鉴定机构相关人员或者有关技术人员协助执法人员进行执法检查。现场检查时应当通知当事人到场，并出示执法证件，当事人拒不到场的应当载明情况。《行政处罚法》第三十七条规定："行政机关在调查或者进行检查时，执法人员不得少于两人，并应当向当事人或者有关人员出示证件。当事人或者有关人员应当如实回答询问，并协助调查或者检查，不得阻挠。询问或者检查应当制作笔录。"

按照质监部门的职权范围，现场检查的对象包括生产、加工、经营服务、检验检测、认证认可、鉴定评审机构、特种设备使用单位等。现场检查的范围涉及经营活动场所、物流运输、建筑工地、公共场所等，或与经营活动有关的其他场所中的财物及其他案件相关资料。具体可以采用询问、实地查看、访问、勘验、抽样等手段进行，对现场检查过程及发现的证据予以记录，对有关书面文字材料和物品可以提取或者依法予以查封、扣押。

现场检查方式主要有询问、核查、抽样、勘验、调取证据、登记保存、查封、扣押等，现场检查情况除了制作现场笔录作为证据资料外，执法人员应当以文字、绘图、拍照、摄像、录音、拷贝电子数据等方式翔实记录现场检查过程，从而获得现场勘验笔录、询问笔录、书证、物证、视听材料、电子证据等证据资料。现场检查获取的各种证据资料应当相互印证，形成证据锁链。

3. 现场检查的注意事项

（1）应当做好前期准备工作。

现场检查在行政执法案件办理中具有关键性作用。一般情况下，代表质监部门行使现场检查权的，是由两名以上取得行政执法资格的执法人员现场组织实施。要应对复杂的现场检查环境，如果仅凭现场执法人员的经验处置，往往会发生不可预测的情况，导致现场调查处于不利局面。

为确保现场检查顺利开展，案件承办机构应当提前做出有针对性的安排布置，提前分析预估案情，规划现场检查方案，有效组织执法人员及协助配合人员，做好后勤保障等。进行检查的行政执法人员也要提前规划好现场检查步骤，预先熟悉相关法律法规、技术规范，了解企业基本情况，设计好现场检查取证要点，备齐执法文书和各种执法取证装备等工作。充分的准备工作是保证现场检查顺利进行的基础。

（2）应当通知当事人到场。

通知当事人到达检查现场参与检查，向其出示行政执法证件，表明身份，说明来意，是为了尊重当事人的知情权和参与权，也是现场听取当事人陈述、申辩的需要。但是，如果通知后当事人拒不到场的，则是当事人放弃参与检查的权利，现场检查照常进行，执法人员应当在笔录中载明相关情况。

需要注意的是，被调查对象不是企业法定代表人或者负责人时，应注意核对被调查对象身份，并由相关证据证明。对当事人拒不到场的，执法人员应当在现场笔录中尽可能多地记录现场情况，并以拍照、录像等试听资料加以佐证。有条件的，可以邀请见证人到场见证。

（3）依法定方式组织实施。

现场检查是获取证据的主要方式，证据的基本要求是合法性，同时在现场检查实施过程中，执法人员可以对当事人设置行政义务以及限制其权利，获取当事人的经营信息。因此，参加现场检查执法人员以及参加检查的相关人员也必须获得行政授权，必须依法定方式进行。特殊情况下，对私人、住宅、信件、存款、照片等涉及人身权益的检查必须依法提请其他机关执行。依法定方式进行现场检查也是保证当事人合法权益的需要。

对现场检查中发现的违法行为，要依法及时采取行政强制措施予以制止。《行政强制法》第二条规定："本法所称行政强制，包括行政强制措施和行政强制执行。行政强制措施是指行政机关在行政管理过程中，为制止违法行为、防止证据损毁、避免危害发生、控制危险扩大等情形，依法对公民的人身自由实施暂时性限制，或者对公民、法人或者其他组织的财物实施暂时性控制的行为。"对公民的人身自由实施暂时性限制的强制措施由公安机关实施。

（4）及时反馈现场检查信息。

执法人员现场检查时，需及时向承办机构反馈现场检查情况。当事人经常使用各种手段干扰现场检查的正常进行，现场执法人员会不同程度的承担各种执法风险。因此，主动向案件承办机构反馈现场情况就显得尤其重要，实际检查过程中，现场检查及时反馈现场信息是获得各方支持，有效化解执法风险的重要方法。

（二）询问调查

1. 询问调查的概念、目的和重要性

询问调查是指执法人员通过询问的方式，依法向当事人或者有关证明人了解案情，收集、核实证据，以查明违法事实、性质、情节和社会危害程度等，形成案件证据的调查方式。

询问调查的目的主要有3个，获得案件线索、核实证据和判断违法行为。询问调查是获取案件线索、指导执法人员调查取证的方向，收集、核实相关案件证据资料，同时也是了解案情及社会危害程度的基本调查手段。

通过询问调查可以发现新的违法线索，引导下一步调查取证的方向，是案件办理的关键一环。成功的询问调查可以迅速获取案件关键信息，在为案件办理找到突破口、快速查明真相、准确认定违法事实等方面都具有重要作用。执法人员在询问调查时要掌握沟通技巧，注意方法。

2. 询问调查的主体、对象和方式

实施询问调查的行为主体是执法人员，参加询问调查的执法人员不得少于两人。询问调查应当遵循个别询问的原则进行，询问调查前应当向其出示行政执法证件，询问调查结束应由执法人员制作询问调查笔录。

询问调查的对象是案件当事人或者相关证明人。询问调查前应当收集、核对被调查对象的身份证明，并告知其权利和义务。

询问调查一般用询问的方式进行，也可以用书面陈述的方式进行，由当事人、相关证明人就其知道的案件事实进行陈述，或者对执法人员提出的与案件有关的问题做出回答。询问调查形成的证据是询问调查笔录，询问调查笔录包括当事人陈述、证人证言两种证据。

3. 询问调查的注意事项

（1）做好前期询问调查准备工作。

询问调查是执法人员通过与当事人或者相关证明人的沟通，获取案件信息并形成证据的过程，是案件办理成功的关键。询问调查之前，执法人员应当提前准备好适合询问的场所，营造适合交谈的氛围，让被调查对象有足够的安全感；提前准备好案件

材料和相关证据资料，方便被调查对象回忆事实经过；提前谋划好询问的策略，掌握询问主动权的。

询问调查也是执法人员与当事人心理较量的过程，预先做好前期证据收集工作，用事实说话，以理服人，避免询问调查陷入僵局。

（2）对当事人的询问应当个别进行。

这里的个别进行，不应理解为询问调查可以由一名执法人员进行，而是指询问调查应当由两名或者两名以上执法人员对一名被调查对象进行，对两名以上被调查对象调查时应当分开进行。如此规定，既保证被调查对象在接受调查时不受别人干扰，讲述实情，也防止被调查对象之间的串供，同时保护调查对象的私密信息不被泄露。

（3）依法告知被调查对象其依法享有的权利和应当履行的义务。

根据《行政处罚法》的规定，当事人在行政程序中依法享有陈述和申辩的权利，同时负有履行如实回答询问、提供相关材料、配合调查等义务。执法人员在询问调查时，应当将相关权利与义务告知当事人或者有关证明人，并将告知情况记录在案。

（4）收集、核对被调查对象的身份证明并记录基本情况。

这是保证询问调查笔录证明效力的基本要求，《最高人民法院关于行政诉讼证据若干问题的规定》第十三条规定："（一）写明证人的姓名、年龄、性别、职业、住址等基本情况；（二）有证人的签名，不能签名的，应当以盖章等方式证明；（三）注明出具日期；（四）附有居民身份证复印件等证明证人身份的文件。"

（5）询问内容需翔实记录。

询问调查笔录是质监行政执法案件的重要证据，需翔实记录询问内容，且符合证据获取的法定规则。受被询问对象主观因素的影响，询问调查笔录主观性强，真实性、客观性、稳定性差，证据作用单一，询问调查笔录不宜作为认定事实的直接依据使用，被调查对象的陈述要与其他证据吻合才能作为证据使用，询问过程不得采用非法定方式进行。

翔实记录询问内容的目的是核实、印证其他案件证据资料，排查证据矛盾，形成证据锁链，从而查清违法事实。翔实记录询问调查的内容，不但可以让案件相关的各种证据资料有机结合起来，同时也是充分给予当事人陈述、申辩权利的机会。

第三节　技能技巧

查办质监行政违法案件的过程中，不确定因素众多。随着案情的展开，预估的调查方案和设想随时随地都可能发生不可预测的情况。掌握和运用必要的执法调查技能技巧，是确保案件调查顺利进行的关键。

一、执法人员必要的基本技能

（一）调查取证是主观认识的客观表现

要调查核实违法行为的具体细节，执法人员就必须与实施违法行为的人或者与违法行为相关的人进行面对面的交流和沟通，以获取案件关键信息和证据资料，从而正确认定违法事实。证据资料本身不会证明违法事实的存在，只有通过人的信息传递才能发挥决定性的作用。证据资料反过来证明信息的真伪，相关资料去伪存真之后成为定案的证据。

质监行政处罚案件的调查活动实质上是通过人与人的沟通核实相关资料的过程。执法人员对客观事物的主观认识程度不一样，则与人的沟通程度就会不一样，收集核实相关证据资料的程度就不一样，这就是为什么不同的执法人员调查取证程度不一样的原因所在，其实质是每个人对案情的主观认识程度不一样造成的。

因此，调查取证就要从执法人员本身主观上找原因，分析研究执法人员应该符合什么样的要求，并加以规制，从而让调查取证有规可循。

（二）执法人员必须具备的基本能力

根据质监行政执法办案的性质特点，牢牢抓住案件调查的关键环节，对质监行政执法调查人员必需的基本能力总结以下几点，以供参考。

1. 熟悉质监法律法规及办案程序的能力

熟悉质监法律规范及程序要求，是质监行政执法办案调查人员最基本的要求，也是执法人员依法调查，履职尽责的基本要求。

2. 掌握和运用必要技术方法的能力

这是执法人员掌握本部门的专业特性，正确履行职责的基本要求。

3. 分析判断的能力

根据违法行为外部表现形式，认真分析案发原因，发现规律，是破解行业潜规则，维护市场公平竞争，查办同类案件的基本要求。

4. 准确的语言表达及沟通能力

这是执法人员与具体违法案件相关人员进行沟通、掌握案情的基本要求。

5. 应变处置能力

这是执法人员化解执法矛盾、化解行政纠纷、维护自身安全、规避执法风险的基本要求。

6. 执法文书制作能力

这是执法人员收集、整理案件资料，固定证据的基本要求。

7. 组织协调能力

这是执法人员协调内部及各种社会关系，争取得到各方支持和配合，顺利办结案件的基本要求。

（三）调查的关键是发挥执法人员的主观能动性

在案件调查实践中，因不同案件发生的时间、地点、所处的环境，以及案件需要调查的主体、客体、主观方面、客观方面的内容都不一样，调查取证的方式就会千差万别，没有固定的模式。

只有发挥执法人员的主观能动性，牢牢抓住这个关键点，让执法人员主动发现及弥补其能力缺陷，不断提高职业素养，主动寻找科学的调查途径和方法，结合每个案件的具体情况，周密谋划、善用谋略、积小胜为大胜，做好协调和沟通，以此提高执法人员与当事人斗智的能力，是获取调查主动权、成功办理案件的关键。

二、执法调查中沟通和交流的技巧

执法人员只有通过与被调查对象的有效沟通和交流，才能获得案件相关信息资料，为下一步深入调查、核实信息真伪、调取证据、采取行政措施等提供决策依据。

（一）沟通和交流是案件成功办理的关键

《襄阳记》中说："用兵之道，攻心为上，攻城为下；心战为上，兵战为下"。"攻心为上"是调查活动的最佳策略。谈话是个重要过程，可以大大加快案件的审理进度并提高准确性。"谈"是攻心的手段，"谈"不是辩论，也不是空"谈"，更不是承诺，而是巧妙地利用与涉案人员谈话的机会，讲事实、摆道理，晓以利害关系，通过"谈"去分析判断对方的心理状况，消除对方的顾虑，让对方主动接受调查，主动交代问题，缩短办案周期。对有侥幸心理的违法人员，要牢牢抓住对方的心理薄弱环节，用优势证据来配合"谈"，突破对方的心理防线，打开突破口，顺藤摸瓜获取真实案件信息资料，从而牢牢掌握住案件调查取证的主动权。有效的沟通和交流是案件办理获取主动的关键。

执法调查人员根据案件线索，紧紧围绕案情，抓住要点，循序渐进地与案件相关人员进行有效的沟通和交流，目的是进一步了解案情，掌握办案主动权。对案情有了一定程度的了解，才能有针对性开展下一步的调查取证工作及采取相应行政强制措施，这是行政执法调查取证行为的客观表现。证据是客观事物，需要相关当事人进行确认才能发挥其证明作用，执法人员只有通过与案件相关人员的沟通，才能获取相关的证据资料，因此，有效的沟通和交流是调查取证的基础。

了解案情对后续开展的执法调查活动将产生重大影响，只有在充分了解案情的基础上，后续调查才有方向，有了方向，执法人员才能在客观上采取必要的行政手段和措施达到行政目的，执法人员主观上对案情的认识程度决定客观调查的效果。如果执法人员与案件相关人员进行的沟通和交流不够深入，那么对案情的认识程度也就不够，则会导致下一步的盲目行动和错误决定，影响行政效能。因此，通过有效的沟通和交流深入了解案情是提高案件办理质量的关键。

通过沟通和交流掌握对方的心理状况，找到恰当的方法让对方化解顾虑，帮助对方寻找解决问题的方法，达到使其主动配合执法办案的目的。同时，抓住机会将“谈”变成“教”，教育引导其符合法制要求，纠正违法行为；教育引导其主动提供相关案件资料，配合调查，履行法律义务。

（二）沟通和交流的要点及方法

要分析掌握被调查对象、相关证人及各主要环节及涉及的有关人员的心理状况，寻求谈话的技巧，就要学习掌握必要的心理学知识。要了解对方的心理状况，循序渐进，逐渐深入才能了解案情。与案件当事人沟通和交流要掌握以下要点及方法：

1. 听

执法人员表明来意以后，要善于“听”，耐心倾听对方的诉求，说话是对方表达立场和观点的重要方式，要充分利对方的“言多必失”找出破绽，只管提问、记录，最后用掌握的证据来与其对质，切不能随意把自己的意志强加于人，或者使用强制执法措施等打断对方。

2. 言

包括语言表达及肢体语言。使用规范文明的语言，大方得体，由外及内，由表及里，迂回主动地说服对方，切不可单刀直入，用直截了当，命令式的语言激怒对方，产生执法纠纷。

3. 平

平常心待人处事，所谓心平才气和，气和是谈心的基础，保持平和的心态，不可急于求成，心稳则事成。事事讲技巧，看着似乎聪明，其实都是投机者的小聪明，只有真正的智者，才会从内心的大本大源上找依靠，用平和的心态，老老实实做功夫，才是所说的大巧若拙。

4. 心

用心观察事物，不受外界因素影响，在辩证的思考中发现问题。用心观察对方的内心，无论对方如何使用语言表达及肢体语言进行表演，自己内心都不能有丝毫的松动。王阳明打了胜仗后曾经这样讲："如果非要说有技巧，那此心不动就是唯一的技巧，人的智慧都相差无几，胜负之决只在此心动与不动。"心不动才能冷静，冷静才能沉着，沉着才能生智，有了智慧才能从容应对复杂的局面，争取战略上的主动。

5. 预

"凡事预则立，不预则废"，《孙子兵法》计篇中说："夫未战而庙算胜者，得算多也；未战而庙算不胜者，得算少也。多算胜，少算不胜，而况于无算呼！吾以此观之，胜负见矣。"预先思考好谈话的重点，准备好素材，用事实说话，把具体的执法活动归纳整理成预先设想的各种预案，做到心中有数。对事情的发展有预见，把控大局，不能让表面现象影响自己的判断，跟着感觉走，自乱方寸。

6. 教

边执法，边普法，寓执法于教育之中。通过谈话，引导当事人主动接受调查处理，主动纠正违法行为，做到文明执法，和谐执法。

（三）当事人主要心理变化过程

心理学研究表明，人的行为总是在一定的心理影响和支配下发生的，而心理活动又受一定的内、外因素相互作用的影响和制约。

被调查对象受到调查后会产生一种复杂的意志抵御、心理防卫、自我保护的本能反应。这种心理活动过程，不仅因为被调查对象的经历和资历、性格和其所处的地位而不同，而且会因为案件检查的不同阶段、违法问题的不同性质而各不相同，也会因调查人员、调查地点、调查事件的变化而发生变化。

分析研究案情的变化发展过程，要结合涉案当事人的心理变化选择恰当的调查策略。当事人主要存在以下心理：

1. 侥幸心理

"侥幸"的原意是指企图偶然获得成功或意外免去不幸。在行政违法活动中，侥幸心理是指当事人明知有违法行为而期待不被发现的心理。

2. 恐惧心理

案件调查过程中的恐惧心理是指当事人从事违法活动被调查后感到害怕，心里恐惧，怕问题暴露而自身利益、企业荣誉受损害的心理。

3. 抵触心理

"抵触"的原意是跟另一方有矛盾。案件调查过程中的抵触心理是指被调查对象对执法人员调查持对抗心理，不配合或不如实交代问题，甚至公开"叫板"，以各种理由和方式抗拒执法。

4. 避重心理

避重心理是指被调查对象在交代问题的过程中，为回避责任，有意避重就轻、避实就虚，寻找借口，推脱责任，说小不说大，说轻不说重，说现象不说实质，说过程不说问题，企图蒙混过关的心理。

5. 懊悔心理

懊悔心理是指悔恨、追悔莫及的心理状态。懊悔心理是被调查对象在调查后期经过说服教育出现的心理活动。

6. 认错心理

被调查对象在大量事实和证据面前，受到法律的威慑，已无退路可选择，为了争取从宽处理，开始在政策的感召下，从心态上由不认错到认错，由暂时认错到表现为心悦诚服地认错的心理状态。

7. 依附心理

依附心理指违法者害怕承担严重的法律后果，主动去寻找靠山，找执法人员说情的心理。

8. 攀比心理

有的违法人员在执法人员找其调查询问的过程中，不是认真反思，承认自己的错误，主动坦白，争取从宽，而是横攀竖比的心理。

9. 优势心理

是一个人因身份特殊而养成的心理优势，主要存在于一部分知名企业家、有一定社会关系的人员身上。有优势心理的人在调查询问过程中，不认真思考自己的违法问题，而是把希望寄托在别人为其求情、开脱上，寄托在“关系网”保护上。

10. 绝望心理

绝望心理是违法者感到自己的错误已被查实，依法依规可能要受到严惩，甚至可能继续追究刑事责任，过去的荣誉、财产将失去，这个时候所产生的一种极端消极的心理。

执法人员在案件调查的各个阶段，要充分掌握当事人的心理变化过程，人是复杂多样的，人的气质、件格也各不相同。执法人员要针对不同谈话对象的不同性格、气质、阅历，善于潜心观察，深入研究分析被调查对象的心理需求和气质特征，有针对性地采取合理的应对措施。要练就一双“火眼金睛”，看到和分析透谈话对象的真实心理，找到对策，从而做到有的放矢，提高办案的实际效果。

三、质监行政执法案件深入调查的方法

研究案件调查过程中起主导和决定作用的问题，除了要研究案件调查的决策，还

要求执法人员具备必要的技巧和方法。

（一）现场调查的技巧方法

执法人员除了掌握必备的技能以外，还要有恰当的工作技巧和方法，才能快速、准确地完成预定的现场调查取证工作：

1. 模糊调查法

执法人员到达现场以后不可过早暴露主观意图，“明修栈道，暗度陈仓”，将真实的意图隐藏在表面的行动背后，用明显的行动迷惑对方，使对方产生错觉，并忽略自己的真实意图，从而出奇制胜。要点是预先掌握被调查对象的活动规律，制定能够被对方接受的调查方案。例如，将专项调查隐藏在日常巡查里面，通过执法人员原则性的语言，采用“避重就轻”的检查方式，隐藏己方真实意图，让对手放松警惕，获取关键证据。

2. 因素关联法

按照事物是普遍联系的辩证观点，任何一个行政违法行为都不可能单独存在，就算当事人销毁部分现场证据资料，我们也可以通过其他与之有关联的证据资料还原违法行为的存在。要点是围绕“人、机、环、料、法、测”与违法行为密切关联的因素去收集定案的证据资料。如调查涉案当事人、有关证明人、生产工具、原材料、技术规范、销售对象、交易记录、货运单据、房东、场地、出厂检验等与案件相关联的因素，以此获得全面准确的客观证据资料。

3. 矛盾分析法

质监行政执法案件的办理具有较强的技术性和专业性，通过比对分析相关信息，发现其违法行为。如对实验室、认证机构、工厂化验室、计量检测、特种设备维保的对比检查，运用这种方法的前提条件是执法人员要预先了解技术规范及企业管理流程，现场比对违法主体内部不同责任部门提供的技术资料，或者比对相关责任单位不同主体提供的技术资料，提取相互矛盾的证据资料，这些资料经过电脑、会签、传递必然会发生有机的联系，事后编造和造假的技术资料之间往往是相互矛盾的，不符合逻辑的，甚至存在虚假签名、篡改原始数据的情况。

4. 追根溯源法

在执法调查的询问调查中，当事人往往会提供虚假信息来迷惑执法人员，以此逃避法律责任，需要通过追根溯源的方式调查核实具体情况，还原违法事实。例如，追查涉案物品的去向、涉案货值金额时，当事人往往提供虚假的销毁记录，虚假的销售记录，如果不认真核实，就会承担履职尽责风险。因此，一定要搞清楚违法行为发生的前因后果，按照因素关联法的要求，调查核实清楚违法行为参与人、采用什么方法、主观意图是什么、什么时候违法、造成什么后果等核心问题，从而调查清楚违法行为发生的根本原因。切不可半途而废，草率了结案件。

（二）询问调查的技巧方法

询问调查是为了查明违法行为的事实，收集案件证据，依据法定程序，在执法办案过程中，执法人员对当事人或者有关证明人进行询问的一种行政调查方式。询问调查采取现场询问及异地询问方式进行，是办案人员结合相关印证材料，通过当事人或者有关证明人自己的供述，证明违法事实的存在，了解和掌握违法行为并形成言辞证据的调查过程，是案件调查的关键环节。询问调查应当注意以下技巧和方法：

1. 证据支撑法

询问调查的结果是当事人或者有关证明人主观认识的客观反映，具有很大主观性，要得到供述人的支持配合，前提条件是必须有前期调查发现的客观证据作为支撑，根据已经掌握的案件资料作为支撑点，带动被调查对象的互动参与，以此获取深入的案件信息，实现案件突破。

整个案件是一架完整的机器，触一发而动全身，不可盲目开展调查。这就要求案件调查的组织指挥者，依靠前期调查发现的客观证据，慎重确定询问调查的主攻方向，突破口的选择要有利于全案的重点突破，有利于全案的整体推进，有利于全案的协调发展，有利于总体目标实现。不能缺少证据盲目询问，因小失大，顾此失彼，因局部而影响全局。

执法人员要审时度势，高屋建瓴，从总揽全局高度寻找到关键证据的支撑，从容选择确定突破口，抓住关键问题，不能单打独斗，不能就案办案，不能感情用事，不能有主观臆断行为，不能图一时痛快采取强制审讯。要以已经获得的证据作为选择突破口的根据，有的可先选局部上的突破口；有的选择从外往内的突破口；有的可选择迂回办法，先选择次要人物、非重点问题，在事实证据上形成合围，再选择时机突破。因人制宜，因事制宜，因时制宜，灵活处置，随机应变，证据支撑的思路贯穿询问调查的始终。

示例：执法人员根据群众举报，案件当事人李某制售了一批假冒他人厂名、厂址的化妆品用于牟取非法利益。执法人员立即进入现场开展调查，在现场发现若干半成品、包装物、机器设备、成品等涉案物品。经房东确认为李某租的场地，执法人员随即通知李某前来接受询问调查，核实情况，其结果大家都猜得到，执法人员几乎不可能通过李某的自认来确定违法主体，所以该案草草了结。表面看似合理的调查活动，其实是严重偏离了调查方向，不符合询问调查需要相关证据资料支撑的规律，因此是错误的询问调查方式。

该案执法人员犯了几个主观方面的错误：首先，执法人员在未进行必要的外围调查，未收集到此次制假是由谁组织实施的证据资料，未做好前期案件调查工作的情况下就立即开展现场调查活动。执法人员主观认为：找到租房的人也就找到了当事人，询问调查谁是组织实施者的问题就缺少了必要印证资料，如果找不到相关证据资料作为支撑，询问调查就不可能单方面地从李某身上了解到相关情况，因此是失败的。其次，虽然现场物证非常多，执法人员主观认为：可以通过对李某的询问调查获得李某的言辞证据，结合现场获取的物证，应该可以确定李某的违法事实。但由于缺少关键证人的指证，现场物证形同虚设，根本发挥不了作用，询问调查不管采取哪种技巧方法，都难以达到预期的询问调查目的。就算李某自己承认了“违法事实”，缺少其他涉案人员的供述，就难以形成证据锁链，该案诸多疑点还是没有彻底消除。

正确的方法是，先外围，后中央，先要调查核实谁是组织实施者，参与者有谁，获取证据资料的支撑以后再去调查李某，该案询问调查的次序搞反了，没有抓住主要矛盾。我们可以通过因素关联法，从外围调查了解实施违法行为的组织者是谁？查找案件当事人。如先从外围搞清楚工人工资是谁发的？谁去组织生产的？谁负责销售等情况。询问调查的重点目标和注意力，应该首先放在现场生产的工人，生产、财务管理人员，仓库发货人员，以及交电费、垃圾处理费的人身上，以此确定谁是当事人，再对当事人进行询问调查来核实相关问题，达到调查目的。因此，要询问调查具体问题，必须有相关的证据资料作为支撑，相互印证，否则调查就会陷入僵局。

2. 虚实结合法

任何违法行为都是受违法人员的主观心理所驱使，都由其违法动机所支配，违法行为是主观心理的外在表现。调查工作中的对象主要是人，有违法者本人，有相关的证人、相关的获益人。不同的人对供述、作证、提供情况都有不同的心理，掌握当事人的心理是调查取得成功的关键。

询问调查之前应当做好信息收集工作，为询问调查做好铺垫，按预先拟定的调查实施计划，有序开展询问调查工作。“虚”是当事人内心动机，“实”是造成的客观后果。询问“虚”就是调查当事人主观方面有什么过失或故意，询问“实”就是调查客观方面具体存在的违法事实，两者之间是共同存在于“违法行为”同一状况下，不可分割，互相依存，形影不离。

执法人员掌握和运用“虚”和“实”的辩证方法，首先要从全案整体出发，系统地分析研究，要有整体思路，统筹考虑全案，以整体目标优化调查决定。根据已经掌握的案件资料判断先问哪个问题后问哪个问题，分析哪个是案件关键人物，哪个是案件次要人物。要全面分析案情，仔细研究涉案人员情况，这样才能追溯当事人实施违法行为的动机。

案件调查的证据及情况，包括书证、物证、证人证言等都是人提供的，案件的深入调查取证，需要人来证实和配合，说到底，案情分析就是在分析涉案人员的心理，掌握了当事人实施违法行为的动机，实际上就找到了一把破解一切调查难题的钥匙，这是询问调查最根本的技巧和方法。分析研究在案件查处过程中举报人、案件调查的组织领导者、违法行为参与人员，甚至是案件调查人员心理现象的产生、发展和变化规律，以及应采取的相应心理对策，“虚”和“实”有机结合，从而达到事半功倍，提高突破案件能力的目的。

示例：某县级质监部门接到上级部门监督抽查的产品质量检验不合格报告，某厂家生产了一批不合格的产品，需要立案调查，查清违法产品的数量及货值金额。县级质监部门执法人员随即对该厂家进行现场检查，查封了尚未销售的同批次产品，并通知当事人接受询问调查，当事人供述是由于检验把关不严造成的，不合格产品数量与现场核实的情况相符，流入市场的产品也做了召回处理，经案审委审理，认为该案事实清楚，证据确凿，依法对该厂家生产不合格产品的违法行为做出了行政处罚，案件办理完毕。

第二年，上级部门监督抽查，该厂家仍存在同样的问题，经过市级质监部门执法人员调查核实，该厂家生产不合格产品的原因，竟然是为了降低生产成本，主观故意降低产品的执行标准，当事人多次利用产品批次抽查的规则，把生产的多批次不合格产品，按照出厂检验规则人为分解为若干个小批次，以减轻行政处罚责任。在上一年的调查过程中，违法者用检验把关不严造成抽样不合格的理由来说明其非故意违法，巧妙逃避了法律制裁。

该案在第一次询问调查当事人的时候，执法人员犯了经验主义的错误，仅凭当事人的供述，想当然地认为不合格产品就是因为出厂检验把关不严造成的，没有进一步去调查核实当事人是否是故意生产不合格产品，造成误判。

执法人员在询问调查过程中正确的做法是，运用“虚”和“实”相结合的询问调查方法，采取刨根问底的询问方式，询问清楚检验把关的检验人员是谁？执行的检验标准是什么？到底是什么原因造成出厂检验出现问题？问出矛盾，问出问题，问出当事人的真实想法。

因此，在询问调查过程中，应该做到主观原因与客观事实相统一，既要了解核实违法行为的主观故意或者过失，也要了解核实因此造成的后果，询问调查结束以后，则需要根据对方的供述，做进一步深入调查核实工作，切不可主观臆断。

3. 重点突破法

在一个具体案件的询问调查过程中，执法人员有若干个问题需要搞清楚，往往会不知道如何开展询问调查，这时就要运用重点突破法开展询问调查，分层次抓住主要问题进行询问。兵者，诡道也，出其不意击中要害，有效开展询问调查是案件调查获得成功的关键，抓住了重点问题，抓住了主要矛盾，就掌握了调查工作的主动权，就能带动其他调查工作的深入开展。

询问调查的关键是抓主要矛盾，如果主要矛盾是外围调查取得证据和违法人员供述之间的矛盾，那么，集中力量攻破违法人员的心理防线，使其彻底交代自己的问题就是主要矛盾；当出现订立攻守同盟、串供、伪证等情况制约调查工作深入开展时，攻破和揭露这些反调查活动就成为主要矛盾；当案件线索较多时，选择关键线索开展调查询问就是主要矛盾；当出现多个突破口和调查切入点时，抓最佳的突破口和切入点就是主要矛盾。作为案件的组织者和指挥者，工作的重点就是在纷繁复杂的调查过程中，将主要精力要放在分析案情、选择重点上，准确迅速地抓住对调查工作具有决定作用的主要矛盾，推动案件调查询问顺利进行，一案一策，切不可盲目根据同类案件的办理技巧和方法开展调查。

重点突破法在于执法人员在询问调查中要有敏锐的洞察力，能把握调查过程中当事人的心理变化过程，选择能够突破案件的关键话题，加以适当的引导，循序渐进，一个问题一个问题的搞清楚，根据询问调查的情况寻找案件证据资料进行印证，不可一蹴而就。

在询问调查过程中，要注意结合当事人的具体情况，在涉案重点问题和关键点上取得突破。首先，以试探性话题了解当事人的心理状态及智力水平，预估当事人可能采取的反调查伎俩以及配合调查的程度；其次，展开关键话题，通过政策引导，转变其认识，缓解当事人的对抗情绪，得到当事人的情感认同，逐渐消磨其意志；最后，寻找突破性话题，点明事实，出示相关证据，动摇信心，让当事人认识到执法人员是有决心、有方法、有手段搞清楚问题的，主动交代违法事实将有可能减轻社会危害、挽回不利影响，不配合调查将受到严厉的行政处罚。这就要求执法人员还要注意把握好政策，既不能违反原则，也不能乱表态。

（三）结合实际运用技巧方法

从执法人员主观上来讲，调查活动也是执法人员对线索、涉案人、违法事实进行辩证思考的过程，应当结合案件实际进展情况，随机应变，选择不同阶段调查的重点方向，注意调查方法和技巧，从而找到调查的最佳途径，是调查取证的要点。

有的调查可先从小问题入手，从小到大突破；有的调查则是从大到小选择；有的从问题突破，“堵死退路”；有的先从外围调查，即由外到内；有的则要内部开花，从内向外扩展；有的先从事件入手，由事到人；有的则从人到事，先选择突破重点调查对象。无论哪种方法都要注意选择重点突破部位，选择有因果关系的部位，选择矛盾突出部位，选择具有核心证明作用的部位。这些都要结合案件具体实际情况，全面研究，科学分析，统筹安排，因案、因人、因时、因地而异，没有统一的模式。

运用调查取证的技巧方法，与实际相结合是基本原则。不能脱离案情实际情况，凭空遐想，花样百出，误导执法方向；也不能只根据以往的办案经验，疏忽大意，丧失办案主动权。要结合线索、涉案人、违法事实等案件办理中存在的问题进行辩证思考，分析问题产生的原因，寻找适合的调查方法和应对技巧，这样才能依法、科学、合理、高效地完成调查取证工作，才能做到依法行政、文明执法、和谐执法、科学执法。

第五章　质监行政处罚案件取证的技术方法

第一节　抽样取证

一、抽样取证的概念及特征

抽样取证是质监行政执法中常用的一种取证方法，是指从涉案的大量物品中，随机抽取一部分，依法进行检验或鉴定，将被抽取物品的检验（鉴定）结果作为证明案件真实情况的证据。

抽样取证与产品质量的抽样检验不同，它们既有区别又有联系。抽样检验又称抽样检查，都属于抽样、检验、判断产品是否合格的统计方法和理论的范畴。抽样取证包括抽样检验过程，抽样取证需要依据抽样检验的结果对案件的真实情况进行佐证。但抽样取证中的抽样检验一般建立在质量监督抽样检验的理论基础之上，抽样及检验的程序、依据、方法相同。但它们的区别也很明显：

一是实施主体不同。抽样取证及依法监督抽查的产品质量抽样检验实施主体是行政部门，具有强制性。其他产品质量抽样检验实施主体是生产经营者，不具有强制性。

二是目的不同。抽样取证的最终目的是依据抽样检验的结果证实案件真实情况，其他产品质量抽样检验目的侧重衡量产品质量状况。

三是要求不同。抽样取证是行政执法行为，又是证明违法事实的关键环节，接受法制监督和司法监督，相对要求更严。

抽样取证是质监部门在长期的执法实践中，总结经验，摸索规律，依照相关技术原理、技术方法，逐步形成的一种科学高效的取证方法。主要特征如下：

（1）抽样取证具有很强的专业性。

抽样取证必须在科学的抽样理论基础上进行，这样才能获取有价值的证明结果。质监行政执法涉及产品的种类繁多，不同产品的性质、现状、包装等各不相同，其对应的抽样方法也不尽相同。因此，抽样人员必须掌握相关产品质量监督抽样及检验理论知识。

法律、法规明确规定企业应当按标准组织生产，相关产品标准中对抽样方式有明确的规定，这就决定了质监行政执法抽样取证的技术要求非常高，必须由专业执法人员及技术人员来完成。执法人员现场抽样时很有必要邀请相关专家或专业技术人员参与抽样。

（2）抽样取证具有一定的溯源性。

抽样取证的溯源性一方面表现为它处于取证的前道环节，经抽样才能检验、判断，证明相关案件事实。另一方面表现为它是决定违法事实证据正确与否的源头。抽样取证是否依法实施以及抽样代表性等问题直接关联到案件成败。当然抽样取证的结果应与检查笔录、调查笔录等证据互相印证，抽样取证不可能脱离其他证据而独立存在。

（3）抽样取证具有法律的强制性。

《行政处罚法》第三十七条规定："行政机关在收集证据时，可以采取抽样取证的方法。"抽样取证是法律规定的一种收集证据的方法。执法机关对涉案产品进行抽样取证是法律赋予的职权，但同时抽样取证也必须依据相关法律规定的要求进行。如果抽样取证脱离了法制约束，那么其结果也是无效的。

（4）抽样取证具有明确的目的性。

抽样取证的日的是为了证明涉案物品的质量状况进而衡量生产经营者是否存在违法行为。

大多数质量违法案件中，涉及的涉案产品数量非常多，如果将所有产品都取证，工作量非常大，且没有必要。而采用抽样取证的方式收集证据，既能节省取证的人力、物力，同时又有利于后续案件的跟进，及时结案，有效降低了行政执法成本，提高了办案效率。

二、抽样取证的基本要求

（一）抽样取证应当具有合法性

首先，抽样取证要在法定职权范围内实施。有管辖权的执法机关派出的执法人员要在现场，可以邀请相关技术人员参与。

其次，抽样程序应符合规定要求。在抽样活动中，抽样方法、样品数量等均应当严格按照《行政处罚法》《质量技术监督行政处罚程序规定》和相关技术依据要求，并现场制作文书，保证抽样工作的真实性、公正性。

第三，应履行告知义务，保障当事人知情权。抽样前应向当事人介绍抽样送检的目的和抽样方法、检验依据等；告知当事人必须妥善保管留存样品，不得私自拆封、调换、毁损样品；告知当事人自收到检验报告之日起15日内有提出书面复检申请的权利，不得剥夺当事人对检验结果提出异议和申请复检的救济权利。

（二）抽样取证应当具有合理性

并不是各种情况下的抽样取证都有明确的法律规定和技术要求做依据。特殊情况下应当因地制宜、实事求是，按照合理性原则组织实施，严格按抽样取证的本质要求来开展。即所有抽样取证都要取得能够代表涉案物品内在品质的样品，为技术机构出具检验报告提供样品保证。在检验报告对样品内在品质的权威结论和涉案物品的总体品质之间建立实证联系，以样品的内在品质直接代表全部涉案物品的内在品质，用第三方客观公正的检验结论来判定违法事实，具有较高的权威性。

（三）抽样取证应当具有代表性

在质监行政执法中，涉案物品往往是大批量生产或销售的产品，绝大多数情况下不可能100%地检验，只能通过采用科学的抽样技术，用样本的质量代表批产品总体质量，通过控制抽样检验的错判风险，起到概率把关的作用，从而有效提高质监行政执法的效率。为保证抽取的样品质量能够代表特定的总体产品质量，要求抽取的样品必须有足够的代表性。在抽样取证时，应充分考虑样品与代表批次的对应关系，对涉案物品进行科学分类，依据相应的标准、规范科学抽样，使样品有准确代表性。

三、抽样取证的实施

执法人员查办案件过程中采取抽样取证方式收集证据时，应当遵循科学的方法，按照法定的程序来进行。抽样取证程序是否合法，直接决定着涉案产品质量总体情况的结论及执法案件成败。

抽样取证是质监行政执法的一把利器，但同时也是一把双刃剑。如果在抽样、送检等程序上存有问题，有时反而会成为当事人提起行政复议或行政诉讼的突破口。严格规范抽样取证的程序，对保障执法机关依法办案具有重要意义。

抽样取证的程序主要包括启动、抽样、封样、送检、抽样结果的处置5个方面：

（一）启动

在执法检查中，对可能存在质量问题的产品，需要进行检验（鉴定）才能判断并固定证据时，即可以启动抽样取证程序。应做好相应准备工作：

（1）制定抽样取证方案。明确实施现场检查和抽样取证人员的分工。

（2）明确抽样的步骤和方法。抽样前应当研究相关产品标准，明确抽样步骤、抽样方法。

（3）准备好抽样所需的材料和工具。如预先备好无菌塑料袋（瓶）等工具；准备好执法文书、证件、封条、标签等。

（4）制定预案。仔细研究拟抽样物品、抽样技术要求及当事人配合执法状况等，必要时邀请技术人员、见证人员、公证人员甚至公安人员参与。确保抽样工作顺利进行并符合有关工作要求和技术规定。

（二）抽样

（1）实施现场检查。现场检查应当由两名以上执法人员进行，应当出示行政执法证件，必要时可以邀请检验机构的人员或者有关技术人员参加，解决技术问题，增强抽样公正性、权威性。

现场检查应当通知当事人到场。拟抽样物品的现场持有保管者为当事人，另有物权所有者或生产、销售者的，物权所有者或生产、销售者可以到场，不在场不影响检查及抽样。当事人拒不到场的，不影响检查及抽样，执法人员应当在笔录中载明情况。现场检查情况记入现场检查笔录，由当事人签署意见，并签名或者盖章。必要时，可以采取拍照、录像等方式记录现场情况。如果当事人在场但拒绝签名盖章，应当在现场检查笔录上注明。

为增强经抽样取证所获证据的证明力，有效应对经通知当事人不到场、无法找到当事人及其他当事人不配合等现场情况，可以邀请有关人员（如当事人上级主管部门、当事人所在地街道办事处、消费者协会、行业协会等工作人员）作为见证人到场见证。也可以申请公证人员现场公证。

（2）查明相关物品的名称（品名）、规格、生产厂家、货号（批次）、进销存的数量等情况，从而进一步明确抽样的目标和所抽样品代表的货物批次、数量等。

（3）按照相关标准或规定要求抽取样品。抽样方法一般应当遵循以下原则执行：一是有明确具体产品抽样方法规定的，应当遵照执行。二是没有明确具体产品抽样方法规定的，应当按照通用抽样方法标准规定执行。三是通用抽样方法标准也不适用的，可以由相关方共同制定抽样方案（详见本节，四、抽样的方法）。在抽样过程中，一般来说，如果所抽样品是液态混合物的，一般应当分层抽取，并搅拌混样，再分样；所抽样品是粉末、颗粒状的，一般应当分区、分层取样，并混样、分样；所抽样品为较小的包装物或单件物品的，应当随机抽取。抽样应当与现场检查等其他调查取证工作相结合。

（4）制作现场检查笔录。现场检查笔录中应当对相关物品的现状以及执法人员的现场检查活动、抽样活动做如实记录。重点要客观载明抽取样品代表的物品总量、存货地点、存货量、销货量、进货途径、进销货价款等信息。记录中还必须如实载明产品标签内容，包括品种名称、生产年月、净重、批号、执行标准、成分含量等，同时应当记录抽样的方法和过程。

（5）填写抽样取证执法文书，记录抽样取证情况。抽样取证记录是指对抽样的机构、人员、时间、地点以及抽样的标的、方式和过程等进行客观记录。执法人员应当现场制作抽样取证记录，重点对被抽物品的总体情况、抽样方法、样品加封情况以及样品数量、代表数量等做详细记录。

（6）保障当事人知情权。执法人员在抽样取证时，要履行法定告知义务。同时，为争取当事人配合，保证工作顺利，应当尽可能向当事人宣传法律法规规定，介绍抽样送检的目的、抽样方法、检验依据等。

（三）封样

封样是指执法机关在一批产品中抽取同样质量的样品若干份，每份样品采用钢卡、封条等方式加封识别，由执法机关留存一份备案，其余供送检或当事人保存。对样品加贴封条是为了表示已对样品妥善保管，并保证抽样取证的真实性和权威性。

抽取的样品应当场封样，并由执法人员包括委托的抽样人员、当事人在封条和相关记录上签名或者盖章。当事人在封条上签字是抽样取证程序中的一项重要内容，如果抽样取证不符合这一程序要求，将使样品检验结果的证明力受到严重影响。

在办案过程中，可能会出现当事人不在场或虽然在场却拒绝签名或者盖章的情况。对此，可以由见证人签名或盖章。执法机关邀请见证人时，应当尽可能选择与当事人无利害关系的人，不要选择案件举报人做见证人。

对抽取样品包括备份样品进行封样的过程可以采取拍照、摄像等方式记录，证明样品的真实性不容怀疑。

（四）送检

送检是将执法过程中抽取的样品送达检验机构的过程。主要内容涉及何时、何人送检，送达何检验机构。保证样品完好送达检验机构是关键。该环节看似简单，其实有许多值得注意的地方。

1. 样品送达检验机构

一般情况下，由执法人员直接送达检验机构。如当事人主动要求，可以让当事人参与送样。执法机关不得委托当事人单独送样。

送样检验后，当事人如果因未参与送样，提出送样中样品可能会被调换，而否定检验结论，该异议不应采纳。首先，法律并无当事人必须参与送样的规定。其次，执法人员自行送样行为本身符合执法抽样取证程序规定。第三，样品送样中是否被调换还可以通过检验机构收样环节调查核实。除非有证据证明，否则当事人不能据此否定检验结论。

如样品不能直接送达，应对样品妥善保管，保持样品的原始性及不被丢失，并应当今后及时送检。

2. 选择检验机构

执法机关要对拟委托检验机构的资格做必要的审查，必要时应索要检验资质证明复印件。根据《最高人民法院关于行政诉讼证据若干问题的规定》第六十二条规定：“对被告在行政程序中采纳的鉴定结论，原告或者第三人提出证据证明有下列情形之一的，人民法院不予采纳：（一）鉴定人不具备鉴定资格；（二）鉴定程序严重违法；（三）鉴定结论错误、不明确或者内容不完整。”

另外，对委托检验机构可能与当事人等存在利害关系的，应当考虑必要的回避。

（五）备样及样品的处置

抽样取证时，除送检样品外还应当按标准、抽样方案等规定保留样品备份，有样品备份数量规定的按规定执行，没有规定的至少保留 1 份以上。备样一般由执法机关或承检机构保存，不得交由当事人保存。备样应保存 6 个月以上。

经检验或鉴定，结果能够作为证据使用的，对涉案物品应当及时采取证据保全措施。检验结果不能作为证据使用的，应当及时返还样品，无偿获取样品的应当给予当事人相应的补偿。

四、抽样的方法

抽样方法是关系样品内在品质能否代表该批涉案物品内在品质的关键问题，决定抽样取证获取的证据是否有效而直接影响行政案件的成败。必须采取科学、合理、合法的抽样方法，做到依据充分、程序合法、事实清楚。质监行政执法抽样取证中的抽样方法主要有以下 3 种类型：

（一）具体产品抽样方法

有具体产品抽样方法规定的，应当按照其执行。具体的产品抽样方法主要指国家标准、行业标准、地方标准、企业标准和团体标准规定的抽样方法，这些标准对抽样程序、封样方法和样品数量等有具体规定，执法人员在抽样时应当遵守。

1. 产品标准中有明确的抽样方法

我国大部分产品标准中都有抽样方案、样本量、判定界限等抽样方法的具体要求，抽样时应当严格执行。例如，对啤酒进行抽样，按 GB 4927—2008《啤酒》的规定：按照随机抽取原则，50 箱（桶）以下，抽取样本数 3 箱（桶），抽取单位样本数 3 瓶（听）；51～1200 箱（桶），抽取样本数 5 箱（桶），抽取单位样本数 2 瓶（听）；1201～35000 箱（桶），抽取样本数 8 箱（桶），抽取单位样本数 1 瓶（听）；35001 箱（桶）以上，抽取样本数 13 箱（桶），抽取单位样本数 1 瓶（听）。

2. 产品标准中有明确的执行标准

对一些特性非常相似的产品，为避免每个产品标准重复规定抽样方法，国家或行业制定了统一的抽样方法标准，这些标准就是该产品的抽样标准，抽样时应当严格按照标准要求执行。例如，对汽油取样，根据 GB 17930—2016《车用汽油》要求，按 GB/T 4756—2015《石油液体手工取样法》进行抽样，取 4L 作为检验和留样用样品。又如，GB 15063—2009《复混肥料（复合肥料）》明确规定，对复混肥散装产品，按照 GB/T 6679—2003《固体化工产品采样通则》取样。

3. 专门的检查抽样方案

部分国家产品质量监督工作中规定了特定产品统一的抽样方案，并以规范性文件形式颁发，如国家监督抽查计划、全国工业产品生产许可证审查细则等。在执法抽样取证过程中，可以作为相应产品的抽样方法的依据。

（二）通用抽样方法

没有具体产品抽样方法规定的，应当按照通用抽样方法标准执行。部分产品标准中并没有规定具体抽样方法，对此类产品进行抽样取证，原则上应当按照国家相关产品质量抽样通用抽样方法标准进行。通用抽样方法标准主要是计数型抽样检验标准和计量型抽样检验标准，执法取证抽样时应当按上述原则执行。

1. 主要计数型抽样标准

（1）GB/T 2828.1—2012《计数抽样检验程序　第 1 部分：按接收质量限（AQL）检索的逐批检验抽样计划》。它是调整型计数抽样检验推荐性国家标准，是目前使用最广泛的一种抽样检验方法，适用于连续批抽样检验的情况，主要用于最终产品质量、零部件和原材料、生产过程与操作、制品、库存品及其出厂检验、维修操作、数据或记录、管理程序等场合。

（2）GB/T 2828.2—2008《计数抽样检验程序　第 2 部分：按极限质量（LQ）检索的孤立批检验抽样方案》。主要适用于孤立批（孤立序列批，孤立批或单批）的检验。

（3）GB/T 2828.3—2008《计数抽样检验程序　第 3 部分：跳批抽样程序》。

（4）GB/T 2828.4—2008《计数抽样检验程序　第 4 部分：声称质量水平的评定程序》。它用于计点抽样检验，当监督总体量较大时，以不合格品率为质量指标的抽样检验。例如，检验瓷器上的黑点数是否超过规定、检验布匹上的疵点数是否超过规定。

（5）GB/T 2828.5—2011《计数抽样检验程序　第 5 部分：按接收质量限（AQL）检索的逐批序贯抽样检验系统》。

（6）GB/T 2828.11—2008《计数抽样检验程序　第 11 部分：小总体声称质量水平的评定程序》。它用于当监督总体量较小时（不大于 250 时）的监督抽样检验。

（7）GB/T 2829—2002《周期检验计数抽样程序与表（适用于对过程稳定性的检验）》。

(8) GB/T 8051—2008《计数序贯抽样检验方案》。它可用于用不合格品率（或不合格品百分数）或每单位产品不合格数（或每百单位产品不合格数）来表示不合格程度的情况。

(9) GB/T 8052—2002《单水平和多水平计数连续抽样检验程序及表》。

(10) GB/T 12609—2005《电沉积金属覆盖层和相关精饰计数检验抽样程序》。

(11) GB/T 13262—2008《不合格品百分数的计数标准型一次抽样检验程序及抽样表》。

(12) GB/T 13264—2008《不合格品百分数的小批计数抽样检验程序及抽样表》。

(13) GB/T 13546—1992《挑选型计数抽样检查程序及抽样表》。

(14) GB/T 14459—2006《贵金属饰品计数抽样检验规则》。

2. 主要计量型抽样标准

(1) GB/T 6378.1—2008《计量抽样检验程序 第1部分：按接收质量限（AQL）检索的对单一质量特性和单个AQL的逐批检验的一次抽样方案》。

(2) GB/T 6378.4—2008《计量抽样检验程序 第4部分：对均值的声称质量水平的评定程序》。它用于检验监督总体某质量特性的均值是否符合规定。例如，检验一束钢丝的平均抗拉强度是否高于某值、一批瓷器的铅镉溶出量的均值是否低于某值、一批卷烟的尼古丁平均含量是否介于某两值之间。

(3) GB/T 8054—2008《计量标准型一次抽样检验程序及表》。

(4) GB/T 13732—2009《粒度均匀散料抽样检验通则》。

(5) GB/T 16307—1996《计量截尾序贯抽样检验程序及抽样表（适用于标准差已知的情形）》。

按照通用抽样标准进行抽样时，应当仔细研究标准的适用范围，根据产品的种类、数量、包装状态等条件，分析是否能符合标准规定的要求，否则不能应用该标准进行抽样。

(三) 自行设计抽样方案

通用抽样方法标准也不适用的，可以自行设计抽样方案。由于技术执法抽样取证涉及的产品及产品状态等情况非常复杂，必须因地制宜，想方设法解决遇到的实际问题。如果出现缺乏或不能完全适用具体产品抽样方法规定，也不能适用通用抽样方法标准规定，以及产品数量不足、存放状态复杂等情况，可以自行设计抽样方案。自行设计抽样方案应遵循下列要求：

1. 合法性要求

首先，自行设计的抽样方案显然不及标准规定的抽样方法科学、权威。抽样取证中自行设计抽样方案必须在抽样方法依据缺乏或确实无法适用的情况下才能开展。有抽样方法依据并且能够适用却不执行，随意实施另外的抽样方案，得出的检验结论必然备受争议，其确切性几乎无法成立。这实际上是一个非法定依据与法定依据的冲突，结果显而易见。

其次，自行设计抽样方案不能任意确定，应当符合国家有关标准确定抽样方法的基本原则，据此参照采用或适度增减。

第三，制定的抽样方案还应当符合《质量技术监督行政处罚程序规定》等程序方面的要求。

执法人员切忌在抽样中采用简单粗暴的抽样方法，违反抽样的基本原则要求，而应多研究、多咨询，使抽样方案既有科学性又合理合法。

2. 科学性要求

抽样科学性最终集中体现在样品要有代表性，真实全面反映涉案物品的品质。如对于流程性材料，要遵循产品标准规定的分层、分点等随机抽样方法，若抽样时不考虑产品的特点对产品加以分层、分点，甚至擅自减少集样或减少获得原始样品的程序，这样获得的样品就不符合抽样的随机性原则，是不科学的，会导致抽样检验结论不能代表批产品质量的真实状态。

3. 合理性要求

自行设计抽样方案时应当统筹兼顾产品属性、存放状况、具体案情等，采取必要措施，选择最佳效果，增强工作合理性。例如，执法机关可以邀请专家、抽样专业技术人员、当事人共同研究、协商、确认抽样方案并共同组织实施。这样可以极大地强化抽样方案的科学性，减少办案阻力。

第二节　检验检测

一、检验检测的概念

检验在 GB/T 19000—2016《质量管理体系　基础和术语》中的定义为：对符合规定要求的确定。

检测在 GB/T 27000—2006《合格评定　词汇和通用原则》中的定义为：按照程序确定合格评定对象的一个或多个特性的活动。

上述两个定义虽然表述方式不一，而且未在同一标准体系中进行比对性阐述，但均肯定了检验、检测实质上都是一种针对评价（或评定）对象，通过观察和判断，适当时结合测量、试验或估量，按照一定的程序进行的活动。

按照通常的理解，检验和检测的相同之处是，都要利用仪器、设备标准等开展测量、试验等活动，不同之处是检测只要测试结果，而检验依据事先确定的标准测试之后不仅要有测试结果，还要有与标准对比的判定结论。检验通常情况下都要涉及检测。

检验检测的对象主要是材料、产品和过程，包括环境、人员等，其中最主要的是产品。产品质量的检验检测是指根据产品标准、检验方法和检验规程对产品进行观察，适当时进行测量或试验，并把所得到的特性值和规定值做比较，判定出各个产品或成批产品合格与否的技术性检查活动。

二、质监行政执法中检验检测的基本要求

质监行政执法中的检验检测是指依法取得资质的检验机构根据执法机关的委托，围绕质量技术行为是否符合法定要求，借助相关工具、设备或者装置，对涉案产品进行测量、试验，得出检测结果做出检验结论的过程。

质监行政执法检验检测除了与其他类型检验检测一样具备检验检测的基本要素外，因其属于执法活动的组成部分，是关系着执法成败的关键证据，受到严格的司法审查和法制监督，所以质监行政执法检验检测的要求更高。主要表现在两个方面：

（一）合法性要求

相关法律法规对执法中的检验检测活动做出明确规定的，应当严格执行。

1. 法定责任主体

虽然检验检测实际操作实施主体是技术机构，但这些技术机构是承担委托检验任务，执法机关采用检验结论后，检验结论中存在的问题是由执法机关承担责任的。因此，执法机关应当强化对检验机构及检验检测活动的组织、协调、质量控制及审查把关。检验机构负有按照约定提供服务的相关法律责任，应当依约保证工作质量，满足执法要求。

2. 法定检验机构

《质量技术监督行政处罚程序规定》明确要求执法中的检验检测应当由具有法定资质的检验机构来实施。这是由于有资质的检验机构依法通过了能力和条件审查，相比无资质的检验机构提供的检验检测服务更有质量保证。

3. 法定证据要求

检验检测对执法而言是一种取证活动，检验结论是证明违法行为的关键证据，应当符合法定证据要求，主要是主体、程序合法，内容明确，真实全面，科学准确，与涉案物品紧密关联。

很多情况下，检验机构更注重检验结论的科学准确，不太愿意为检验结论应当明确、真实全面并与涉案物品紧密关联的证据要求负责。例如，有的检验机构为降低风

险，在检验报告中仅出具产品质量指标值，而不对项目进行判定，或是不对整批产品进行批判定，检验结论不符合法定证据要求。

要想解决这样的问题，一是执法机关与检验机构加强沟通协作，共同完成检验结论，与送检样品、批产品形成紧密关联的有机整体。二是执法机关多方协作，对不完善检验结论做全面的补充、论证，达到法定证据要求。

4. 法定禁止性行为

在质监行政执法检验检测活动中，法律法规禁止的行为，除了执法机关及其工作人员不得发生，受委托的检验机构及其工作人员也不得发生。如出具虚假报告等弄虚作假、营私舞弊行为，包括检验人员收受贿赂，利用职务便利牟取私利，检验机构将执法检验与经营行为挂钩，谋利创收等。

5. 履行法定告知义务

《行政强制法》第二十五条规定："检测、检验、检疫或者技术鉴定的期间应当明确，并书面告知当事人。"可以按下列理解执行：如果检测、检验、检疫或者技术鉴定的期间可以明确的，应当事先书面告知；如果期间不能明确，则应当事后书面告知。

对当事人送达检验报告时，也应当明确告知当事人自收到检验报告之日起 15 日内有提出书面复检申请的权利，不得剥夺当事人对检验结论提出异议和申请复检的权利。

（二）科学性要求

质监行政执法中检验检测数据结论应当科学准确，这是质监行政执法的核心要求。

1. 检验检测依据要科学

检验检测要按照产品标准、检测试验方法等技术依据开展，并且要正确地适用技术依据，否则得出的数据、结论将无法律效力。这是因为只有经过广泛研究、讨论、验证并权威发布的标准、检测试验方法等才更具备科学性，据此得出的数据、结论不是随意的判断。

2. 检验检测实施要科学

检验检测具体操作应当符合检验规范等技术依据的规定。检验检测的环境、工具、设备、装置以及特定耗材等要完备，保证检测数据准确。有疑问的应当实行本机构重复试验或多机构对比试验。

3. 检验结论要科学

检验机构应当通过正确使用检验检测依据，正确实施检验检测来保证检测数据准确，检验结论科学。但是，很多情况下，有些检验机构很可能受主客观因素影响不能完成这一任务，最突出的问题是能力不够、精确度不够、数据失真、检验结论错误。

执法机关应当对检验结论是否科学进行评估审查。高度重视当事人提出的异议，通过复检等措施确保检验结论科学。

三、质监行政执法中检验检测的实施

（一）质监行政执法机关委托检验检测的流程管理

1. 确定被检验检测产品的信息

包括产品名称、型号、规格、等级、明示的产品标准等信息。这些信息直接决定了检验检测适用的产品标准、检测方法、技术要求等依据。一般都要依据产品标识等明示来确定这些信息，但在产品标识内容不完备的情况下，特别是一些不法经营者故意模糊产品信息的情况下，需要经过对产品的生产工艺、交易过程等进行调查方能确定。

2. 确定适用的检验检测依据

（1）一般都应当选择适用明示的产品标准或者应当执行的产品标准，并适用该产品标准规定或者引用的检测方法。极特殊情况下可以考虑适用该产品标准以外的检测方法。

（2）应当结合被检产品的实际状况、送样检验检测的目标要求及获取充分证据等执法需要来确定。应当由执法机关和承检机构共同研究决定，任何一方意见不一致均不能实施。可以听取专家甚至是当事人的意见，有利于增强科学性，减少行政争议。

（3）选定产品标准后还应当注意相关标准的要求。例如，GB/T 10801.2—2002《绝热用挤塑聚苯乙烯泡沫塑料（XPS）》中规定产品燃烧性能应达到B2级，是否符合该要求还应当依据GB 8624—2012《建筑材料及制品燃烧性能分级》和GB/T 8627—2007《建筑材料燃烧或分解的烟密度试验方法》检测。

3. 确定需要检验检测的项目

（1）可以选择部分项目甚至单一项目检验检测。从合法性讲，执法检验检测的目的是根据质量问题嫌疑证明违法行为的存在，与监督抽查、生产许可证发证审查等要求反映产品实物质量主要的、综合的特性特征有区别。执法检验检测的预期目标是得出产品质量不合格的结论，选择部分甚至单一项目检验检测验证即可，但必须符合标准的判定要求。从合理性讲，有些产品性能指标非常多，有些项目检验检测周期很长，成本也很高，为提高效率，降低成本，不必要的项目完全可以不做。

（2）确定检验检测项目应当结合质量问题嫌疑、产品标准规定、国家发布的监督抽查产品方案、生产许可证审查细则相关规定、企业出厂检验主要项目等统筹考虑。有举报等特指项目的，应当尽量限于特指项目，不要扩大。常规执法检查等无特指项目的，应当根据上述因素统筹考虑，并与检验机构共同研究决定。

（3）防止确定检验检测项目的随意性。执法检验检测项目可以少但要精。确定检验检测项目应当坚持打假治劣执法宗旨和上述提及的体现科学性的原则，应当实施集体讨论决定制度，应当逐步制定一些重点产品的规范化操作细则。

4. 确定检验机构

（1）选择具备法定资质的检验机构。应当从两个方面理解法定检验检测资质：①具备法定检验检测资质的机构既包括通过计量认证、审查认可、实验室认可的机构，也包括刑侦、环境、疾控中心等依据相关法律法规，通过条件、能力审查取得相关资质的机构，还包括取得司法鉴定资质的机构。②检验检测资质还包括规定的检验检测项目、检测方法范围，不得超范围开展执法检验检测活动。

（2）有资质的机构很多，如何选择并无明确规定，有人提出就近就高（层级高）原则，比较空泛且不完善，应当具体问题具体分析统筹考虑各种因素并按下列重要程度顺序优选：

第一，检验工作质量。检验条件能力是否足够、检测数据是否准确、检验结论是否科学应作为首要考虑的因素。例如，虽然国家级、省级检验机构出具的报告均具有同等的法律效力，但一般来说，国家级检验机构条件、能力普遍更强，不考虑其他因素的情况下可以优选。

第二，检验机构信誉。鉴于检验检测数据结论对执法极其重要，执法机关应当高度重视评估检验机构信誉。对于有出具虚假报告等违规记录、与被检产品生产企业签订服务协议的检验机构，不应当优先选择。

第三，检验效率和成本。在无其他因素影响的情况下，办事拖拉、检验检测期间随意或过长、服务态度差、收费标准高的检验机构应当不先选。

5. 制作检验检测委托书

执法机关应当制作检验检测委托书交付受委托的检验机构。检验检测委托书一般应当包括上述被检验检测产品的信息、检验检测依据、项目以及抽样信息等。抽样信息应当完整，包括组批方式与批量的大小、产品的批号、样本提取的方法、样本的数量等。

鉴于目前执法检验检测中存在的问题，执法机关委托执法检验检测时应当特别注意与检验机构沟通，提出委托检验检测中的执法需求：一是检测数据、检验结论要科学。二是检验结论要符合能够证明涉案产品质量状况的执法需要。三是其他检验报告能够作为证据的要求。有条件的可以在检验委托书中载明。

（二）检验机构开展委托执法检验检测的流程管理

为更好地把关、监督、参与检验活动，执法人员应了解检验一般流程。

1. 检验检测业务受理

检验业务受理包括客户委托及合同评审。委托检验检测业务，一般由检测部或业务营销部与委托方签订检验合同并进行合同评审。合同评审包括以下内容：检验检测依据的方法是否明确，易于理解；引用的标准是否现行有效；送检的样品是否适宜，其数量是否符合标准的要求；抽样检验样品的抽样地点、数量、方法等是否明确；如果委托方希望本检验机构指导和帮助选择适当的检测方法，应当由检验人员从专业的角度给出建议，但最终由客户做出决定；对本检验机构的技术能力和资源（包括要求完成的日期），是否能满足客户要求的评审等。

2. 抽样

除直接送样外，根据检验业务的需要，检测部按照《抽样管理程序》组织制定抽样计划（方案）并进行抽样。抽样人员应当按抽样计划（方案）准备抽样和封样的工具，确定样品的运输和交接方式，详细记录抽样的有关情况，（必要时）抽样过程应留存相关影音资料备查，抽样单必须经被抽样单位负责签字确认，并加盖有效印章。

3. 样品接收和管理

送来的样品由检测部样品管理员对照抽样单进行验收，必要时，应当会同抽样人员共同验收。样品管理员在样品接收过程中，如果发现样品在运输途中发生损坏，影响正常检验时，应当及时向部门负责人汇报，并填写《样品特殊处理报告书》，向委托方报告情况。样品管理员接受委托方提交的样品、附件和技术资料，按照《检测样品管理程序》进行样品的唯一性标识，并依据委托方及相关资料的要求进行验收和妥善保管，加贴检验状态标识。

4. 分配任务

业务营销部的业务管理员按抽样单和委托合同书编制《检验业务流转卡》，并及时向检测部发送；样品管理员及时打印《检验业务记录卡》，留存在业务营销部备用。检测部部长负责按照专业、时限、人员工作负荷等因素指定主检，组织本次检测。

5. 样品的领取

检测人员凭《检验业务记录卡》到样品库领取样品及技术资料，并进行登记，样品设置为“在检”。

6. 实施检验检测

（1）操作人员应当具备胜任检测工作的能力，经过培训和能力确认；在培员工或临时性工作人员的工作，应当受到监督。

（2）检测的设施和环境条件应当满足检测要求，确保不会使结果无效；对检测结果质量有影响时，应当监控和记录检测的环境条件。

（3）检测依据的标准方法应当现行有效并经过证实能正确地运用该方法；非标方法应当经过确认。必要时应当编制检验细则或作业指导书对标准加以补充，确保应用的一致性。

（4）用于检测的设备及其软件应当达到检测标准或方法要求的准确度，对结果有影响的关键量和值应当检定或校准。设备操作人员应当经过培训后方可操作，在使用前应当核查设备满足要求且处于校准状态，依照设备操作规程进行操作。

（5）检测使用的标准物质应当处于校准状态并经过核查；对检测质量有影响的试剂和消耗材料应当经过检查和验证符合方法规定的规范或要求之后方可使用。

（6）检测样品的处置应当依据检测方法规定的要求或样品制备作业指导书。

（7）检测过程中的原始记录应当详尽到在尽可能接近原条件的情况下能够重复。按《记录控制程序》的要求执行。

（8）根据要求对检测数据进行处理和修约，并对计算和数据转移进行系统和适当的核查，按《检测数据控制程序》《电子文件及数据控制程序》进行。

（9）如果检测结果需要给出测量不确定度评定，按《测量不确定度评定管理程序》进行评定。

（10）如果需要到现场检测，应当按《现场检验管理程序》进行。

（11）需要分包的检测项目，按《检测工作分包管理程序》执行。

（12）对检验结论为不合格的主要项目，还要按双人双样的原则对检测数据进行复验（换人复测）。复验结果正确则按原数据报告，复验数据不正确，按《不符合检测工作控制程序》进行处理，以报告正确结果。对于不合格项目及不能复测的项目，要拍照留存样品状态。复验特殊原则按照相关标准或产品抽查方案、细则等相关规定要求。

（13）复核人员、授权签字人员或质量监督员如对检测数据有疑问，可以安排复验。

7. 归还检测样品

检测结束后，检测人员将样品以及附件归还样品库，业务营销部样品管理员记录样品状况、归还数量等情况，将样品状态置为“已检”。

8. 编制、审核和签发检验报告

（1）主检在完成检验工作后，应当按照《检验报告的编写和控制程序》《检验报告编写导则》的规定，及时编制检验报告。

（2）在确认检测数据和判定结论以及其他信息无误后，检验报告由主检送复核人员进行复核。复核人员确认无误后，送授权签字人员履行批准手续，授权签字人员对检验报告的技术内容负责。复核人员和授权签字人员有权要求对检验过程进行核查。

9. 发放检验报告

（1）签发后的检验报告由业务营销部按要求打印，待委托方缴清检验费用后，发送委托方，或由委托方自取，应保存发放记录。备份报告由办公室随原始资料归档。

（2）发放检验报告的同时应当通知客户取回样品。如果客户逾期还未取回，按《检测样品管理程序》清理样品。

（3）如委托方对检验报告有异议，应当按《申诉、投诉处理程序》的有关规定进行处理。

（4）处理申诉与投诉。如有对检验报告的申诉与投诉，检验机构应当予以调查和审查，如果申诉与投诉成立的，检验机构根据情况采取修改检验报告或者复检等措施予以补救。

第三节　合格判定

一、合格判定的概念

质监行政执法中的合格判定是指对涉案产品总体质量状况是否符合标准要求，是否合格所做的评判确定活动。它源于产品质量监督抽查，与产品质量监督抽查中的合格判定基本相同，但仍有一些区别，主要表现在以下方面。

（一）实施主体

产品质量监督抽查中的合格判定只能由检验机构实施。而质监行政执法中的合格判定是由执法机关和检验机构共同实施的。这是由于尽管合格判定技术性要求很强，最好由检验机构来完成，但执法活动极为复杂，检验机构合格判定很难完全符合执法需要，执法机关有必要和检验机构等共同完成合格判定。

有观点认为执法机关不具备检验检测资质及技术能力和条件，充当产品质量的合格判定者无论在合法性还是合理性方面都有问题，产品质量只能由有资质的检验机构来判定，执法机关不能开展合格判定活动。这种观点不妥。第一，当技术机构合格判定不能完全符合执法需要时，不允许执法机关进一步实施合格判定，执法工作就要停滞。第二，合格判定是对检测结果对照相关依据做出评判确定结论，开展合格判定并不必须取得检验检测资质。第三，执法人员通过学习研究，完全可以具备在检测结果的基础上，对照标准要求，对实物质量评判确定的能力。

（二）判定范围

产品质量监督抽查中的合格判定分为两大类：一类是只做综合判定，另一类是分为实物质量、标签、产品质量综合（含实物质量项目、标签和综合判定）3 部分判定。质监行政执法中的合格判定只有针对实物质量的综合判定。

产品质量监督抽查中有产品等级的判定，被检产品执行标准中有分等级规定的，要在检验结论用语中加入对产品等级的判定，归入合格判定范畴。质监行政执法中为证实是否存在以次充好的违法行为，需要有检验机构出具的产品等级判定或检测数据，但它不列入质监行政执法中的合格判定范畴，而列入产品鉴定范畴。

产品质量监督抽查中，检验机构单纯出具检测数据毫无意义，而质监行政执法中却可以把检测数据用于合格判定中，执法机关可以通过对照产品标准等，得出合格判定结论。

二、合格判定的基本要求

质监行政执法中的合格判定应当大量吸收产品质量监督抽查中合格判定的相关要求，但也不能全盘照搬而致使执法无法开展。

（一）检验机构所作合格判定的基本要求

检验机构做出的合格判定集中体现在检验报告的检测结果和检验结论上，应当科学准确、真实全面，并符合执法需要。

1. 完备的合格判定结论表述用语

从符合执法需要的角度看，检验机构出具的完备的合格判定结论表述用语如下：

“样品经检验，××项目不符合××标准规定的要求，判该批产品为严重（或一般）不合格。”

示例：样品（钢筋混凝土用热轧带肋钢筋）经检验，抗拉强度、肋间距不符合 GB/T 1499.2—2007《钢筋混凝土用钢　第 2 部分：热轧带肋钢筋》标准规定的要求，判该批产品为严重不合格。

2. 完备的合格判定结论应当具备的基本要素

（1）检测数据。检验报告应当载明通过测试获得的样品的一个或者数个项目的检测数据。检测项目应当关联涉案产品违法事实。

（2）项目判定。检验报告应当载明标准规定值以及评判样品的一个或者数个项目是否符合标准规定的要求。

（3）样品判定。检验报告应当评判样品的产品质量是否符合标准规定的要求或者是否合格。

（4）批产品判定。检验报告应当载明样品所代表的批量产品并评判批量产品的产品质量是否符合标准规定的要求或者是否合格。

（5）不合格程度判定。检验报告应当评判批量产品一般或是严重不合格的程度。

3. 完备的合格判定结论对执法活动的意义

（1）符合一般鉴定结论证据应当明确、完整的要求。样品、批产品之间质量状况关系完整、结论明确，完全符合执法活动的需要，执法机关可以直接用作该批涉案产品是否合格的依据而做出以该批涉案产品货值金额为基准的不同幅度的处罚决定。

（2）如果该合格判定结论建立在有科学依据，能科学实施的检验检测基础上，那么能出具这种检验报告的机构，不仅具备出检测数据的能力，还具备根据检测数据判定项目、样品、批产品是否合格的专业能力，是执法机关可信赖依靠的检验机构，委托执法检验时应当首选。

（3）完备的合格判定结论，不仅评判了产品是否合格，还评判不合格一般或是严重的程度，为质监行政处罚自由裁量提供了技术支撑，为执法活动提供了高质量的服务。

（二）执法机关所作合格判定的基本要求

执法机关所做的合格判定主要体现在结合检测结果、检验结论、产品标准、相关事实等综合判定产品是否符合标准要求或者是否合格。

1. 执法机关合格判定活动主要内容

在合格判定中，执法机关应当积极依靠检验机构，但不能完全依赖，应发挥自身主观能动性。

理论上讲，执法机关只要有了检测数据，就可以完成各种情况的合格判定，在事实清楚、证据确实充分的基础上，依据证据链，得出合格判定结论。主要内容有以下几个方面：

（1）根据检验机构出具的产品实物质量检测数据，对照相应产品标准得出该检测项目是否符合标准要求的结论。再对照产品标准得出该产品是否符合标准要求或者是否合格的结论。例如，检验机构经检验检测，提供了某电缆产品 20℃时，导体电阻项目检测数据：偏离标准值 3%。执法机关凭此数据，对照电缆产品标准的规定，完全可以得出该电缆产品不合格的结论。该合格判定活动是检验机构和执法机关共同实施的，有检测数据、产品标准等证据、依据。

（2）根据检验机构样品是否符合标准要求或者是否合格的检验结论，结合抽样取证的合法性、科学性以及样品的代表性等证明材料，得出批量产品是否符合标准要求或者是否合格的结论。该合格判定结论需要检验报告、抽样单等系列证据。

（3）根据标准起草单位或组织制定、发布部门等有法定标准解释权的机构正式出具的对标准的解释意见及相关事实，得出涉案产品是否符合标准要求或者是否合格的结论。

例如，鉴于当时国内无检验机构可以做质监行政执法中的燃油加油机产品质量检验检测和合格判定，执法机关向有标准解释权的部门请示：加油机的主板未经型式试验，该加油机是否符合GB/T 9081—2008《机动车燃油加油机》的规定。该部门出具了答复函明确表示不符合。按照GB/T 9081—2008《机动车燃油加油机》的规定，产品不符合标准要求即为不合格产品。执法机关认定该燃油加油机为不合格产品，证据、依据是该燃油加油机未经型式试验、标准解释的答复函、产品标准等。此过程中，执法机关开展了合格判定活动，检验机构都未参与，更说明执法机关可以而且有必要实施合格判定。

2. 执法机关合格判定活动相关要求

执法机关应当首选争取获取检验机构完备的合格判定结论，不得已的情况下，就应该参与合格判定，对检验机构不完备的检验结论加以完善得出完备的合格判定结论。要达到这一目标，主要应当在以下方面做好工作：

（1）选好机构。选定恰当的机构可以为得出正确的合格判定结论打下坚实可靠的基础。委托执法检验检测时，要分析审查检验机构是否具备足够的资质，适用的产品标准与检测方法是否恰当，抽样是否符合要求等一系列内容，把执法检验检测和合格判定交给一个有保障的检验机构去做。大量事实表明，在做产品合格判定结论方面，既通过计量认证又通过审查认可的检验机构往往比仅通过计量认证的机构要强一些，因为通过审查认可的检验机构承担监督抽查任务，合格判定经验更丰富。对通过标准解释意见得出合格判定结论的，要审查出具意见者是否具有标准解释权，应当是标准起草单位或组织制定、发布部门。大部分依据该标准检验产品的检验机构，如承担生产许可证发证检验的机构等，对该标准的研究比较深入，对标准执行情况也比较熟悉，执法机关可以向这些机构咨询该标准有关问题。但是，这些机构出具的有关意见不是该标准的解释，执法机关不能以此作为执法的证据、依据。

（2）全程参与。执法机关委托机构检测切忌简单化，只要结果，不管过程。要全程参与，加强沟通，明确要求。事前要根据产品状况、检验机构资质状况、标准要求等与检验机构共同制定合适的方案。事中要根据实测数据等争取获得符合执法需要的判定结论，包括提出尽可能做一般或是严重不合格程度判定的要求。事后要审查结论，至少要做是否达到完备合格判定结论的形式审查，做好该判定结论是否科学、准确的论证工作。

（3）提高能力。为圆满完成在质监行政执法中得出正确合格判定结论的任务，执法人员应当具备以下能力素质：①至少要掌握抽样、检验检测、产品标准、合格判定的基本原理、基本要求。②具备能够开展对某一产品的状况及标准比较全面深入研究分析的能力。③高素质的执法人员应当掌握部分重要产品的抽样、合格判定等专业知识，能自己做或联合专业抽样、检验人员共同做抽样、合格判定工作。成为办理该类行政案件的专家型骨干。④具备抽样单、现场检查笔录等证据的制作、收集能力。

第四节　产品鉴定

一、产品鉴定的概念及类型

质监行政执法中的产品鉴定是指执法机关委托技术机构或组织，对相关产品质量问题进行检验、分析和判断，做出鉴定结论的活动。上述概念应当从4个方面具体理解：一是相关产品质量问题不包括通过检验检测直接判定产品总体质量状况的合格判定，也不包括产品与产品质量特性特征是否一致的产品鉴别；二是必须通过综合运用一定的技术手段和科学知识进行调查、分析、判断，获得鉴定结论；三是鉴定结论可以是技术机构出具的鉴定报告，也可以是执法机关根据技术机构的检测结果和相关证据得出的综合结论；四是产品鉴定并不等同于产品质量鉴定。产品鉴定主要包括以下几种类型：

（一）产品质量鉴定

《产品质量仲裁检验和产品质量鉴定管理办法》第四条规定："产品质量鉴定是指省级以上质量技术监督部门指定的鉴定组织单位，根据申请人的委托要求，组织专家对质量争议的产品进行调查、分析、判定，出具鉴定报告的过程。"主要解决的问题是：产品质量纠纷当事人对争议产品发生质量问题的原因，或者对产品缺陷和损害事实间是否存在因果关系发生争议，委托有关组织进行分析、判定，做出是谁及如何造成产品质量问题的因果鉴定结论。

1. 产品质量鉴定的特点

（1）只有省级和国家质监部门可以接受产品质量鉴定申请；产品质量鉴定由上述质监部门指定鉴定组织单位组织实施。

（2）产品质量鉴定是对争议产品而言，没有争议的情形不适用。

（3）产品质量鉴定的产品都是已经使用过的存在磨损、损坏，或失去使用性能的产品，将该产品的内在质量状况与合同或产品标准要求直接对照比较，不能确定产品的质量问题是什么原因、由谁造成的，应当采用产品质量鉴定的方法确定。因此，产品质量鉴定是一项对产品质量问题的追溯"诊断"工作。

（4）产品质量鉴定的技术工作由产品质量鉴定组织单位组织技术专家进行，由专家组对产品进行调查、分析、判定，提出产品质量鉴定报告。

2. 产品质量鉴定在处理民事质量纠纷中的应用

往往表现为产品的购买者在产品使用过程中发现产品不符合明示担保、默示担保要求，或者存在产品缺陷，产品不能继续使用，产生经济损失，与生产者或销售者产生争议。双方争议的焦点是产品本身存在问题还是使用不当造成的质量事故。此时，产品已经损坏无法委托产品质量检验机构根据产品执行标准、技术文件和设计要求对产品进行检验检测，做出是否合格的判定，只能通过申请产品质量鉴定，启动产品质量鉴定程序，还原产品使用前真实的质量状况。

3. 产品质量鉴定在质监行政执法中的应用

已使用过的产品存在的质量问题，有可能是因为使用原因造成的，也有可能不是使用原因而是产品制造过程中造成的。对此，执法机关应当选用产品质量鉴定的方法，依法委托产品质量鉴定组织单位，按照法定程序，得出鉴定结论。如果鉴定结论表明该产品不符合标准要求或不合格，并且该质量问题不是使用原因而是产品制造等过程中造成的，执法机关应当依法追究产品生产者的法律责任。

需要注意的是，质监行政执法中，产品鉴定的概念不同于产品质量鉴定，前者的外延和内涵要大于后者，两者不能混为一谈。质监行政执法中的产品鉴定，除了产品质量鉴定外，还包括以次充好产品鉴定和掺杂掺假产品鉴定等。

（二）以次充好产品鉴定

《产品质量法》规定的以次充好违法行为是指行为人故意以低等级、低档次的产品冒充高等级、高档次的产品，或者以旧产品冒充新产品的行为。常见的以次充好违法行为如：以低标号的水泥冒充高标号的水泥、以普通钢材充当合金钢材、以低等级的建筑波纹管冒充高等级的建筑波纹管。以次充好的产品满足不了用户、消费者对产品的安全性、适用性等方面的合理要求，损害了用户和消费者的合法权益。

执法实践中，执法机关将涉嫌以次充好的产品委托检验机构检验，检验机构可以出具该产品特定质量等级的检验结论，但不直接判定送检样品为以次充好产品。执法机关应当结合当事人的生产原料、生产工艺、生产流程以及产品标准的质量等级等方面的证据材料进行综合分析，认定是否存在以次充好行为。

示例：案件当事人将强度为32.5级的散装硅酸盐水泥包装成袋装水泥，并明示为42.5级的硅酸盐水泥销售。通过对该批水泥取样检验，水泥等级为32.5级，此时，检验机构的检验报告作为案件认定的重要证据之一实际上具有了鉴定报告的性质，但该鉴定报告只有产品质量等级的结论，执法机关应当根据该检验报告结合调取的该批水泥的进货发票、案件当事人的调查笔录、产品明示的质量等级以及产品标准等证据作为依据，才能认定当事人的以次充好的违法行为。

（三）掺杂掺假产品鉴定

《产品质量法》所指的在产品中掺杂掺假是指在产品中掺入杂质或者造假，包括非法添加等违法行为。

常见的掺杂掺假行为大致可以分为使用不合格原材料进行掺杂、使用假的原料进行掺假甚至不惜在产品中掺入有毒有害物质。在牛奶中掺入三聚氰胺就是最典型的例子，除此之外还有在酒中掺入水、液化气中掺入二甲醚、白水泥中掺入滑石粉、花生油中掺入大豆油、食用猪油中掺入鸡油、鸭油等。掺杂掺假区别于其他质量违法行为的主要特征是：行为的目的是谋取非法利益，行为的方式是破坏产品正常的组成部分或者有效成分比例，行为的结果是使得产品的成分或者含量达不到法律法规、标准规定的要求。

查处大多数掺杂掺假违法行为案件的过程中，执法人员通过委托有资质的检验机构对送检样品涉嫌掺入杂质的定向检测，发现产品中掺入非法物质及其含量，辅之以当事人实施掺杂掺假行为的其他证据，对照法律法规、技术依据分析认定当事人的掺杂掺假行为。此类案件中检验机构既未出产品合格与否的结论，也未出检测项目是否符合标准要求等结论，只需出具项目检测数据即可成为案件违法事实认定的最关键证据，该检测数据的报告应当属于鉴定报告的范畴。

质监行政执法中查处掺杂掺假违法行为的案件很多，办案中应注意与合格判定的区别。一是产品中掺入了国家规定禁止添加的物质，而产品标准中并未规定该物质是产品检测项目，例如，乳及乳制品产品标准中，三聚氰胺并未列入产品检测项目，此时，必须运用产品鉴定方法，得出产品中三聚氰胺含量值，认定掺杂掺假或非法添加违法行为，用合格判定的方法永远不能解决问题。二是认定掺杂掺假需要分析判断是否有假杂物质及其含量，在检测方法、技术、设备等方面往往会出现障碍性难题。在质监行政执法中应从实际出发，因地制宜处理。一方面，加强研究，技术攻关设法解决难题。另一方面，要考虑执法效率，寻求采用合格判定方法处理。

示例：在白水泥中掺入滑石粉是典型的掺杂掺假，但用产品鉴定的方法障碍很多，通过检测，鉴定白水泥中滑石粉含量的准确值难度很大，白水泥产品标准也未规定滑石粉不得检出或具体含量比例。此时，执法机关应当及时调整办案思路。掺入滑石粉的白水泥往往强度指标不合格，可以依据产品标准规定的强度指标值，经检验检测、合格判定得出结论，以该检验报告为证据，执法机关可以按产品不符合标准要求或不合格来定性处理。

二、质监行政执法中产品鉴定的基本要求

（一）产品鉴定主体必须具备一定资质

执法实践中，产品鉴定机构只要具备了相应的检验检测资质即可。例如，《计量法》第二十二条规定："为社会提供公证数据的产品质量检验机构，必须经省级以上人民政府计量行政部门对其计量检定、测试的能力和可靠性考核合格。"根据该规定，作为产品鉴定主体时的产品质量检验机构必须经过计量认证。又如，根据《食品检验机构资质认定管理办法》（国家质检总局令第131号）、《食品检验机构资质认定条件》（卫监发〔2010〕29号）规定，食品检验机构必须通过认证取得食品检验机构资质。再如，审查认可（CAL）、国家实验室认可（CNAS）等。在质监行政执法实践中执法机关无须片面追求对产品进行产品质量司法鉴定，只要具备了上述资质的检验机构均可以进行产品鉴定。

（二）产品鉴定的程序合法

无论是产品质量鉴定，还是以次充好、掺杂掺假产品鉴定均应当按照相应的程序进行。例如，产品质量鉴定的程序应当按照《产品质量仲裁检验和产品质量鉴定管理办法》规定的程序进行，而对以次充好、掺杂掺假产品鉴定所开展的检验检测活动应当按照检验检测的管理流程等要求实施。

（三）产品鉴定结论要求

产品鉴定结论要求应当从行政处罚和行政诉讼证据的角度综合衡量，应当具备鉴定结论类证据法定形式和内容，不得违反法律的禁止性规定。主要包括：一是鉴定主体应当具备鉴定资质。二是鉴定程序应当合法。三是鉴定结论应当明确完整、不存在错误。同时，根据《最高人民法院关于行政诉讼证据若干问题的规定》第十四条的规定，鉴定结论应当载明委托人和委托鉴定的事项、向鉴定部门提交的相关材料、鉴定的依据和使用的科学技术手段、鉴定部门和鉴定人鉴定资质的说明，应有鉴定人的签名和鉴定部门的盖章。通过分析获得的鉴定结论，应当说明分析过程。

三、产品鉴定的实施

（一）产品质量鉴定的实施

1. 产品质量鉴定的申请

根据《产品质量仲裁检验和产品质量鉴定管理办法》的规定，有权提出产品质量鉴

定申请的申请人包括：①司法机关；②仲裁机构；③质监部门或者其他行政管理部门；④处理产品质量纠纷的有关社会团体；⑤产品质量争议双方当事人。符合以上条件的申请者向省级以上质监部门或其指定的鉴定组织单位进行申请。随着社会经济的发展，经济活动中的产品质量纠纷越来越多，当事人的法律意识不断提高，往往产品质量鉴定、申诉和举报并举。执法机关应当进一步增强履职的意识、能力，理清产品质量鉴定、申诉和举报中的民事法律关系和行政法律关系，在职权范围内依法处理相关违法行为。需要产品质量鉴定的，稽查执法办案机构可以直接作为申请人提出鉴定申请。

2. 产品质量鉴定的受理

按照《产品质量仲裁检验和产品质量鉴定管理办法》的规定，产品质量鉴定申请应当向省级质监部门提出，由省级质监部门指定的鉴定组织单位组织实施。目前，全国大部分省级质量技术监督局已将该项职能委托省级产品质量检验机构办理，如江苏省质量技术监督局已将产品质量鉴定工作委托江苏省产品质量监督检验研究院办理。此时，省级产品质量检验机构既是产品质量鉴定的受理单位，又是指定鉴定组织单位的单位，有时自己也是鉴定组织单位。

3. 产品质量鉴定的流程

（1）申请人与鉴定组织单位签订《产品质量鉴定委托书》。《产品质量鉴定委托书》包括以下事项和内容：委托质量鉴定产品的名称、规格型号、出厂等级、生产日期、生产批号；申请人的名称、地址及联系方式；委托产品质量鉴定的项目和要求；完成产品质量鉴定的时间要求；产品质量鉴定的费用，交付方式及交付时间；违约责任；申请人和鉴定组织单位代表签章和填写时间；其他必要的约定。

（2）组织鉴定。鉴定组织单位应当组织 3 名以上（单数）专家组成质量鉴定专家组，具体实施产品质量鉴定工作。由专家组负责制定实施方案，独立进行产品质量鉴定。申请人或质量争议双方当事人应当积极配合并提供相应的条件，对不予配合，拒不提供必要条件，使质量鉴定无法进行的，鉴定组织单位可以终止产品质量鉴定。产品质量鉴定需要做检验或者试验的，应当选择符合条件的技术机构实施，并由其出具检验或者试验报告。

（3）出具报告。产品质量鉴定报告应当包括以下几项内容：①申请人的名称、地址和受理产品质量鉴定的日期；②产品质量鉴定的目的、要求；③鉴定产品情况的必要描述；④现场勘验情况；⑤产品质量鉴定检验、试验报告（需要时）；⑥分析说明；⑦产品质量鉴定结论；⑧鉴定专家组成员签名表；⑨鉴定报告日期。

产品质量鉴定报告由专家组提出，经质量鉴定组织单位审查无误后向省质量技术监督局备案，并及时将产品质量鉴定报告交付申请人。

质监行政执法过程中，执法机关应当按照《最高人民法院关于行政诉讼证据若干问题的规定》中对鉴定结论证据的要求等审查该鉴定报告。同时，还应当对鉴定报告形成的客观原因、环境和鉴定专家组人员与涉嫌违法一方是否存在利害关系等进行审查，排除影响鉴定报告科学性和客观真实性的影响。

申请人或者质量争议双方当事人任何一方对产品质量鉴定报告有异议的，应当在收到报告之日起 15 日内提出，鉴定组织单位应当及时处理。

（二）以次充好、掺杂掺假产品鉴定的实施

在质监行政执法实践中，以次充好、掺杂掺假产品鉴定大量运用，但并不像产品质量鉴定有法律法规的专门规定，只能参照相关技术鉴定的法定要求具体实施。

1. 启动

执法人员发现当事人有故意以低等级、低档次的产品冒充高等级、高档次的产品，以废旧产品冒充新产品或者是在产品中掺入杂质或者造假行为的线索时，即可启动产品鉴定。

2. 过程要求

执法机关应当委托有资质的检验机构，对涉嫌存在以次充好、掺杂掺假等质量问题的产品进行检验检测，获得检测数据或检验结论，这一过程的各项要求与普通检验检测要求没有区别。接下来的过程是，执法机关依据检测数据或检验结论，对照产品标准的技术要求或国家有关规定，结合当事人有关生产原料、工艺、流程等方面的证据材料，进行综合分析，认定违法行为。

例如，执法机关依据检验机构硅酸盐水泥为 32.5 级质量等级的检验结论，结合产品包装袋上明示为 42.5 级硅酸盐水泥等证据材料，认定该批水泥以次充好的违法行为。再如，执法机关依据检验机构出具的液化石油气中二甲醚含量的检测数据报告，结合国家质检总局等国家机关关于液化石油气中不得掺混二甲醚的规定，认定该批液化石油气掺杂掺假的违法行为。

3. 鉴定结论的要求

以次充好、掺杂掺假产品鉴定的鉴定结论，除了应当符合法定证据要求外，还有相关使用要求。产品质量鉴定中，执法机关可以直接根据鉴定结论认定违法行为。而以次充好、掺杂掺假产品鉴定中，执法机关并不能直接根据鉴定结论认定违法行为。例如，检验机构出具的液化石油气中二甲醚含量的检测数据报告属鉴定结论报告，执法机关除了根据该鉴定结论，还需要根据有关不得掺混二甲醚的国家规定等相关证据、依据材料，才能认定违法行为。

第五节　产品鉴别

一、产品鉴别的概念及类型

质监行政执法中的产品鉴别专指有资质或者有能力的鉴别方对产品的材质、工艺、包装、标识及内在质量指标进行比较、辨别，对产品和产品之间质量特征特性一致性进行评价确定的活动。

产品鉴别的对象是产品，方法是通过检验检测、分析、观察等进行比较、鉴别，目的是确定产品是否存在《产品质量法》规定的以假充真情形，从而进一步追溯产品生产销售者应当承担的产品质量责任。

产品鉴别根据鉴别主体、鉴别方法、鉴别结果的不同，可以划分为以下类型。

（一）原厂鉴别

如将涉案茅台酒交由贵州茅台酒股份有限公司进行鉴别、将飘柔洗发水交由广州宝洁有限公司进行鉴别。原厂鉴别因其鉴别主体单一固定、鉴别过程方便快捷、鉴别能力强、鉴别经验多而成为执法实践中最常见、最广泛的一种鉴别方式。

（二）技术机构鉴别

目前，技术机构鉴别越来越多地应用在执法实践中。例如，我国地理标志保护产品均制定了特定产品标准，GB/T 19088—2008《金华火腿》规定，金华火腿在原产地域保护范围内采用金华猪以及其母本的杂交猪的后腿为原料，经传统工艺加工而成，具有形似竹叶、爪小骨细、肉质细腻、皮薄黄亮、肉色似火、香郁味美的质量特性特征。技术机构依据该标准检验普通火腿与金华火腿质量特性特征差异，得出真假辨别结论。因技术机构具备检测能力、条件和资质，以及第三方的身份，鉴别依据明确，其鉴别的结论更具科学性、公正性，其法律地位无可置疑。这是技术机构鉴别区别于原厂鉴别的最大优势。技术机构鉴别理应成为今后产品鉴别的发展方向，成为质监行政执法中以假充真产品鉴别的最重要手段之一。

（三）司法鉴定机构鉴别

产品交由司法鉴定机构鉴别，在鉴定主体资质上具有一定的优势。但是，由于能承担以假充真产品鉴别的司法鉴定机构不多，且程序相对复杂，周期相对较长，成本相对较大，所以很少在执法实践中使用。质监行政执法中无须刻意追求或优先选择司法鉴定机构鉴别。可以考虑在社会影响较大、鉴别难度较大的案件中适用。

二、产品鉴别的特征分析

（一）产品鉴别的法律效力问题

《行政处罚法》中所指的技术鉴定包括：检验、检测、检定和其他技术鉴定，产品鉴别属于《行政处罚法》中所指的技术鉴定的一种，与检验、检测和检定相同都是执法机关委托第三方所开展的技术性判别活动。《国家质量监督检验检疫总局关于实施〈中华人民共和国产品质量法〉若干问题的意见》规定："质量技术监督部门在行政执法过程中，需对涉嫌假冒的产品进行鉴定，鉴定结论可以作为办理质量技术监督行政案件的重要证据之一。"《质量技术监督行政处罚程序规定》规定："案件调查中发现的涉嫌假冒产品，可以交由被假冒企业进行鉴别。经质量技术监督部门查证后，可以将企业出具的鉴别证明材料作为认定案件事实的证据。"因此，经执法机关审查采纳的产品鉴别结论属于《质量技术监督行政处罚程序规定》第十四条列举的证据范畴。符合《最高人民法院关于行政诉讼若干问题的规定》中鉴定结论要求的，包括原厂鉴别在内的产品鉴别结论应当属于《行政诉讼法》第三十三条列举的证据范畴。

（二）产品鉴别与产品鉴定的区别

如果粗线条划分，也可将产品鉴别归入产品鉴定大类中，因产品鉴别的特殊性及执法人员的习惯理解而把产品鉴别和产品鉴定并列，二者不同之处是：

1. 内容不同

产品鉴别判定的内容是产品真假，是对产品是否存在以假充真的质量问题的判定。产品鉴定则是对已使用产品使用前质量状况和对产品是否存在以次充好、掺杂掺假等质量问题的判定。

2. 主体不同

产品鉴别的主体包括原厂、技术机构和司法鉴定机构，目前执法实践中最常见的是原厂鉴别，实施鉴别的生产企业往往没有相应的资质，但其出具的鉴别材料经审查可以作为认定违法行为的证据。而产品鉴定的主体一般均为有资质的检验检测等技术机构。

（三）产品鉴别与真假快速简易辨别的区别

产品鉴别与真假快速简易辨别均涉及产品之间质量特性特征一致性，即产品真假的比较、辨别问题，容易混淆。应注意两者的区别。

1. 内容上的差异

产品鉴别仅针对产品是否存在以假充真违法行为。真假快速简易辨别可以适用于所有涉及质量、计量问题的违法行为。

2. 主体上的差异

产品鉴别的实施主体是执法机关委托的原厂或相关机构。真假快速简易辨别的实施主体是执法机关的执法人员。

3. 方法上的差异

产品鉴别属于质监行政执法的基本方法，是纯技术性的活动。真假快速简易辨别属于质监行政执法的综合性方法，借鉴检验检测、合格判定、产品鉴定、产品鉴别等方法、原理，有时采用简单的工具、设备、试剂等辨别违法行为，有时赤手空拳，眼看手摸就能初步判断违法行为，如有关标识标注质量问题的简易快速辨别等。但是，这种辨别比产品鉴别的技术性、准确性要差。

4. 结论上的差异

产品鉴别结论可以作为认定违法行为的证据。真假快速简易辨别的结论不可以作为认定违法行为的证据，执法机关需要在真假快速简易辨别初步判断的基础上，通过符合法定要求的证据来认定违法行为。

（四）以假充真与冒用他人厂名厂址的区别

采用质监行政执法的理念，可以更充分地把握以假充真与冒用他人厂名厂址的区别，也有助于把握产品鉴别的特征。

1. 判定的方法不同

从质监行政执法的角度，执法调查取证方法主要是五大基本方法和两大综合性方法，前者都要采用技术手段，后者有的采用，有的不采用。违法行为和行政案件也分为技术型和非技术型。冒用他人厂名厂址属非技术型违法行为，调查取证方法可能涉及真假快速简易辨别，但不需采用技术手段查证，对比分析相关资料即可认定。而以假充真涉及产品质量特性特征，属技术型违法行为，需要使用产品鉴别方法查证。例如，普通白酒冒充茅台酒就是典型的以假充真。茅台酒使用特定的原料，经特定工艺酿制，包括特定的产品批号、包装、防伪技术等，因此茅台酒产品具有的固有质量特性特征是一般普通白酒所不具备的。执法机关需要采用质量特性特征一致性比较的产品鉴别得出结论，并结合相关证据材料认定违法行为。这从另一个角度表明产品鉴别作为质监行政执法方法所具有的技术性特征。

2. 查证的内容不同

如果被冒用厂名厂址的企业没有该冒用厂名厂址的企业的产品，违法行为仅限于知识产权范畴，则该违法行为应当定性为冒用他人厂名厂址。如果被冒用厂名厂址的企业有相应产品，那么就涉及产品技术质量问题，经产品鉴别认定，该违法行为则应定性为以假充真。

3. 两者包含关系的理解

一般而言，以假充真产品往往同时存在冒用他人厂名厂址的违法行为，如生产以假充真的茅台酒必然要冒用茅台酒股份有限公司的厂名厂址。此时，以假充真是主要违法行为，冒用他人厂名厂址属于牵连违法行为。牵连违法行为是主观上出于一个违法目的，数个违法行为互相依存形成一个有机的整体，且数个违法行为分别触犯了不同的法律规范。执法人员应当正确理解以假充真与冒用他人厂名厂址两者之间的包含关系。如果以假充真与冒用他人厂名厂址违法行为并存，而执法人员仅按冒用他人厂名厂址的违法行为定性，就会带来行政处罚事实不清，适用法律不当及应该司法移送而未移送的风险。

三、产品鉴别的实施

（一）原厂鉴别主体的选择

由于《质量技术监督行政处罚程序规定》明确规定了，案件调查中发现的涉嫌假冒产品，可以交由被假冒企业进行鉴别，原厂鉴别由被假冒企业实施是符合行政诉讼鉴定结论关于鉴定主体应当具备鉴定资格的要求的。

执法实践中，最需要解决的是被假冒企业隶属关系复杂如何界定，即与企业有隶属关系的内设机构、分支机构、派出机构、授权机构等能否作为原厂鉴别主体的问题。

为便于准确分析，首先要界定相关概念。这里的企业是指产品标识标明的生产经营主体，等同产品的生产者。内设机构是指企业内部的检验机构、质量技术部、专职打假机构等。分支机构是指企业的分公司、子公司等，承担产品生产、检验任务，但并非产品标识标明的生产者。派出机构是指企业设立的办事处等，授权机构是指合法授权的组织。

根据原厂鉴别主体应当具备鉴定（鉴别）资格的法定要求，按照原厂鉴别资格要求重点体现在是否具备产品质量特性特征鉴别条件和能力的质监行政执法的实际情况，执法机关可以按下列原则选择原厂鉴别主体：

（1）应当选择上述概念中的企业，但是，企业并非唯一选择。不应当选择上述概念中的内设机构、派出机构，但是，当内设机构、派出机构成为授权机构时也可以选择。

（2）上述概念中分支机构并非法律意义上的生产者，但在执法实践中，根据需要也可以选择，但应当考察该机构质量鉴别的条件和能力。产品质量特征特性取决于原辅材料、生产工艺、内控质量指标、发明专利、产品标识标注等多重因素。如果分支机构具备鉴别产品质量特征特性多重因素的能力和条件则可选。如果不具备，仅能根据产品标识标注等出具笼统和肤浅的结论则不可选。

（3）如果企业、分支机构都可选，则应当选择企业。企业质量特性特征鉴别能力和条件强，所得出的鉴别结论的证明效力相对较高。

（4）有些被假冒企业在境外，做原厂鉴别困难重重，可以考虑选择其境内授权机构。但该机构应当具备包括产品鉴别在内的被假冒企业的授权资格，国内企业的授权机构也一样。

（二）鉴别委托书的制作

鉴别委托书可以参照检验（检定、鉴定）委托书的格式制作，内容主要包括：委托人名称、被委托人名称、委托事项、委托鉴别产品信息、委托人及被委托人的权利义务等。其中委托人名称、被委托人名称应为单位全称；委托事项要明确、具体；委托鉴别产品信息内容主要包括产品名称、规格型号、等级、适用标准、样品数量等；委托人及被委托人的权利义务要写明鉴别的时间要求、鉴别费用及缴纳方式（技术机构鉴别和司法鉴定机构鉴别），委托人、被委托人分别对鉴别样品和鉴别结果真实性承担相应的法律责任。执法机关将委托书与鉴别产品一并交付被委托单位。

（三）鉴别证明材料的要求

鉴别证明材料是技术机构、司法鉴定机构、被假冒企业通过将涉案产品与真实产品进行比较、辨别、检测，做出判定后，向行政机关出具的证明材料。

鉴别单位对产品进行鉴别后，应在约定的合理期限内向执法机关出具产品鉴别证明材料，鉴别证明材料应包括鉴别单位资质（技术机构鉴别和司法鉴定机构鉴别）、鉴别结论、鉴别依据、鉴别使用的科学技术手段、对被鉴别产品与原厂产品鉴别比较等内容。

鉴别证明材料应当具体明确、无歧义，既要有是否属于以假充真产品的结论，还要说明理由。如从包装、标识等外观进行比对的结果。必要时还应当有对产品材质、工艺以及内在质量指标进行检测、分析的结果。具体描述被鉴别产品与原厂产品质量特征特性的异同，得出被鉴别产品是否属于以假充真产品的结论。执法实践中，很多企业鉴别人员随身携带鉴别证明材料格式文本，对产品外观进行简单勘验后现场出具。这种鉴别证明材料简单表述为“××产品，经鉴别，属于以假充真产品”，省略了对被鉴别产品与原厂产品鉴别比较的内容，结论含糊笼统。对该鉴别证明材料，执法机关不能简单采信，行政诉讼程序中肯定要被否决。

（四）鉴别证明材料的审查

执法机关必须对鉴别证明材料进行认真审查。除了按照行政执法及行政诉讼程序中“鉴定结论”类证据的形式要求进行形式要件审查外，特别要重视鉴别证明材料真实性审查。

一般来说，企业对自己生产产品的质量特性、产品标志特征以及涉案产品是否自己生产，最有发言权，客观公正的情况下，原厂鉴别结论的准确性、可靠性更强。但是，执法机关要考虑被假冒企业与案件的利害关系，认真对鉴别证明材料真实性进行审查。现实中不少企业规定了产品的销售区域，不同销售区域的产品及销售价格不相同，有些销售者违反企业规定，把甲区域的产品拿到乙区域销售（俗称“串货”），某些企业为了制止这种行为，就对“串货”产品出具虚假鉴别证明材料，将正宗产品也认定为假冒产品，借助执法机关的力量惩罚“串货”的经销商。因此，执法机关不能简单地将生产企业出具的鉴别证明材料作为案件违法行为认定的唯一证据。

理论上讲，技术机构鉴别的科学性、公正性更强，但对其真假产品鉴别结论的准确性、可靠性应当仔细审查。因为，即使依照地理标志产品特定标准对比检测，判断产品真假的能力仍然有限。产品真假不同的质量特性特征不仅表现在可检测显示的指标值上，更多地还表现在原料、工艺、成品感官性状、标识标注等方面。例如，金华火腿原料、工艺及形似竹叶、爪小骨细、肉质细腻、皮薄黄亮、肉色似火、香郁味美的感官性状只有长期感受接触者才能体会把握，没有极丰富经验的检验人员无法准确判断。有的情况下，技术机构真假鉴别结论的可靠性也并不能完全令人放心。当然，一般来说，技术机构没有把握是不会出真假鉴别结论的。

总之，执法机关必须认真审查鉴别方提供的鉴别报告的合理性、真实性，并且结合其他证据，形成逻辑严密的完整的证据链。

第六节　真假快速简易辨别

一、真假快速简易辨别的概念及理解

真假快速简易辨别是指执法人员在办案过程中，用简易的方法对所查产品是否存在违法行为而进行的一种快速技术甄别活动。在质监行政执法实践中被广泛应用并推陈出新，不断发展，取得显著成效。执法人员必须学习和掌握。

真假快速简易辨别的概念应当从以下 4 个方面具体理解：

（1）真假快速简易辨别的内容不是通俗理解的“真”和“假”，而是指与产品有关的所有违法行为。辨别真假的对象指一切假冒伪劣产品，包括因实施以假充真、以次充好、生产销售劣质品、伪造厂名厂址、伪造冒用质量标志、标识标注不规范等违反法定要求的行为而形成的各种产品。通过真假快速简易辨别，判断产品是否属于假冒伪劣产品，进而依法追究制假售假违法行为。

（2）真假快速简易辨别方法简单，便于操作。质监行政执法中实施抽样取证、检验检测、合格判定、产品鉴定、产品鉴别等方法，必须严格按照法律法规、标准、规范以及获取确实充分证据的要求执行，难以满足现场快速得出基本判断的需要。而真假快速简易辨别方法则主要依靠执法人员手感目测或简易手段辨别，操作非常简便。

（3）真假快速简易辨别以法律法规、技术标准和生活常识为基础和依据。真假快速简易辨别不是随意辨别，它应当建立在法定要求和科学技术原理的基础上，通过长期执法实践中积累的经验，获得的结果应当是有一定科学根据的，但需要通过规范的技术方法予以证实。

（4）真假快速简易辨别能迅速锁定假冒伪劣证据，控制违法现场，扩大执法战果，对提高执法效率和执法人员的能力都有积极的意义。

二、真假快速简易辨别的特点

相对于抽样取证、检验检测、合格判定、产品鉴定、产品鉴别等方法，真假快速简易辨别具有以下特点。

1. 简单

即辨别手段简单。不需要特定的仪器设备、试剂和检测场所，也不需要专业技术人员，只需要借助现有的一般执法工具和手段就可以让假冒伪劣产品现出原形。例如，建筑用的挤塑板按照国家标准必须达到B2级阻燃性能，现场识别非常方便，用随身携带的打火机或火柴一点，冒黑烟滴、油的肯定不阻燃。

2. 易行

即辨别操作方便。一般执法人员一看就能学会，就能进行操作，不需要高精设备等特殊的条件、环境。例如，用磁铁对外表镀铜的假冒水表进行现场检验，根据磁不吸铜的原理，马上就可以看出真伪。

3. 快速

即辨别过程快速。执法取证工作要尽量在第一时间、第一现场迅速完成，因为很多证据一旦错过了最佳的锁定时间，可能就会被转移或者藏匿。而真假简易快速辨别能有效解决这个问题，为固定证据，控制现场打下坚实的基础。

4. 广泛

即辨别应用广泛。对产品进行规范的检验、鉴定时，机构、设备、人员、技术条件以及出具检验、鉴定结论等要求很严格，这就在一定程度上限制了检验、鉴定等应用的范围。检验、鉴定等一般主要涉及产品内在质量，在产品其他方面造假时无法判断，范围较窄。而采用真假快速简易辨别方法，能不受这些条件的限制，在执法实践中适用面很广。

三、真假快速简易辨别在质监行政执法中的地位和作用

执法人员利用自己掌握的知识，通常采用手感目测或简易技术手段进行真假快速简易辨别，其结论不具备确切性，取证不具备合法性，需要采用规范的技术方法加以证实。所以，不能以真假快速简易辨别来代替质监行政执法的全部判断取证活动。

但是，真假快速简易辨别有一定的科学根据，也是一种技术方法，虽然不能代替质监行政执法，但凭借其特有的命中率高、操作性强等优点，在质监行政执法中占有重要的地位，发挥着不可替代的作用：

一是迅速锁定假冒伪劣嫌疑，初步固定证据，明确办案思路。执法人员根据涉嫌产品的特点，在现场辨别真假，可以在第一时间判断产品的质量是否有问题，得出初步结论后，可以帮助执法机关明确抽样检验等取证方向、违法行为定性、处罚等办案思路。提升执法打假的含金量，扩大执法成果。

二是提高执法效率，降低执法成本。质监行政执法的科学性、技术性不能够机械教条地理解，如果事先不加分辨，全部产品都依赖检验检测结果来判断，则容易造成人力、物力、财力的极大浪费，导致质监行政执法效率低下。而通过真假快速简易辨别方法，则不必每件产品都送去检验检测，对甄别出有质量违法行为嫌疑的，才有针对性地进行抽样检验，有利于节约检验成本，提高行政执法效率。

三是提高办案能力和水平。真假快速简易辨别是一门综合技术，涉及内容非常广泛，执法人员需要熟练掌握法律、业务知识，具备丰富执法实践经验和专项辨别操作技能技巧。因此，开展真假快速简易辨别不仅能促进执法人员办案水平进一步提高，也是培养一支作风过硬、技术精湛的执法队伍的需要。

四、真假快速简易辨别的主要方法与技巧

（一）产品包装辨别

1. 辨别产品商标

商标是商品的标记。假冒伪劣商品一般都是假冒名优商品。我国名优商品都使用经中华人民共和国国家工商行政管理总局登记注册的商标。经登记注册的商标在商标标识旁加标记“注册商标”“注”“®”。其中“®”为国际通用。假冒名优商品在外包装上多数没有商标标识，或“注册商标”“注”“®”等字样。真品商标为正规厂家印制，商标纸质好，印刷美观，精细考究，文字图案清晰，色泽鲜艳、纯正、光亮，烫金精细。而假冒商标是仿印真品商标，由于机器设备、印刷技术差，与真品商标相比，往往纸质较差，印刷粗糙，线条、花纹、笔画模糊，套色不正，光泽差，色调不分明，

图案、造型不协调，版面不洁，无防伪标记。

2. 辨别产品标识

《产品质量法》规定："产品或者其包装上的标识必须真实，并符合下列要求：

（一）有产品质量检验合格证明；

（二）有中文标明的产品名称、生产厂厂名和厂址；

（三）根据产品的特点和使用要求，需要标明产品规格、等级、所含主要成分的名称和含量的，用中文相应予以标明；需要事先让消费者知晓的，应当在外包装上标明，或者预先向消费者提供有关资料；

（四）限期使用的产品，应当在显著位置清晰地标明生产日期和安全使用期或者失效日期；

（五）使用不当，容易造成产品本身损坏或者可能危及人身、财产安全的产品，应当有警示标志或者中文警示说明。裸装的食品和其他根据产品的特点难以附加标识的裸装产品，可以不附加产品标识。"

假冒伪劣商品的标识一般不是正规企业生产，外包装标识或残缺不全，或乱用乱写，或假冒优质奖标记，欺骗消费者。

3. 辨别地理标志产品的生产地域

地理标志产品是指产自特定地域，所具有的质量、声誉或其他特性本质上取决于该产地的自然因素和人文因素，经审核批准以地理名称进行命名的产品。国家质检总局在 2005 年颁布施行《地理标志产品保护规定》（国家质检总局令第 78 号），对我国民族历史精品原产地域保护具有重要意义。我国的苏州碧螺春茶、绍兴黄酒等均已正式申请，经审核批准，获地理标志产品，在特定地域出产的茶叶、黄酒才能使用苏州碧螺春茶、绍兴黄酒称号。

对这类具有地方特色传统名优产品的真假快速简易辨别，关键在查看地理标志产品的生产地域，凡在特定地域以外出产而打上地理标志产品名称的均为假冒产品。

4. 辨别产品包装物

名优产品包装用料质量好，装潢印刷规范，有固定颜色和图案，套印准确，图案清晰，形象逼真。假冒伪劣产品一般包装粗糙，图案模糊，色彩陈旧，包装用料材质差。用真假产品对比，可以辨认。

大多数名优商品的包装封口均采用先进机械封口，平整光洁，内容物不泄漏。而假冒伪劣产品无论是套购的真品包装，还是伪造、回收的包装，封口多用手工操作，不平整，常有折皱或裂口，仔细检查封口处，大多能发现破绽。如假冒名酒，将酒瓶倒置，有的会有酒液流出，用鼻子能闻到酒味。对包装封口有明显拆封痕迹的产品要特别注意，很可能是使用回收真酒瓶装假酒，酒瓶常有污垢，封口不圆整，在同一包装箱内的酒，出厂日期、生产批号不一。

许多名优产品包装上有中国物品编码中心统一编制的条形码，经激光扫描器扫描可以识别。冒牌货往往无此标志，或胡乱用粗细不等的黑色直线条纹以及数字欺骗消费者，用激光扫描器扫描，不能识别。

（二）产品感官辨别

产品感官辨别就是对产品进行感官分析判断。它利用人的感觉器官功能，如视觉、嗅觉、味觉和触觉等来检验产品的色、香、味和组织状态等，发现假冒伪劣产品。在执法实践中，执法人员借鉴检验检测中对产品感官指标分析评价的方法，形成了一系列行之有效的产品感官辨别方法。

1. 视觉法

所谓视觉法，就是执法人员通过视觉来辨别假冒伪劣产品。例如，在原煤中掺矸石的掺杂掺假行为，可以看产品颜色是否相对较淡，形状是否相对规整，较易辨别。还有《食品安全法》中禁止生产的“腐败变质、油脂酸败、霉变生虫、污秽不洁、混有异物、掺假掺杂或者感官性状异常的食品”，首先要看其感官性状是否异常，再进行感官指标等检验检测。

2. 味觉法

所谓味觉法，就是执法人员通过味觉来辨别假冒伪劣产品。例如，食盐与味精同为白色，不仔细看很难辨别。但把两种产品放到嘴里一尝，味精的味道应该是鲜、淡，食盐的味道则是咸、苦。不尝不知道，一尝感觉到。

3. 嗅觉法

所谓嗅觉法，就是执法人员通过嗅觉来辨别假冒伪劣产品。例如，真假红酒，可以通过嗅觉闻出来，真正的红酒闻起来有一股纯正的米酒味，而伪劣的红酒是一种刺鼻的怪味。辨别真假动物毛皮大衣，用打火机一点，有人体头发焦糊味的肯定是动物毛，如果是化纤制品，必定是化学味道。

4. 触觉法

所谓触觉法，就是执法人员通过触觉来辨别假冒伪劣产品。通过对产品捏、捻、摸、掂等，可以感觉出与正常产品质量不一样的地方。例如，用手捏住袋装奶粉的包装袋来回摩擦，真奶粉质地细腻，发出“吱吱”的声音。假奶粉因掺有葡萄糖、白糖等较粗颗粒，发出“沙沙”的声音。有的电线生产企业为了降低生产成本，用铝丝代替铜丝，在铝丝上镀一层铜色，以此来欺骗用户。执法人员只要取一节线，轻轻掂量，铝丝电线肯定相对较轻。

5. 听觉法

所谓听觉法，就是执法人员通过听觉来辨别假冒伪劣产品。听觉法就是辨声法。

例如，通过响声可以辨别出鞭炮的伪劣。1000 响的鞭炮，放一放，数一数，是否真的有 1000 响。另外，按照国家有关规定，严禁使用炸响率较高、安全系数不够、配置氯酸钾的鞭炮。快速简易辨别厂家是否添加氯酸钾的方法是，把火药溶于水，过滤掉杂质，放在通风处将水蒸发掉，得到结晶物质，注意观察，白色的是氯酸钾，无色的是硝酸钾。如果仍无法判断，那么加入三分之一的白糖混合加热，生成糊状物质，变干成固体，点燃如果燃烧很剧烈，就是硝酸钾，如果燃烧很慢，就是氯酸钾。

（三）产品物理辨别

采用物理方法辨认假冒伪劣产品都列入真假快速简易辨别中的产品物理辨别。在产品感官辨别中，执法人员赤手空拳也能实施，产品物理辨别常常要借助简单的工具、器具。

1. 火烧法

火烧法就是将产品放置在明火上烘、烧、烤等来辨别真伪。例如，用铝丝镀铜冒充铜丝的假冒伪劣电线产品，除了掂分量轻重辨别外，还可以用火烧一下，突然变软的，电线内芯肯定是铝丝的。对粉丝（条）中掺入塑料胶的辨别，先将粉丝点燃，观察火焰及燃烧后的残渣。掺入塑料胶的粉丝易点燃，燃烧时底部火焰呈蓝色，上部呈黄色，有轻微的塑料燃烧气味，残渣呈黑长条状。正常的粉丝燃烧后膨胀，火焰呈黄色，残渣呈卷筒状，可烧成灰烬。

2. 水试法

水试法就是将产品放在水中泡、融、煮等来辨别真伪。例如，简易辨别是否含有三聚氰胺的奶粉，按比平常浓的分量用热水冲奶粉，充分搅拌到不见固块，放入冰箱，待牛奶静置降温后，用黑布蒙在空杯口上，将冷却的牛奶倒在黑布上过滤，如果有白色固体滤出，用清水冲洗几次，排除其他可溶物。仍有白色晶体，可以将晶体放入清水中，该晶体如果沉入水底，那就很可能是三聚氰胺了。简易辨别变质牛奶，可以用煮沸的方法进行试验。将牛奶放在试管中，置沸水中加热 5min 后观察，如果有凝块或絮片状产生，则表示牛奶不新鲜。通过水对米是否染色进行辨别，新鲜米用温水浸洗后，水色不变，染色的米，用温水浸洗后，水色有变。

（四）产品化学辨别

采用化学方法辨别假冒伪劣产品都列入真假快速简易辨别中的产品化学辨别。产品化学辨别往往要借助一些简单的工具、器具及相关物品作为试剂物，观察产品的化学反应。例如，优质葡萄酒加入碱后颜色会变深，可以在葡萄酒中加入一些食用碱，如颜色不变则很可能为劣质葡萄酒。黑米是稻米中的珍贵品种，因为市场价格高，很多商贩受利益驱动，用普通米染色来冒充黑米，危害消费者健康。可以用白醋来简易辨别染色黑米。方法是取一粒黑米放到盘中，滴上一滴白醋，5min 后观察，如果黑米周围变成玫瑰红的液体，说明是真品，如果不变色，则很可能是假冒黑米。这是黑米中的一种花青素与白醋产生化学反应的结果。

真假糯米辨别也可以采用化学辨别法。糯米中的淀粉是支链淀粉，大米中的淀粉是直链淀粉，不同的淀粉遇到碘溶液，会显示出不同的颜色。取数十粒米样，用水洗净表面，淋干，放在白色的瓷盘中，滴上碘溶液，拌匀，如果米粒呈褐棕色，则为糯米，如果米粒呈深蓝色，则可能为大米。这种方法还可测算出大米的掺入量。

第六章 质监行政执法证据

第一节 概述

证据是日常生活和社会活动中频繁使用的词汇。时间的不可逆性使得行政案件实施成为过去式，只能靠有限的证据去回溯，复原以往的事件，以此来了解过去到底发生了什么。无论对什么类型的活动，对于争议的最终解决而言，证据都必不可少。

一、证据的概念

可以用于证明案件事实的材料都是证据。证据必须查证属实才能作为定案的根据。证据包括：书证；物证；视听资料；电子数据；证人证言；当事人的陈述；鉴定结论；勘验笔录、现场笔录。

从内容和实质来说，证据必须是证明案件真实情况的事实；从形式和来源来说，证据必须具备法定的形式和来源；从证明的过程来说，证据必须是经过查证属实的，才可以作为定案或认定事实的根据。那么质监行政执法证据的定义就可理解为：在质监行政案件办理过程中用以证明案件事实的材料，主要包括：①证明当事人身份的材料；②证明违法事实及其性质、程度的材料；③证明从重、从轻、免于处罚情节的材料；④证明执法程序的材料；⑤证明质监行政执法前置程序已经实施的材料；⑥证明案件管辖权的材料；⑦证明质监行政执法人员身份的材料；⑧其他证明案件事实的材料。

与证据概念相关的几个基本概念和其之间的关系如下：

（一）证据力与证明力

证据力是指证据材料进入行政处罚程序，作为定案根据的资格和条件；证明力是指证据所具有的内在事实对案件事实的证明价值和证明作用，又称可信性、可靠性和可采性。

两者的关系是：证据力是证据必须具有的形式要件，证明力是证据必须具有的内容和实质要件。证据材料只有同时具备证据力和证明力，才能被采纳为定案的根据。

（二）证据的内容与形式的关系

证据的内容是证据本身内在所具有的证明能力，具有客观性和真实性；证据的形式是证据在法律上所具有的外在表现形式和正当获取手段，具有合法性。

证据的内容和形式的一致是最理想的，但在行政处罚程序实践中常常难以统一。如证据的形式不合法，但证据的内容客观、关联。反之，证据的内容虚假，但关联、形式合法。

二、证据的特点

证据是执法人员依照法定程序收集并审查、核实，能够证明案件真实情况的根据。而事实又是多样的、复杂的，因此证据具有以下特点：

1. 准确性

这是证据的核心基础，也是证据获得证明能力的基础。一切证明活动的最终目的是要达到所预期的某种准确。

2. 溯源性

一切证据的证明结果，都能通过证明活动与案件事实相联系，这就是溯源性，它是准确性的归宗。

3. 社会性

证据涉及范围广泛，牵涉到技术、生产、销售和社会生活的各个方面，获取证据的手段有技术检验、计量检测等，证据和这些领域有广泛的联系。

4. 法制性

法制性是指证据的法律行为，对证据进行法制化是证据的另一特点（是证据合法性的具体体现）。证据的社会性也决定了证据的法制性，如果证据的法制性不通过立法予以保障，那么证据的准确性、溯源性将无从谈起。

5. 多样性

由于客观事实的多样性、复杂性决定了证据的多样性，数个种类不同的证据的指向一致，则证据事实的证明效力就强。

6. 重要性

证据的重要性主要体现在：一是要正确认识证据在行政处罚过程中的地位；二是要明确研究范围；三是只有掌握正确的调查、运用证据认定案件事实的客观规律才能保证案件质量。

所有证据必须经查证属实才能作为认定案件事实的依据，证据的多样性揭示不同证据的特点，便于执法人员进一步认识运用证据规则，提高办案质量，在行政处罚程序中，按照法律规定的证据种类、证明对象、证明责任、证明标准，掌握审查判断证据的尺度，运用证据认定案件事实并作出行政处罚的一系列规则体系。

三、证据的种类

证据种类是指表现证据事实内容的各种外部形式，是被用来证明案件事实的各种客观物质资料的外在表现形式。它是法律上对证据的分类，故又称法定的证据种类。我国三大诉讼法都对证据种类做出了明确的规定。

其中，《行政诉讼法》第三十三条规定的行政诉讼证据有 8 种，包括：书证；物证；视听资料；电子数据；证人证言；当事人的陈述；鉴定结论；勘验笔录、现场笔录。

根据法理，行政程序中采用的证据种类和证据排除规则应当满足司法审查的要求。在行政程序后置司法审查程序中，行政诉讼是行政救济的最后路径。我国《行政诉讼法》规定的证据种类都可以作为行政诉讼程序中的证据种类。

此外，由于国家有关法律强调听证在行政程序中的作用，并规定听证笔录在行政决定中具有重要作用。因此，听证笔录通常也被认为是一种证据类型。

质监行政处罚证据的种类是由国家质监部门参照《行政处罚法》的规定，在《质量技术监督行政处罚程序的规定》中予以了规定："质量技术监督部门在调查取证时，案件承办人员不得少于两人，应当向当事人或者有关人员出示行政执法证件，并记录在案。案件承办人员应当对案件进行全面调查，收集认定案件事实的证据。书证、物证、视听资料、证人证言、当事人陈述、现场笔录以及检验、检测、检定或者鉴定结果等，经查证属实后作为认定案件事实的证据。"上述质监行政处罚证据种类的规定，基本上能够解决质监行政处罚中的事实认定的问题。

因为证据种类由立法所规定，具有法定的约束力。所以，不具备法定表现形式的物质资料不得作为定案的根据。

（一）书证

1. 书证的概念

书证是指能够根据其表达的思想或记载的内容来证明案件真实情况的一切物品或材料；根据内容的表现不同，书证大致包括：

（1）文字书证，用文字记载的内容来证明案情的书证。

（2）符号书证，以符号表达的信息来证明案情的书证。

（3）图形书证，用数字、图画、印章或其他方式表露的内容或意图以证明案情的书证。

书证在行政程序中是十分常见的证据类型，书证本身也是一种实物。从广义上讲，属于物证范畴。但是，书证和物证又有所区别。书证是以文字、图画、符号所记载的内容或表达的思想来证明案件事实的，而物证则是以它的外部特征、存在状态、物质属性来证明案件事实的。如果某些记载有文字内容的物品，其记载的内容与案件事实无关，就不能作为案件的书证。若该记载有文字内容的物品仅以其外部特征和存在状态对案件起证明作用，该证据只能是物证。在质监行政处罚案件中，书证的表现形式主要有：①载有行政违法案件内容的日记、信件等；②各种账簿、单据，③各种票证、印章、证件及证明材料；④其他涉及质监行政违法的书面材料；⑤其他对案件事实有证明作用的文件材料等。

需要说明的是，有的物品或文书同时兼有物证和书证两种特征。对某些属于书面文字的物品，要根据其证明作用来区分是书证还是物证。例如，伪造的文件就其伪造的字迹、签名、盖章来说是物证，就其伪造的内容来说则是书证。

2. 书证的特点

（1）多样性

书证以文字、图画、符号等所记载的内容或表达的思想来证明案件事实。其制作方法多样，并且这些书证的信息表现形式——文字、图形、符号等能够为人所认知和了解。反映书证所记载内容的表现方式，既可以是文字、图形，也可以是符号；书证内容的载体，既可以是纸张，也可以是木头 、石头、竹片、金属或其他材料；用以制作书证的工具，既可以是笔，也可以是刀、印刷机等；制作书证的方法，既可以是写，也可以是刻、雕或印刷等。

因此，简单地把书证的外在表现形式限定为书面文字记载的材料是不全面的。

另外，书证所记载的内容或表达的思想，是为人所认知和了解的，在通常情况下除以文字的方式，如合同书、信函、证明文书等来表现以外，也有以符号、图形的方式，如产品设计图、销售图等来表现的。值得注意的是，为人认知和了解的内容，并非仅指一般人通过熟知的文字或符号，在某些特定的情况下不被通常使用的密码、暗号、标记也表达了创作者或使用者的思想，也应属于为人认知和了解的范围。且无论以何种方式表现，其表达的内容或思想，应当是可以为人认知和了解的。如果书面记载的内容不表达任何思想或意思，就不能作为书证。

（2）原始性

书证大多是在行政程序开始之前就已形成，通常都直接明了地记载了质监行政违法行为人实施违法行为的时间、目的、行动计划、行为后果等内容，这是书证与质监行政处罚程序中形成的各种笔录和记录的根本区别。因此，书证一经收集并查证属实，就可以比较直观地证明案件中的一定事实。

（3）关联性

书证所表达的思想或内容应当与案件事实有关，即书证所记载的内容能够证明案件事实的全部或一部分。

（4）可知性

书证所记载的内容或表达的思想，一般都可以认知和了解。

3. 书证的分类

书证的分类是一个比较复杂的问题，世界各国的分类标准也不尽相同。英、美、法一般将证据分为直接证据与间接证据、原始证据与传闻证据、第一位证据与第二位证据。在具体证据种类上又划分为口头证据、文书证据和实物证据，文书证据又可以再分为原本、抄本，公文书与私文书等。欧洲大陆法系国家一般将书证分为公文书与私文书。依据不同的划分标准，可将书证划分为不同的类别。不同类别的书证，其运用规则及证明力有所不同。在行政处罚程序中执法人员一般通过拍照、摄像，依法检查，并抽样取证，登记保存和委托（检验）鉴定等手段来反证书证的上述意义。

（二）物证

1. 物证的概念

物证是指能够以其外部特征、物质属性、存在状态来证明案件真实情况的一切物品和痕迹。包括实施违法行为的工具、行为所侵害的客体、行为过程中所遗留的物品和痕迹以及能够揭露和证明案件发生和发展过程中的物品和痕迹。作为物证的物品，是指能证明案件真实情况的客观物体；作为物证的痕迹，是指与案件有联系的物体相互作用所产生的印痕和物体运动时所产生的轨迹。例如，在行政处罚案件中，生产的假冒伪劣产品以及使用的工具等均是物证。

2. 物证证明力的特点

（1）直观性

物证是实施行政违法行为作用于客观外界留下的各种物品和痕迹，比较容易查实，同其他种类证据相比。更直观，更容易把握。

（2）客观性

物证与言辞类证据相比客观、真实性更强。言辞类证据一般要靠实物证据来检验。而物证可以不依赖于言辞类证据而存在。它不像证人证言、当事人陈述等证据那样容易受人的主观因素和其他复杂情况的影响而发生变化，客观真实性较强。虽然物证也可以造假，但是相对来说伪造的难度较大，因此物证与其他的证据相比具有较高的证明价值。但需要注意的是虽然物证具有较强的客观性，但由于客观环境和物证本身的变化以及调查收集物证人员的主观能动性等因素的影响，物证也存在不真实的情况。

虽然物证不具备“说谎”的主观能力，但是其存在的与案件事实有关的各种信息也会随时间的推移和条件的变化而遗失或异变，虽然物证自己不会主动说谎，但是物证的证明离不开有关人员的行为，而收集、提供、检验、使用物证的人都有可能说谎。由此可见物证并非不存在谎言的空间，物证在实现其证明功能的过程中也具备“说谎”的可能性。

（3）被动性、间接性

物证是一种无意识的证据，不能以自身的特征自我说明案件事实，必须通过人的能动作用才能发挥其证明作用。物证在证明案件事实过程中，一般只能反映与案件主要事实相关联的某个局部情况或个别情况。一般只起到间接证据的作用。因此，物证必须与其他证据相结合才能证明案件的主要事实，即使在行政程序中能收集到很多物证，也必须经过科学的判断和推理才能证明案件的主要的和基本的事实。

在行政处罚程序中，执法人员一般通过拍照、摄像、依法检查并抽样取证、委托检验、鉴定等手段来反映物证的上述特点。

3. 物证的分类

根据体积和质量大小不同，分为巨体物证、常体物证和微体物证。

巨体物证是指体积较大、不便直接提取并在案件审理时予以出示原物的物证，如桥梁、轮船、汽车等。对于巨体物证，只能采取拍照或者摄像的方式予以固定保全，或者暂时予以扣押、封存。

常体物证是指体积一般、可以直接提取并在案件审理时予以出示原物的物证，如一般的日常生活用品等。凡是对案件能够起到证明作用的常体物证，均应当及时提取并妥善保存。

（三）视听资料

1. 视听资料的概念

以录音磁带、录像带、电影胶片或电子计算机相关设备存储的作为证明案件事实的音响、活动影像和图形，统称视听资料。

2. 视听资料的特点

（1）直接性

视听资料以先进的科学技术客观地记载了一定的案件事实，而且直接来源于案件事实，是案件事实的直接反映。可以作为证明案件主声事实的直接证据使用，避免了其他证据的一些缺陷，如证据的误传、物证的变形等。

（2）形象性

视听资料的内容丰富具体、直观。视听资料可以通过动态连续的记录原原本本地将行政违法现场和当事人的违法行为反映出来，其内容丰富、具体，不仅可以闻其声而且可以见其形，直观生动地反映和再现案件事实的发生过程。

（3）简捷性

视听资料运用方便，易于保存。运用方便是指它对案件事实的证明过程简单，一看就明白，一放就清楚，无须经过推理过程或者逻辑演绎过程。

（4）准确性

视听资料对案件事实的记录和反映细致入微，比较客观和可靠。它的准确性区别于书证、物证和言辞证据。缺点是视听资料易伪造且难发现。如录音带、录像带容易被冲洗、消磁、剪辑，计算机容易被输入病毒或者变换输入的数据。因此，须借助现代科技手段对视听资料进行审查判断，以辨明真伪。

（四）电子数据

1. 电子数据证据的概念

从逻辑学的角度来讲，电子数据证据概念的内涵应当是电子数据证据所反映的客观事物本质性的综合；电子数据证据概念的外延应当是指具有电子数据证据内涵的客观事物的总合。总结下来一般称为“计算机证据”“数字证据”“电子证据”。因此，电子数据证据的概念是：以应用现代信息技术产生的，并以电子变现形式为主的，可以用于证明案件事实的材料。

2. 电子数据证据的特点

与传统证据相比，电子数据证据具有一定的特殊性。正是这些特点决定了电子证据的优越性与不足。

（1）高技术性和精确性

电子数据的精确性比其他任何形式的数据都要强。计算机将要处理的任何文字、图像、声音等全部转化为以 0 和 1 的组合来代表的二进制数码。电子数据在传输、存储过程中，基本上不会发生错误，且很少能受到主观因素的影响，如证言的误传、书证的误记等。

（2）提交形式的多样性

刑事诉讼证据的表现形式只能是载有过去事件内容的物质材料。电子信息本身具有多样性，可以表现为文字、图像、声音多种媒体，还可以是交互式的、可加密编译的。因此电子证据作为诉讼活动中提交给法庭的形式也具有多样性。如可以以电子文件的形式提供，或以传统物证、书证或视听资料的形式提供，也可以由第三方公证或技术鉴定机构鉴定作为证据提供。

（3）易被篡改、破坏性

电子数据或信息是非连续的数据或信息，被人为地篡改后，如果没有可以对照的副本、映像文件则难以查清、难以判断。非故意的行为主要有误操作、病毒、硬件故障、突然断电等，也是危害数据安全、影响数据真实性的原因。

此外电子数据证据还具有收集迅速，易于保存，占用空间少，传送和运输方便，可以反复重现，作为证据易于使用、审查、核实，便于操作的特点。

3. 电子数据证据的分类

根据电子数据证据的特点可做以下分类：

（1）根据电子数据证据存储的系统不同，可分为存储在计算机系统中的电子证据和存储在类似计算机系统中的电子证据。

存储在计算机系统中的电子数据证据，即数据是人为输入或者计算机系统自动生成的，采用电磁技术或者光存储等现代计算机存储技术存储于计算机特写介质上，并且能够通过计算机真实、形象地再现其记录的内容。这些证据资料经常表现为电子文档、软盘、U盘或者计算机系统自动生成并记录的文件（如计算机操作系统的日志记录等）。

电子数据除了可以记录在计算机系统中以外，还可以存储在其他类似计算机系统中。实践中，很多案件的此类证据对于事实的认定起到了关键的作用，如手机短信就是存储在计算机系统以外的。但仔细追究起来，它们又很难被归入传统的7种证据形式中，而且这种数据除了存储方式与上述第一类电子数据有差别外，其他特征几无二致。正因为如此，所以国外现有的为数不多的关于电子数据证据的立法中，几乎都把记录存储在类似计算机系统中的电子数据纳入电子数据证据立法之中。

（2）根据电子数据证据运行的系统环境不同，可分为封闭系统中的电子数据证据、开放系统中的电子数据证据、双系统中的电子数据证据。

封闭系统是指由独立的某一台计算机组成的计算机系统，或者由多台以局域网方式连接的计算机组成的系统。其特点是计算机系统不向外界开放，用户相对固定，即便多台计算机同时介入数据交换过程，借助监测手段也可以迅速跟踪查明电子数据证据的来源。

开放系统是指由多台计算机组成的广域网、城域网和校园网系统，其特点是证据来源不确定。常见的开放系统电子证据有电子邮件、电子公告、电子聊天证据等。

双系统是封闭系统与开放系统的合称。如果某一种电子数据证据不仅经常在封闭系统中出现，而且经常在开放系统中出现，那么可将这种电子数据证据称为双系统中的电子数据证据，常见的有电子签名等。

（3）根据电子数据证据在形成过程中所处的环境不同，可分为数据电文证据、附属信息证据与系统环境证据。

数据电文证据是指数据电文正文本身，即记载法律关系发生、变更与灭失的数据。如E-mail的正文。

附属信息证据是指对数据电文生成、存储、传递、修改、增删而引起的记录。如电子系统的日志记录、电子文件的属性信息等。它的作用主要在于证明电子数据的真实性。

系统环境证据是指数据电文运行所处的硬件和软件环境，即某一电子数据在生成、存储、传递、修改、增删的过程中所依靠的电子设备环境，尤其是硬件或软件名称和版本。

上述3种证据的证明作用是不同的。数据电文证据主要用于证明法律关系或待证事实，它是主要证据；附属信息证据主要用于证明数据电文证据的真实可靠；系统环境证据则主要用于在庭审时或鉴定时显示数据电文的证据，以确保该数据电文证据以其原始面目展现在人们面前。

（4）根据电子数据证据形成的方式不同，可分为电子设备生成证据、电子设备存储证据与电子设备混成证据。

电子设备生成证据是指完全由电子计算机等设备自动生成的证据。这种电子证据的最大特点是完全基于计算机等设备的内部命令运行的，其中没有掺杂人的任何意志。电子设备生成证据的准确性相当高，影响电子设备生成证据的证明力大小的因素主要是其准确性。

电子设备存储证据是指纯粹由电子计算机等设备录制人的信息而得来的证据。如对他人电话交谈进行秘密录音得来的证据、由人将有关合同条文输入计算机形成的证据等。对此类证据证明力大小的判断，除了要考虑计算机等设备的准确性外，还要考虑录入时是否发生了影响录入准确性的因素等。

电子设备混成证据即计算机存储兼生成证据，是指由电子计算机等设备录制人的信息后，再根据内部指令制动运行而得来的证据。由于这类证据兼具上述两种证据的性质，因此对其可采性和证明力的判断要复杂得多。

（五）证人证言

1. 证人证言的概念

我国法律规定的证人属于狭义证人，不包括鉴定人和当事人。

证人证言是指证人就其所了解的案件情况向办案人员所做的能够证明行政案件真实情况的口头或书面的陈述。

证人证言的主体是证人。依照有关法律规定的精神，凡是知晓案件情况的人，都有作证的义务。生理上、精神上有缺陷或者年幼不能辨别是非、不能正确表达的人不能作证人。因此，行政案件中的证人应当是除当事人以外的了解案件情况、能够辨别是非并能正确表达的公民，单位不能作证人。鉴于证人的身份是由其对案件情况的感知在客观与案件之间形成了相应的证明关系所决定的，具有不可替代性，不能由执法人员随意指定和更换。证人要亲自口头陈述或亲笔书写证言，除执法人员制作笔录以外，一般不委托他人代为陈述或代为书写。同时，证人的不可替代性还决定了证人作证的优先，即当行政案件中的证人身份形成以后，他不可以在行政案件中担任执法人员以及记录人员、鉴定人员、翻译人员等。

证人证言一般以口头陈述的形式表现出来，即证人口头向执法人员陈述自己所知道的案件情况，由执法人员通过对证人直接询问收集并制作调查笔录，最后由证人核对无误后签名、盖章，注明日期。

证人也可以提供书面证词，书面证词必须签署证人的真实姓名。匿名材料可以作为查证线索，但不能作为证人证言使用，更不能作为定案的根据。书面证词一般先由执法人员对证人进行口头询问后再让证人书写，最后由证人签名、盖章、注明时期。证人证言的内容只能是证人对有关事实的陈述，不含证人对有关事实的分析或者评断。证人的分析或者评断内容，只能作为执法人员的参考意见，不能作为证据。在英、美证据法中有排除意见证据规则，即反对由非专业人员以意见或判断结论的形式提供证言。也就是说，证人只能叙述自己直接了解的实质性事实，而不能对此发表意见，否则不具有证明力。

但是，专家证人的意见是可以采纳的。在我国行政案件中，证人陈述的情况既可以是他亲自听到或看到的，也可以是从他人处听到的。如果是从他人处听到的，必须说清来源。因此，证人证言的内容包括对查清案件真相的一切事实，与案件无关的内容，或者是证人的估计、猜测、想象等不能作为证人证言。

2. 证人证言的特点

证人证言作为一种独立的法定证据形式，其证明力具有以下主要特点：

（1）证人具有人身不可替代性，只有了解案件情况的人才能作为证人。因此，在行政处罚程序中，必须坚持“证人优先”的原则。必须由证人亲自陈述或亲笔书写，不能委托他人代为陈述。如证人不能书写的，可由证人口述，他人代为书写，且证人必须对本人口述的证词核实无误后签名、盖章，方能发生法律效力。同其他言辞证据相比，证人证言客观性更强，因为他不像当事人那样与案件结果有利害关系。

（2）证人证言是证人对案件有关情况的感知和反映，是受证人的感受力、记忆力、表达力等主观因素以及各种客观条件的影响，内容容易失真，因而证人证言不如物证、书证的客观性强。证人对案件情况的分析、判断、评论等不是证人证言。与实物证据相比，证人证言具有生动、形象和具体的优点，但其证明力的客观性较差，具有不确定性。

（3）由于证人是当事人以外的第三者，一般与案件事实本身或案件处理结果无切身利害关系，但证人证言具有不稳定性和多变性的特征。其主要原因：一是言辞证据本身所固有的特征，易受客观因素、主观因素的影响；二是可能遇到各种不正之风的干扰；三是证言形成过程的每个阶段都可能有误差。

3. 证人证言的分类

（1）根据证人的身份、职业等情况，可以分为普通证人和特殊证人。普通证人，即通常意义的证人，一般可以理解为，法律对于作证的证人没有身份或职业上的特别要求或特殊待遇规定。特殊证人是指因身份或职业特殊而需要享受特殊待遇或适用特殊规定的证人。特殊证人主要有两种：一种是特殊身份的证人，如有些国家的法律规定国家元首或者政府首脑属于特殊证人，可以享受出庭豁免，或者可以以某种特殊方式提供证言；另一种是特殊职业的证人，如律师、医生、心理咨询人员、神职人员等。

有些国家的法律对这些人的作证问题适用特殊规定，对于这些人因履行职务而获得的当事人秘密事项有权拒绝作证。这种分类主要是证据立法时应该考虑的问题。

（2）根据证人的身体健康状况，可以分为健康证人和残障证人。需要说明的是，健康与残障是针对作证而言的，不是一般意义上的健康与否。健康证人，即没有影响其正常作证的生理或心理缺陷或疾患的证人。残障证人，即有影响其正常作证的生理或心理缺陷或疾患的证人。常见的残障证人包括聋哑人、盲人、弱智人、精神病人等。这种分类的主要作用在于明确对不同证人应该采取不同的询问方法和手段。

（3）根据证人与案件或当事人的关系，可以分为关系证人和无关证人。关系证人，即与案件有某种利害关系或者与当事人有某种亲友关系的证人。如案件当事人的亲友。无关证人，即与案件没有利害关系，与当事人也没有亲友关系的证人。这种分类有助于执法人员对不同证人证言的证明力的审查判断。例如，《最高人民法院关于民事诉讼证据的若干规定》第七十七条第（五）项规定："证人提供的对与其有亲属或者其他密切关系的当事人有利的证言，其证明力一般小于其他证人证言。"《最高人民法院关于行政诉讼证据若干问题的规定》第六十三条第（七）项也规定："其他证人证言优于与当事人有亲属关系或者其他密切关系的证人提供的对该当事人有利的证言；"。

（4）根据证人本身有无罪错或犯罪嫌疑可以分为清白证人和污点证人。清白证人是指本身没有罪错也没有犯罪嫌疑的证人。污点证人是指本身有罪错或犯罪嫌疑的证人，即本身有"污点"的证人。

这是有些国家和地区在刑事案件中使用的一种证人分类。在行政程序中，借鉴证人的这一分类原理，根据证人本身有无过错或行政违法嫌疑，把证人分为清白证人和污点证人，有利于执法人员对不同证人的使用和保护。

（5）根据证人了解案件事实情况的来源或途径不同，可以分为目击证人和传闻证人。目击证人，即自己直接或亲身感知案件事实的证人。传闻证人，即通过他人的陈述了解案件事实的证人。目击证人直接或亲身感知案件事实的路径不仅包括目击，而且还包括"耳击""鼻击""舌击""触击"等。目击证人证言属于原始证据，而传闻证人证言属于传来证据。

一般来说，原始证据的证明力大于传来证据的证明力，在认定案件事实上应当优先使用原始证据。因此，目击证人和传闻证人的分类有助于明确不同证人证言的证明力。

（六）当事人陈述

1. 当事人陈述的概念

当事人的陈述是指行政案件当事人就有关案件事实情况向执法人员所做的陈述。当事人的陈述一般包括 3 个方面的内容：一是当事人对自己实施行政违法行为的自认；二是当事人说明自己没有实施行政违法行为或行为轻微的辩解；三是当事人检举揭发他人行政违法行为事实的陈述。

上述内容包含以下几点含义：①关于案件事实的陈述；②关于案件处理方式的意见；③对证据的分析和应否采用的意见；④对争议事实的法律评断和适用法律的意见。

在这里要注意的一点是：根据同案行为人不能互为证人的原理，当事人陈述的与同案行为人实施的共同违法行为事实的，即使非同案处罚，也属于自认而不属于证人证言；当事人检举揭发同案行为人的其他行政违法行为事实或者他案行政违法行为事实，则应视为证人证言。

当事人的陈述形式一般为口头形式，且在特定情况下，经当事人的请求或执法人员的要求，也可以由当事人亲笔陈词。

2. 当事人陈述的特点

当事人陈述既是证据的重要来源，也是行政违法行为当事人行使辩解权的一种重要手段。当事人陈述的证明力特点，是由当事人在行政案件中所处的特殊地位决定的。

一方面，当事人对自己是否实施行政违法行为以及如何实施行政违法行为最清楚。因此，他们的自认会更全面、更详尽地反映出其行政违法行为的动机、目的、手段、过程。他们对没有实施行政违法行为或行为轻微的辩解，一般会提出一些具体的事实根据和理由。所以，当事人的真实供述和有根据的辩解，可以成为证明案件事实的直接证据，具有其他证据不可替代的作用。

另一方面，由于当事人与案件处理结果有直接的利害关系，因而当事人的陈述虚假的可能性较大。一般情况下，当事人往往企图否认违法行为，或避重就轻，尽量为自己开脱。在某些特殊情况下，当事人出于某种原因也会承认一些并不存在或不是自己实施的行政违法行为事实。

总之，行政执法实践中，当事人的陈述虚假的成分较多，执法人员必须认真审查判断，不能轻信。

由于当事人是实体法律关系参加者，是行政法律关系主体，与案件处理结果有直接利害关系，又由于他们地位的复杂性，决定了当事人陈述证明力的双重性。

3. 当事人陈述的意义

当事人的陈述虽然有真有假，不能轻信，但也不能否定它的作用。其意义主要有：

（1）当事人的陈述是每案都有而且最容易收集的一种证据。通过当事人的陈述，可以发现新的情况和证据线索。

（2）当事人的陈述可以与案件中的其他证据相互印证，有助于执法人员验证其他证据和其本身的真伪，能够使执法人员全面了解案情，准确认定案件事实。

（3）当事人的陈述是衡量行政违法行为人态度的依据，能够作为行政处罚的参考。

（4）行政案件当事人的辩解是行使辩解权，维护其自身合法权益的重要形式，执法人员必须认真听取和对待，以保证行政执法活动的公正。

（七）鉴定结论

鉴定结论是指具有专门知识的人接受委托或指派，运用科学技术或专门知识，对案件中涉及的某些专门性问题进行分析鉴别后所做的科学判断和结论。鉴定结论是诉讼程序和行政处罚程序中经常采用的一类证据类型，各个国家处理鉴定结论的态度有所不同。

1. 鉴定结论的关键点

对鉴定结论应把握好以下两点：

第一，应由专门的技术人员通过科学技术试验、实验和分析、判断而对案件中的专门问题做出专门性结论。

第二，鉴定主体资格包括鉴定部门资格、鉴定人员资格。

2. 鉴定结论证明力的特点

鉴定结论是一种独立的证据种类。鉴定结论证明力的特点主要体现在：

（1）客观性、科学性

鉴定结论是鉴定人对与案件事实有关的某些专门性问题从科学、技术角度进行鉴别、判断后所做出的结论，在鉴定过程中鉴定人要运用自己的专门知识和技能。因此，鉴定结论是一种具有科学根据的意见。在证明力上，具有客观性和科学性的特点。由于受送鉴材料、技术能力、设备条件、客观干扰、主观条件、业务水平等方面的限制，其科学性、准确性有时会受到影响，做出一些错误判断。

（2）专门性

鉴定结论是对案件事实中需要解决的专门问题所做的结论，其证明力具有解决事实问题的专门性，而不是对法律问题提出处理意见。

3. 鉴定结论的意义

鉴定结论是建立在科学技术基础上的证据，在行政处罚程序中占据重要地位，其意义主要是：确定某些痕迹、物品、文件等实物是否与案件事实有联系，审查、印证证人证言、当事人陈述的内容是否真实直接证实某些重要的案件事实等。因此，鉴定结论是审查、判断其他证据的重要手段。

（八）现场勘验（检查）笔录

1. 现场勘验（检查）笔录的概念

现场勘验（检查）笔录是执法人员在行政处罚程序中对违法行为现场、违法物品所在地现场等进行勘验、检查时所制作的文字记载，并由勘验检查人员和当事人等签名确认的一种书面文件。

法律实践中的笔录种类很多，但我国法律只规定了若干特定的笔录属于证据之列。

按照《刑事诉讼法》的有关规定，可用作证据的是勘验、检查笔录；按照《民事诉讼法》的有关规定，可用作证据的是勘验笔录；按照《行政诉讼法》的有关规定，可用作证据的是勘验笔录、现场笔录。我国有学者将这些笔录称为证据笔录，其他笔录称为非证据笔录。

根据《产品质量法》第十八条的规定，县级以上产品质量监督部门根据已经取得的违法嫌疑证据或者举报，对涉嫌违反《产品质量法》规定的行为进行查处时，可以对当事人涉嫌从事违反《产品质量法》的生产，销售活动的场所实施现场检查。《行政处罚法》第三十七条规定："行政机关在调查或者进行检查时，执法人员不得少于两人。……询问或者检查应当制作笔录。"《技术监督行政案件办理程序的规定》第十八条规定："现场勘验检查，由承办人员、法定检验（检定）机构的人员进行，也可以邀请有关技术人员参加；应当通知行政相对人到场，无正当理由拒不到场的，承办人员在笔录上记明情况，不影响勘验检查的进行。勘验检查的情况记入'现场检查笔录'，行政相对人应当签署意见，签名或者押印。"可以看出，质监部门在质监行政处罚程序中是以"现场检查笔录"这一证据形式来表达对质监违法行为现场、违法物品所在地现场等进行勘验、检查所制作的笔录的。虽然有关产品质量行政处罚的法律未规定"勘验"字样，而只是以"检查"字样表明对质监违法行为现场、违法物品所在地现场等进行勘验、检查等活动，而且现场"检查"的强调更加显得检查与勘验性质的同一，但是基于和比较规范的诉讼证据种类协调一致的认识，在行政处罚程序中采用"勘验笔录"更为合理，这也是对要求行政程序中采用的证据种类应当满足司法审查的考量。

在行政处罚程序中，勘验（检查）笔录虽然与物证、书证和鉴定结论有着密切的联系，但是，作为一种独立的证据，勘验（检查）笔录与其他证据又有明显的区别。

还要说明的是，虽然笔录的主要形式是文字记录，但是也包括绘图、照相、录音、录像等方式。随着科学技术的发展，以音像方式记录勘验或现场执法活动的过程和结果，越来越成为法律实践中普遍的做法。

2. 勘验（检查）笔录证明力的特点

（1）属于客观记录。勘验（检查）笔录是对有关物、场所的状况及其勘验活动的客观记载，具有"实况"记录的性质，是现场物证、书证的固定和保全。因此，它的证明力相对比较客观，具有很强的证明力。

（2）具有综合性，反映的内容比较全面。勘验（检查）笔录所反映的往往不是被勘验（检查）对象的单方面特征，而是多方面的综合性特征；不仅能够全面反映被勘验（检查）对象本身的全部有关场所多种证据的组合情况，而且可以客观地反映被勘验（检查）对象之间的关系及其与周围环境的关系等，不仅可以通过文字的形式记录，而且还可以采用现场绘图、现场拍照或现场录像等多种形式反映被勘验（检查）对象的情况。因此，勘验（检查）笔录具有综合证明的功能，反映的内容比较全面。

由于现场及勘验（检查）对象可能被人为破坏、更换等，或相关勘验（检查）人员业务素质不高，责任心不强，都会影响到笔录的质量，因而，勘验（检查）笔录也可能具有虚假性。

3. 勘验（检查）笔录的意义

在质监行政执法活动中，执法人员常常会遇到与案件有关的物证或者现场。为了弄清事实真相，要求执法人员必须进行现场勘验（检查）。通过勘验（检查）对现场情况进行了解，并将现场情况制成笔录，这对案件事实的认定有着重要的意义。

第二节　质监行政执法的典型证据

质监行政执法过程中很多情况下要对具体涉案物品内在质量的符合性、真假做出权威的判定，这种判定往往不能通过执法人员直观的方法感知结论。这时就需要特定的机构、单位或拥有某方面专门知识的个人通过特定的技术分析、专门的知识来做出判断。这种专门机构或个人依据规范、专门的知识分析、判断后给出的鉴定结论在质监行政执法中主要表现为检验报告、鉴别报告、鉴定报告 3 种形式。检验报告、鉴别报告、鉴定报告作为质监行政执法中最核心的证据，往往起到案件定性的作用，即案件能否成立，为何种违法行为。检验报告、鉴别报告、鉴定报告在证据的法律分类上均属鉴定结论。此外，计算违法产品货值金额和违法所得的系列证据在技术执法中具有重要作用，虽然其中包含鉴定报告等证据，但为了突出其重要性和特性，仍将检验报告、鉴别报告、鉴定报告并列为质监行政执法的典型证据。

一、检验报告

检验报告是执法机关在技术执法过程中委托法定检验机构对涉案产品的内在质量依据一定的标准、规范进行检验判定出具的结论，检验报告的合法性、公正性、标准性直接影响案件是否成立，执法人员必须通过规范程序和方法得到和审查检验报告。

（一）检验报告的委托

选择合适的检验机构。技术执法在特定的环境下，为防止人情关系等对检验结果的影响，执法人员应当选择合适的检验机构，尽可能排除影响检验结果的人为因素，可采取异地送检、盲样送检、检验监督、多机构送检等方法。异地送检是将需要检验检测的产品送到涉案当事人经常活动的范围以外的其他地方的检验机构检验，同时要注意，出具检验报告前要对当事人保密，防止人为干扰检验。盲样送检是将样品生产者的名称对检验机构和检验人员隐藏，防止人为因素干扰检验。多机构送检是同样的样品送不同的检验机构检验。具体采取何种方法，需要根据案件情况而定。

委托检验要求技术执法中需要对涉案产品进行检验的，应当委托具有法定检验资质的检验机构进行。执法实践中，委托检验往往缺乏明确、具体的委托，由检验机构自行确定标准、检测项目、判断方式等。这种情况下，经常会出现检验结果和实际办案要求相偏离。例如，有些案件检验过程中缺乏明确具体的委托检验要求，检验机构则可能自行根据国家强制性标准检验，结论往往是合格，而如果根据当事人明示采用的某推荐性标准或者企业标准来检验产品，结论应当是不合格。因此，一般的委托检验应当出具委托检验书，载明委托人、委托事项、检验执行的标准或者规范名称和编号、其他需要说明的事项、委托日期等内容。为增强委托检验的针对性，实现委托检验的目的，执法机关应当与被委托检验机构商定详细的标准、检测项目、检测方法和判断方式等，由检验机构具体实施。

（二）检验报告的出具

检验机构接到委托检验任务后，根据委托人的要求开展检验，应当对委托人负责，公正、及时地向委托人出具检验结论。检验结论一般采用检验报告的形式。目前，检验机构对执法办案委托检验的检验报告，往往采用产品监督抽查检验报告的格式，有的能适应执法办案的需要，有的则不能适应，甚至给执法办案带来不必要的麻烦。例如，检验结论仅表述为产品质量指标不符合标准要求，而不做出产品是否合格的判定，或仅表述为产品不合格而不作轻微或者严重不合格的判定。再如，检验报告中有“对检验结果有异议，可以向本检验机构提出”的文字描述，这句对产品监督抽查检验来说是合适的，而对执法办案委托检验的检验报告来说则是不妥的。执法办案委托检验中，检验机构只对委托人负责，出具的检验结果只提供给委托人，被检验产品的厂家如果对检验结果有不同意见，不能直接向检验机构提出，只能向执法机关提出。所以有必要对执法办案委托检验的检验报告格式做进一步规范。

（三）检验报告的审查

执法机关接到检验机构出具的检验报告后，应当按照证据审查的要求，严格审查其合法性、真实性、证明力等。执法实践中，有的执法人员认为，检验报告是专门的机构出具的证据，不需要审查，自己也无专业能力和水平进行审查，往往是直接拿来就用，这种做法是错误的，也是不合法的。首先，应当审查其形式的合法性和规范性，审查检验机构是否有法定资质、检验报告是否有检验人员签字、检验机构盖章等。其次，审查内容是否根据委托检验书载明的检验标准或规范开展检验，审查有关检验数据表述是否明显不符合。第三，从其他方面综合审查检验报告的证据效力。执法机关应当针对不同案件实际情况，不同技术标准、执法环境综合审查判断。

二、鉴别报告

鉴别报告是质监行政执法中需要判定某产品是否由特定生产者生产的产品出具的一种证据形式，是专指有资质或者有能力的鉴别方对产品的材质、工艺、包装、标识以及内在质量的指标进行比较、辨别，对产品之间特性特征一致性进行评价、确定的活动。产品鉴别的对象是产品，方法是通过检验检测、分析、观察等进行比较鉴别，目的是考量产品是否存在《产品质量法》规定的以假充真的情形，从而进一步追溯产品生产销售者应承担的产品质量责任。

通俗地说，如果检验报告的作用是判定某产品的“优劣”，那么鉴别报告则是判定某产品的“真假”。这种“真假”，往往是不同产品之间质特性特征的差异以及产品名称、厂名厂址、商标、装潢、包装等的差异。产品鉴别根据鉴别主体、鉴别方法、鉴别结果的不同，可以分为原厂鉴别、技术机构鉴别和司法鉴定机构鉴别。

（一）鉴别报告的出具主体

鉴别报告可以由涉嫌被假冒产品厂家出具或者有特定能力的法定技术机构、鉴别机构出具。一般来说，涉嫌被假冒产品生产厂家的鉴别能力和出具报告的标准性较强；而法定技术机构、鉴别机构出具报告的公正性较强。技术执法中，需要判定某产品是否属于假冒产品，应当根据实际情况选择鉴别主体。在委托被假冒产品的生产厂家出现困难时，如被假冒产品的生产厂家在国外，国内没有授权鉴别机构，有证据证明被假冒厂家涉嫌和假冒厂家串通可能影响鉴别结果等情况时，应当考虑选择法定技术机构或鉴别机构鉴别。要注意考察法定资质及该机构是否具有鉴别该产品真假的能力。

（二）鉴别报告的内容

接受鉴别方应当根据委托人的要求，结合自身掌握的知识进行鉴别。假冒产品大多是包装、标识等假冒或包装、标识及产品全部假冒，但也有一些名优畅销产品，经常是包装、标识等是真的，而产品是假冒的。例如，利用回收的茅台酒瓶罐装其他低价白酒，这就对鉴别方提出了更高的全面鉴别的要求。为了增加证明力，鉴别报告应当载明委托单位名称、鉴别单位名称、鉴别产品名称、鉴别过程、假冒详情、鉴别报告出具的日期等内容。鉴别报告应当明确、具体地说明被鉴别产品为什么是假冒的，不能简单表述为“委托鉴定产品经鉴别属于假冒产品”的结论。

（三）影响鉴别报告真实性的因素

鉴别报告作为证据之一，也需要按照规定进行审查判断。除了审查鉴别报告的准确性外，还需要考虑影响鉴别报告真实性的其他因素。一般来说，厂家遭遇产品被人假冒并生产、销售、侵害自身利益的行为，会支持执法机关打击制假售假，出具真实的鉴别结果。但是，实践中也会因各种因素导致厂家出具不真实的鉴别报告，常见的主要有：假冒厂家和被假冒厂家达成协议，而被假冒厂家为了获得额外赔偿而出具虚假结果；厂家对自己的产品有销售区域划分，为了制裁跨区域销售行为（俗称“串货”），对自己生产的产品出具虚假鉴别结果；法定技术机构、鉴别机构不具备分析判断真假的能力或手段，为了利益出具鉴别报告；没有被假冒厂家的合法授权的有关代理商、中间商、分支机构、办事处出具的鉴别报告等。行政执法机关发现报告不真实时应当一票否决。

三、鉴定报告

质监行政执法活动中的产品鉴定是指行政执法机关委托技术机构或组织，对相关产品质量问题进行检验检测、分析和判断，做出鉴定结论的活动。此概念应从4个方面具体理解：一是相关产品质量问题不包括通过检验检测直接判定产品总体质量状况的合格判定，也不包括产品与产品质量特性特征是否一致的产品鉴别。二是必须是通过综合运用一定的技术手段和科学知识进行调查、分析、判断获得的鉴定结论。三是鉴定结论可以是技术机构出具的鉴定报告，也可以是行政执法机关根据技术机构的检验检测结果和相关证据得出的综合结论。四是产品鉴定并不等于产品质量鉴定。产品鉴定主要包括产品质量鉴定、以次充好产品鉴定、掺杂掺假产品鉴定和其他产品鉴定。

质监行政执法中需要对产品进行鉴定的情形很多，例如，对已经使用过的产品，出厂时的产品内在质量是否符合有关技术标准，仅通过对已使用过的产品进行检验是无法判断的，这时就需要进行鉴定。再如，掺杂掺假、以次充好、计量器具性能等的鉴定。

产品鉴定一般由行政执法机关委托有资质的技术机构来实施，并出具委托鉴定书载明具体委托事项。对已经使用过的产品进行质量鉴定的有关部门规章专门规定，应当由行政执法机关委托省级质监部门，接受委托的质监部门组织或者授权某技术机构组织专家对需要鉴定的产品开展鉴定，出具鉴定报告。

产品鉴定除了需要借助检验检测外，更多地需要通过专家的专业知识和经验分析、推断、判断。行政执法机关应对鉴定机构、参鉴的专家、鉴定过程的分析研判等的合理性进行认真审核。

对鉴定报告的出具主体、鉴定报告的内容、鉴定报告的审查因素与检验报告、鉴别报告的方法雷同，此处不再赘述。

第三节　质监行政执法证据的审查

一、证据审查的含义

证据应当符合法律、法规、规章等关于证据的规定，并经查证属实才能作为认定案件事实的依据。

简单地说，审查证据就是对所采集的证据进行审查，确认证据可以采用，能够作为认定案件事实的依据。具体地说，审查证据就是对办案人员收集到的证据的证据力和证明力进行判断、认定，包括判断和认定各种证据是否具有证据力、是否具有证明力、证明力大小以及能否依据这些证据定案。

证据力是证据的采用标准，是证据可以被用来证明案件事实的资格和条件，是法律对证据的形式要求。证明力是证据的实质内容，解决证据是否具有真实性及其真实性是否对案件事实具有证明作用的问题。

审查证据的过程有时与收集证据的过程相分离。例如，在案件核审机构进行核审时，证据的审查与证据的收集就是分开的。审查证据有时与收集证据交叉或同时进行。办案机构收集证据的过程同时也是审查证据的过程。

二、证据审查的一般规则

（一）审查证据的证据力和证明力

1. 审查证据的证据力

（1）收集证据的主体是否符合法律、法规、规章和司法解释的规定，即所谓证据主体合法问题。

质监部门在这方面要特别注意两种情况。一是要在法定权限内收集各种证据。例如，搜查公民的人身和住所是公安机关才能行使的权力。在需要对自然人的人身和住所进行检查时，质监部门应当依法提请公安机关执行，并予以配合。二是涉及证据的出证人时，一定要注意出证人是否具备出证的资格。例如，鉴定结论应由具有法定鉴定资格的机构做出，没有法定鉴定机构的，应由有鉴定条件的机构鉴定。

（2）收集证据的方法是否正确。

不同证据的表现形式不同，收集的方法自然也不同。为了规范并便于执法人员正确收集证据，《行政处罚法》以及行政管理法律、法规、规章所规定的收集证据方法对不同证据的收集方法和每种证据应有的表现形式作了具体的规定。这些规定也同时成为审查、收集证据的方法是否正确的重要依据。

（3）证据是否符合法定形式。

证据是否符合法定形式包括：被调查对象是否在询问笔录上逐页签名、盖章或者以其他方式加以确认；书证原件上是否有证据提供人的签名或盖章，复印件上是否标明“经核对与原件无误”，复印件上是否注明出证日期和证据出处并经证据提供人签名或盖章；境外取得的证据是否注明来源、经所在国公证并经我国使领馆认证，或者履行我国与证据所在国订立的有关条约中规定的证明程序等。

（4）证据的收集程序是否合法。

收集证据时应遵循的步骤、方式、时间、顺序等，凡法律、法规、规章和司法解释有明确规定的，应符合规定的要求。

2. 审查证据的证明力

（1）证据的客观性，即证据是否真实、可靠。

（2）证据的关联性，即所收集的且具有证据力的证据是否同案件事实有内在联系。一是证据能证明什么。二是证据对于证明案件事实是否有实质性的意义。

（3）审查各种证据证明力的大小。认定证据证明力的大小，需要根据各种证据对客观事实的反映程度、与案件事实的关联程度进行综合判断。

一般而言，证据的客观性越强，证据与案件事实的关联程度越紧密，证据的证明力就越大。有些证据在形成过程中有严格的法定程序要求，这样的证据一般都具有较强的证明力。

3. 证明效力的认定

《最高人民法院关于行政诉讼证据若干问题的规定》第六十三条规定：“证明同一事实的数个证据，其证明效力一般可以按照下列情形分别认定：

（一）国家机关以及其他职能部门依职权制作的公文文书优于其他书证；

（二）鉴定结论、现场笔录、勘验笔录、档案材料以及经过公证或者登记的书证优于其他书证、视听资料和证人证言；

（三）原件、原物优于复制件、复制品；

（四）法定鉴定部门的鉴定结论优于其他鉴定部门的鉴定结论；

（五）法庭主持勘验所制作的勘验笔录优于其他部门主持勘验所制作的勘验笔录；

（六）原始证据优于传来证据；

（七）其他证人证言优于与当事人有亲属关系或者其他密切关系的证人提供的对该当事人有利的证言；

（八）出庭作证的证人证言优于未出庭作证的证人证言；

（九）数个种类不同、内容一致的证据优于一个孤立的证据。”

《最高人民法院关于行政诉讼证据若干问题的规定》合乎逻辑地梳理了相关证据间

证明力的强弱关系，对质监部门审查各种证据的证明力有重要的指导和借鉴意义。

（二）审查定案的证据是否充分

审查定案的证据是否充分是证据审查最关键的环节。充分是指案件中的每一个事实都有相应的证据证明，证据之间的所有矛盾都能合理排除，通过证据只能得出唯一的结论。审查时，应具体考虑以下几个问题：

（1）证据是否齐全。

证据齐全并不是要求每个案件都必须同时收集到 8 种形式的证据，而是指案件中的所有事实都要有相应的证据证明。

（2）证据之间是否相互一致，没有矛盾。

每个案件都有不止一个证据，且证据有真有假。这就需要办案人员对相互矛盾的证据进行分析，通过补充调查或者利用客观规律、逻辑规律对可能有问题的证据的真实性进行认真审查，最终排除假的证据。

（3）证据是否可以形成完整的证据链。

通过单独的一个证据很难认定案件的全部事实，特别是间接证据。因此，证据之间必须环环相扣，形成完整的证明体系。

（4）通过证据得出的结论是否一致。

案件的真相只有一个。因此，用以定案的证据所证明的案件事实必须能够排除其他的可能，即具有唯一性。需要注意的是：在行政处罚中，允许依据孤证定案。这主要是考虑到行政执法效率的要求以及行政处罚的非最终性（当事人可以通过行政复议和行政诉讼寻求法律救济）。为了防止行政机关滥用孤证定案，《最高人民法院关于行政诉讼证据若干问题的规定》第七十一条规定："下列证据不能单独作为定案依据：

（一）未成年人所做的与其年龄和智力状况不相适应的证言；

（二）与一方当事人有亲属关系或者其他密切关系的证人所做的对该当事人有利的证言，或者与一方当事人有不利关系的证人所做的对该当事人不利的证言；

（三）应当出庭作证而无正当理由不出庭作证的证人证言；

（四）难以识别是否经过修改的视听资料；

（五）无法与原件、原物核对的复制件或者复制品；

（六）经一方当事人或者他人改动，对方当事人不予认可的证据材料；

（七）其他不能单独作为定案依据的证据材料。"

为避免因使用孤证定案致使质监部门在行政复议和行政诉讼中处于被动局面，办案人员在查处违法行为时应尽量收集充分的证据。

三、证据审查的方法

（一）基本要求

正确地审查证据，一方面要了解证据审查的基本规则，另一方面要掌握科学的审查方法。在实践中，大致有以下几种证据审查方法。

1. 逐一甄别法

逐一甄别法是对单个证据进行审查的重要方法，也是对证据进行初步筛选的必要手段。逐一甄别法的审查规则是先审查证据是否符合法定形式，对证据的合法性进行判断，即审查证据的证据力。然后，再审查证据的内容是否符合客观事物的发生、发展、变化过程，是否符合逻辑，是否符合常理，是否符合客观规律，对证据的真实性进行判断，即审查证据的证明力。

在采用逐一甄别法审查证据时，如果无法分辨物证的外部特征和内部属性，如签名是否为当事人本人所签、食品中是否含有超标的有害物质等，可以借助技术鉴定手段来解决。

2. 相互对比法

相互对比法是证明证据真实性的一种方法。这种方法的适用前提是收集到的证明同一事实的证据有多个，需要先通过证据间相互对比的方法进行梳理才能做出结论。

具体地说，就是证据本身不能自行证明其具有的真实性。一个证据的真实性往往需要通过其他证据来证明。通过证据之间的分析和比较，可以发现所收集证据的一致性或者矛盾所在。如果证据一致即相互印证，就可以作为定案的证据认定案件事实。如果证据相互矛盾，则需要采用逐一甄别法剔除虚假证据，或者做进一步的调查，寻找新的证据后再做结论。例如，某行政管理机关在查处一起制售假冒伪劣商品案件的过程中，当事人否认存在违法行为，证人证言证明当事人存在违法行为。此时，对不合格商品的鉴定就成为查清案件事实的关键。如果物证印证了证人证言，当事人的陈述就成为不能采用的虚假证据。

3. 综合审查法

综合审查法是审查证据是否充分的一种方法，即对收集到的所有证据进行分析、判断、比较，判断证据之间是否一致，能否形成一个完整的证据链，从而排除其他可能性，得出唯一的结论。诚然，在大多数情况下，行政处罚案件的案情相对比较简单、明了。行政处罚案件中对证据的审查与刑事案件中对证据的审查有所不同，但两者在证据的原理和规则方面没有根本的区别，在查处违法行为等方面性质相同。

根据依法行政的要求，行政执法办案同样要以事实为根据、以法律为准绳。依法收集并充分审查证据是行政执法机关办好案件的重要环节。

在实践中，行政执法机关常常遇到一些复杂的大案、要案。对这类案件，不能简单地追求办案效率，收集部分证据或按办案人员的意愿收集证据，草率审查得出结论。这往往是导致行政执法机关在行政复议或行政诉讼中陷于被动的重要原因。

4. 特定事实排除法

特定事实排除法是通过否定特定事实的方法来证明待证明的事实。如果说前 3 种方法是运用证据从正面证明案件事实，那么特定事实排除法就是通过证据从反面排除某种事实存在的可能性。使用特定事实排除法要注意的是，要否定的事实与待证的事实是非此即彼的关系，适用于正面证据难以形成相互印证的情形，反面证据能够反证或排除某种事实的情况。用以否定特定事实的证据必须确凿，排除特定事实时必须穷尽所有的可能性。

在行政处罚中，8 种证据的表现形式各不相同。因此，在证据审查过程中，既要遵循证据审查的一般规则，也要根据 8 种证据的不同特点，确定各自的审查方法。

（二）书证的审查方法

1. 审查书证的证据力

审查书证的证据力，主要是审查书证制作方面的真实性。具体包括：

（1）审查书证的制作人，即书证是否由其所标明的制作人制作、制作人是否有制作书证的资格。如果书证所载明的制作人未曾制作该书证，或者制作人没有制作该种书证的资格，那么书证不具有证明力。

（2）审查书证的形式是否完备。如书证原件是否有证据提供人的签名或盖章。

（3）审查书证的制作过程，即书证的制作过程是否符合法律、法规、规章或司法解释对该书证的要求。如是否存在暴力、威胁、利诱、欺骗等情形。

（4）审查书证有无伪造或者变造的痕迹。伪造是指制造根本就不存在的假文书，变造是指通过涂改、加字、减字等方式改变书证的内容。由于书证的内容通常是按照一定的书写方式排列的，在书写中不会留下多余空间，因此书证的变造比较容易识别。

2. 审查书证的证明力

审查书证的证明力，主要是审查书证的真实性，具体包括：

（1）审查书证所要表达的确切含义。

（2）审查书证的内容是否是相关人员的真实意思表示。这可以通过询问书证的当事人、书证的制作人来确定。对于不是出于当事人真实意思表示的书证，不能作为证据来使用。

（3）审查书证与案件事实之间是否具有关联性。

（三）物证的审查方法

1. 审查物证的证据力

（1）审查物证的来源。来源合法与否决定了物证是否有证据力。因此，在审查物证时，首先要考虑物证出自哪里、由谁收集、由谁提供等问题。

（2）审查物证是否符合法定形式。例如，物证的收集程序是否合法，收集物证时是否采用了利诱、欺骗、胁迫、暴力等不正当手段。

2. 审查物证的证明力

（1）审查物证的存在形式、外部特征或内部属性是否有所改变。物品种类繁多，每种物品的保存方法、保质期限都不尽相同。而物证又是以物品的存在形式、外部特征或内部属性来证明案件事实的。因此，在审查物证时，需要注意所取得的物证是否已经因为保存的问题而使其外部特征、内部属性有所改变。例如，散装食品是否保存在适当的容器中，是否已经变质等。

（2）审查物证是否为原物。原物的证明力最强，因此在行政处罚中，一般应使用原物作为证据。但是，有些原物容易腐烂变质、不易保存，有些原物体积较大不宜作为物证保存，有些原物数量较多不必全部保存等，因此法律规定在无法以原物为证据时，也可以使用复制品作为证据，或者通过拍照、摄像等记录物证，但对此都有一定的形式要求，以保持物证的客观性。

（3）审查物证是否与案件事实具有关联性。证据只有与案件事实具有关联性，才能作为认定事实的依据。这种关联性可大可小，可能很密切、很直接，也可能较疏远、较间接，具体如何掌握，需要根据实际情况来定。

（四）视听资料和电子数据的审查方法

1. 审查视听资料和电子数据的证据力

（1）审查视听资料和电子数据的来源是否正当，即审查视听资料和电子数据是由谁、以何种方式、在何时间、在何地点制作的。

（2）审查视听资料和电子数据的形式是否合法，即审查视听资料和电子数据是否符合相关的形式要求。例如，视听资料是否注明制作方法、制作时间、制作人以及证明对象，声音资料是否附有该声音内容的文字记录。

（3）审查在视听资料和电子数据的收集过程中是否有违法行为。视听资料和电子数据的收集主体应当具备相应的资格，在收集过程中不能存在欺骗等行为。例如，录制公民的通话内容是公安机关的权力，工商行政管理机关即使是出于办案的需要，也不能窃听并录制公民的通话内容。

2. 审查视听资料和电子数据的证明力

（1）审查视听资料和电子数据的来源是否正当。视听资料和电子数据以其物质载体上所携带的信息起证明作用。这些信息很容易被复制到其他种类的物质载体上，在复制过程中可以被自由编辑，又不会留下痕迹。因此，在审查视听资料和电子数据时，要注意审查视听资料和电子数据的来源是否正当，是否能与其他证据相互印证。

目前，对于以网页作为证据的，为了保证证据的真实性，防止当事人对该网页证据是否被改动提出异议，一些质监部门会采取邀请公证机关进行公证的方法来加强证据的证明力。在以孤证定性定案的情况下，这不失为一种稳妥且有效的办法。

但如果有其他证据可以印证网页证据，则不必一定采取公证的方法，不论是从办案经费还是办案时间方面，公证都会增加办案的成本。

（2）审查视听资料和电子数据与案件事实之间的关联性。与案件事实无关的视听资料和电子数据，即使是真实、合法的，对案件也不具备证明力。

（五）证人证言的审查方法

1. 审查证人证言的证据力

（1）审查证人证言的来源是否正当，即审查证人所述事实是亲眼所见还是主观推测；是直接听当事人叙述还是道听途说。

（2）审查证人证言的形式是否合法。证人证言在形式上通常表现为询问笔录或者证人自己书写的文字材料。对这些证据材料的形式，法律、法规、规章和司法解释都做出了明确规定。

（3）审查证人是否具有作证的能力。知道案件真实情况的人都是证人，但证人的作证能力还与其智力状况有关。例如，间歇性精神病人对其发病期间发生的事情所做的证言就不具有证据力。

2. 审查证人证言的证明力

（1）审查证人是否如实提供证言。证人可能因与当事人存在某种关系而提供虚假证言。因此，在审查证人证言时，需要审查证人是否与当事人或案件有利害关系，是否受到威胁、利诱、欺骗，是否公正、客观，叙述的内容前后是否矛盾等。

（2）审查证人证言是否与案件事实存在关联。

（六）当事人陈述的审查方法

1. 审查当事人陈述的证据力

（1）审查当事人陈述的形式是否符合要求。例如，当事人是否在询问调查笔录上逐页签名、盖章，办案人员是否在询问调查笔录上签名。

（2）审查当事人陈述的收集过程是否合法。例如，办案人员询问当事人是否个别进行，询问调查时是否存在威胁、利诱、恐吓、欺骗等行为。

2. 审查当事人陈述的证明力

（1）审查当事人陈述与案件事实之间的关系，判断是否具有关联性。

（2）将收集到的其他证据，如证人证言、物证、书证等，与当事人陈述的内容进行比较，判断是否存在矛盾，能否相互印证。

（七）鉴定结论的审查方法

质监行政执法中的鉴定结论表现为检验报告、鉴别报告和鉴定报告。因此，此处对鉴定结论的审查是泛指对这 3 种报告的审查。

鉴定结论虽然是有别于书证的一种重要证据，但其不论是在形态方面，还是在性质和功能方面，都与书证有相同之处。因此，在对鉴定结论进行审查时，基本可以使用对书证的审查方法，而且审查方法相对简单一些。

（1）对鉴定结论证据力的审查要相对突出。例如，如果鉴定结论中载明的鉴定人和鉴定机构不具有法定资格，或者鉴定人和鉴定机构根本就没有做出过该鉴定结论，那么该鉴定结论当然无效，不具有证据力。

（2）如果是法定鉴定机构依法做出的鉴定结论，办案机构一般对其证明力进行简单审查。如果存在多个鉴定结论且相互矛盾，或者鉴定人和鉴定机构缺乏足够的权威，对鉴定结论证明力的审查就要像审查书证一样要认真进行。

（八）现场勘验（检查）笔录的审查方法

1. 审查现场勘验（检查）笔录的证据力

（1）审查现场勘验（检查）笔录的制作主体是否合法，即审查进行现场勘验（检查）的主体是否有实施现场勘验（检查）行为的权力，现场勘验（检查）笔录是否由有权实施现场勘验（检查）行为的办案人员制作。

（2）审查现场勘验（检查）的程序是否合法，即审查办案人员在实施现场勘验（检查）行为时当事人是否在场，如果当事人不在场是否有第三人在场；现场勘验（检查）笔录是否载明现场勘验（检查）的时间、地点、事件等内容，是否有办案人员、当事人、第三人的签名、盖章。

2. 审查现场勘验（检查）笔录的证明力

审查现场勘验（检查）笔录的证明力，主要是审查现场勘验（检查）笔录的客观性。具体包括：

（1）现场勘验（检查）笔录上记载的物证、痕迹、场地、环境等情况是否和现场收集到的证据相吻合。

（2）现场勘验（检查）笔录上记载的文字内容是否和现场照片、摄像所记录的情况相互印证。

（3）现场勘验（检查）笔录中使用的文字、数字是否准确。

第七章　行政执法管理与行政执法监督

第一节　行政执法管理

一、行政执法管理概述

（一）行政执法管理的概念与特征

1. 行政执法管理的概念

行政执法管理是指行政机关对本部门开展执法办案的计划、组织、实施、监督、考核、评价等管理活动。

广义的行政执法管理，涵盖行政机关对一切执行、实施法律行为的管理活动，既包对当事人实施的对外的公共行政管理，也包括行政机关对内部执法事务的管理。狭义的行政执法管理，是行政系统内部对有隶属关系的工作人员和执法事务的管理、监督等活动。本书采用狭义的行政执法管理概念。

2. 行政执法管理的特征

行政执法管理的主体是行政机关，本行政机关或有执法管理权的上级行政机关为行政执法管理的主体。有执法管理权的上级行政机关，一般是有隶属关系或业务指导关系的本级人民政府或上级业务主管部门。国家权力机关、国家司法机关等其他国家机关不是行政执法管理的主体。

行政执法管理的对象是行政机关及其行政执法人员。执法管理是行政系统的内部管理，执法管理的对象是本行政机关、下级行政机关及其执法人员，以及法律法规授权的组织及其执法人员。

3. 行政执法管理的内容

行政执法管理应当涵盖执法活动的全过程。行政执法管理的内容包括：

（1）拟定执法工作计划，制定、下达行政执法目标任务。虽然公共部门普遍存在目标多元，具体工作目标难以平衡、取舍，难以量化评估等共性问题，但经过多年的探索，质监部门仍然形成了成熟的、体系化的、全国统一的执法工作目标任务体系。

例如，国家质检总局执法督查司每年制定年度执法打假工作要点，以“质检利剑”行动为抓手，下达专项执法和重点区域整治任务。许多省级质监局细化省级政府对市、县地方政府绩效考核的质量工作，建立起质监部门的行政执法关键绩效指标体系，下达本省执法打假的目标任务。保证了国家质检总局的执法计划和执法工作目标任务能够逐级分解落实到基层执法单位，能够延伸和覆盖每一个执法岗位，较好地统一了一线执法人员的思想与行动。

（2）执法工作的组织推进。各地质监部门通过开展专项执法打假、区域质量整治，结合对日常监管巡查、监督检验发现的违法行为及举报投诉获悉违法行为的查处，组织推进行政执法工作。许多部门设立执法指挥中心，探索建立联合执法、执法联动、协查协办等执法工作新机制，并通过推行综合执法、网格化监管等提升执法工作的组织水平。例如，国家质检总局设立了“国家电子商务产品质量监测处置中心”，采用“网上发现、追溯源头、落地查处”的方式，组织指挥全国质监系统开展电商产品质量的执法，解决了网上交易违法行为发现难、取证难、管辖难、执行难等问题。

（3）执法流程控制和案件质量管理。质监部门通过建立一系列的行政处罚案件程序制度、拟定行政执法流程，建设执法信息管理系统、实施执法全程记录，进行关键程序环节和重要执法行为审查批准，开展行政执法督查、督办，开展案卷质量评查等方法，进行行政执法的流程管理和案件质量管理。

（4）执法行为的监督和执法队伍管理。各质监部门通过建立执法人员遴选和持证上岗制度，拟定行政执法的权力清单、责任清单、负面清单，落实执法岗位的职权、责任，建立执法岗位责任制度，建立执法监督体系、开展行政执法监督和执法过错责任追究，规范执法人员的行为，开展执法队伍的管理，一些地方的质监部门还建立起“错案终身负责制”。

（5）执法工作考核评议。地方政府已普遍将执法工作已经纳入政府部门的年度综合目标考核，各地质监部门除按照全国“双打办”的“打击侵犯知识产权和制售假冒伪劣商品违法犯罪活动”进行绩效考核外，许多地方还借助执法绩效指标体系或执法责任目标任务体系，对执法工作进常态化、经常性的考核、评议、评价，通过规范化、制度化的执法工作考核评议，持续改善行政执法工作，建立起高绩效的行政执法体系。

（二）行政执法管理的发展阶段

行政执法管理是伴随我国依法治国基本方略的推进、法治政府建设的实施而逐步建立和完善的，大致经历了以下 3 个阶段。

1. 行政执法管理的萌芽阶段（1979—1995 年）

这一阶段，改革开放开始推进，政府职能经历了由传统的“管理”转变为“执法”的历史性剧变。由于法制建设远远滞后于经济体制改革和对外开放的进程，行政机关处于有执法无管理、有权力无监督的局面。一方面，行政执法无法可依、有法不依、执法不严、违法不究成为常态，执法工作组织推进不力，不作为盛行；另一方面，许多地方采取罚没款返还、执法人员按罚款提成等粗放的行政执法管理方式，行政执法权沦为行政机关谋取部门利益、执法人员谋取个人利益的工具，滥施处罚、以权谋私的“乱罚款、乱收费、乱摊派”三乱现象泛滥，行政执法部门乱作为难以遏制。面对这样的局面，一些地方政府和部门尝试对政府的行政执法活动开展必要的管理和监督。例如，1986 年，河北景县人大提出“法律法规部门责任制”；1990 年，北京市对行政执法部门实行“百分制考核”。行政执法管理在政府职能转变、执法职能强化的过程中开始起步。

2. 建立实施行政执法责任制阶段（1996—2008 年）

随着法律体系的逐步完备、适应市场经济的行政管理体制基本建立，各地方、各部门开始建立以行政执法责任制为主要模式的行政执法管理体系。自 1996 年《行政处罚法》出台后，各质监部门开始清理执法依据、整顿执法主体、设置执法程序、实施罚缴分离，着手建立执法目标管理制度和执法考核评议制度，建立执法监督体系并开展执法过错责任追究。1999 年，国务院颁布了《国务院关于全面推进依法行政的决定》国发〔1999〕23 号，要求“积极推进行政执法责任制和考核评议制，不断总结实践经验，充分发挥这两项相互联系的制度在行政执法监督中的作用”。重庆市等多个省市出台行政执法责任制、行政执法监督等地方法规、规章，行政执法责任制得以全面推行。至 2000 年底，全国已有 16 个省、自治区、直辖市及所有拥有行政执法权的国务院部委建立并实施了行政执法责任制。2004 年，国务院《全面推进依法行政实施纲要》要求继续“推进行政执法责任制”。2005 年，国务院办公厅下发《国务院办公厅关于推行行政执法责任制的若干意见》国办发〔2005〕37 号，要求各省、自治区、直辖市和国务院各部门加强组织领导，“在 2006 年 4 月 30 日前，完成推行行政执法责任制的相关工作”。标志着我国在全国建立起统一的、以执法责任制为基本管理模式的行政执法管理体系，行政执法领域的混乱状况有了根本性好转。

3. 推行行政执法绩效管理阶段（2008 年至今）

行政执法责任制较好地解决了行政执法的“乱”与“滥”的问题，但没有从根本上提升行政执法的“绩”与“效”。行政执法仍为行政机关封闭式的自我管理，由于行政机关内部推行的责任制常常背离政府的宏观施政目标、背离社会公众对行政执法的期待，加之行政机关过度追求行政效率和业绩指标而牺牲公平正义，执法的社会效果、政策效果、政治效果难以体现，随着政府绩效管理的兴起，行政执法部门开始推行行政执法绩效管理。

2008 年，人事部推出由 3 个一级指标、11 个二级指标、33 个三级指标组成的“地方政府绩效评估”通用指标体系。2010 年，中纪委监察部成立政府绩效管理监察室。2011 年，国务院批复建立政府绩效管理工作部际联席会议制度，监察部印发《关于开展政府绩效管理试点工作的意见》，确定北京、吉林、福建、广西、四川、新疆、杭州、深圳和发展改革委、财政部、国土资源部、环境保护部、农业部、国家质检总局、财政部等14个地区和部门开展绩效管理试点工作。2009年，哈尔滨市出台我国首部政府绩效管理的地方立法《哈尔滨市政府绩效管理条例》。质监部门中，原国家食品药品监督管理局于2010年11月印发《餐饮服务食品安全监管绩效考核办法（试行）》，国家质检总局从2010年开始在总局机关推行绩效管理，总局执法督查司在江苏省和重庆市质量技术监督局进行执法绩效管理的试点工作。2015年全国“双打办”推出《打击侵权假冒工作绩效考核办法》，推出由18项指标组成的执法绩效指标体系进行年度绩效考核，在涉及双打工作的20多个行政执法部门中全面推行了行政执法的绩效管理。十八大报告进一步明确指出“创新行政管理方式、提高政府公信力、执行力，推进政府绩效管理”，十八大以后，包括行政执法在内，我国已步入全面的政府绩效管理阶段。

（三）当前的行政执法管理模式

各质监部门实施行政执法管理的名称、手段、方法、管理工具上有所不同，但仍可归纳为3种基本执法管理模式。第一种是以行政执法责任制为基本内容的管理模式，该模式强调清晰界定执法职权、合理分配执法责任、加强执法过程监督，是一种重视过程、侧重于内部控制的管理模式。第二种是以政府绩效为基本方法的管理方式，采用政府绩效管理的理念、工具、方法、程序，强调目标导向，结果为本，是一种重视最终结果、关注外部需求的管理模式。第三种是执法绩效与行政执法责任制相结合的管理模式，是一种结果与过程并重的管理模式。鉴于行政执法责任制在行政执法管理中仍发挥着重要的作用，本章以行政执法责任制和行政执法绩效管理两种基本模式为主线，探讨质监部门如何建立、完善行政执法管理体系。

二、行政执法责任制

《国务院工作规则》明确规定“国务院及各部门要推行绩效管理制度和行政问责制度”。目前，我国已经自上而下基本建立起以政府绩效管理为基础的行政执法管理体系。但是，政府绩效管理与行政执法责任制并非简单的替代关系，在行政执法管理体系中，行政执法责任制仍然凭借其在目标任务分解、岗位责任落实、执法过程监控和过错责任追究上的管理优势，在行政执法管理中发挥着重要的作用。许多部门以绩效管理管两头（即一头抓执法目标任务制定，一头抓执法绩效的评估），以行政执法责任制管过程，建立起执法绩效管理和行政执法责任制相互支撑、优势互补的行政执法管理体系，取得了较好的效果。《中共中央关于全面推进依法治国若干重大问题的决定》继续要求“全面落实行政执法责任制，严格确定不同部门及机构、岗位执法人员执法责任和责任追究机制”。可见，行政执法责任制在质监部门当今的行政执法管理中仍然具有不可替代的重要作用。

（一）行政执法责任制的概念

行政执法责任制是关于行政机关的法定义务和法定职责，违反法定义务和法定职责应承担的责任，以及追究相应责任的主体、程序、救济等制度规范和工作机制的总和。

从责任的角度理解，责任包括两重含义，一是分内应做之事，二是没有做好分内应做的事应承担的后果，行政执法责任可以理解为行政执法机关分内的义务和职责，以及未履行或正确履行分内的义务和职责而应承担的责任的制度。

我国建立和推行行政执法责任制，是为建立权责明确、行为规范、监督有效、保障有力的行政执法体制，解决行政执法权责不明、有权无责、滥权无责、以权谋利等长期存在的问题。

（二）行政执法责任制的特点

行政执法责任制具有以下特点：①行政执法责任的产生以行政机关具有法定职责与义务为前提，行政执法责任制是权责一致原则的制度化，是有权必有责、用权受监督的必然要求；②行政执法责任制是行政系统的内部管理制度，管理的主体是行政机关，管理的对象是下级行政机关，或本行政机关的执法机构、执法人员；③行政执法责任制由行政执法的推进责任和行政执法的过错责任组成，推进责任是未履行法定职责与义务而产生的责任，过错责任是未正确履行法定职责与义务而产生的责任；④行政执法责任制是一种责任倒逼的执法管理方式，通过事后的考核评议和可能的责任追究，促使行政机关拟定权力清单和负面清单，明确职责与义务，主动履行职责、分解落实责任。

（三）行政执法责任制的内容

行政执法责任制由执法主体的执法资格、执法岗位、执法职责、执法权限、执法的行为标准、执法程序和执法责任 7 大要素组成。结合《国务院办公厅关于推行行政执法责任制的若干意见》（国办发〔2005〕37 号）等要求，行政执法责任制应包含以下内容：①建立执法主体的机构、职能、执法岗位设置等管理制度，实施执法人员资格管理制度；②清理行政执法依据，明确职责范围，建立行政执法权力清单、责任清单和负面清单；③分解执法职权，确定执法岗位责任，明确机构、岗位、个人的执法职责与责任；④加强执法过程管理，制定执法流程图，建立执法审批和报备制度、执法全过程记录制度、裁量基准制度、执法公开制度和案件信息公开制度、涉案财物管理制度和督查督办制度等制度；⑤建立执法监督体系，实施执法过错责任追究，及时发现、制止、纠正违法或不当执法行为，追究责任人员责任；⑥建立健全行政执法评议考核机制，组织开展案卷评查等内部考评和民意测评等外部考评，用好考评结果。

国家质检总局从2002年明确提出要建立并实施执法打假责任制，确定了“县为基础，划分区域，明确责任，责任到人，省市督办，严格奖惩”的推动落实打假责任制的24字方针。2003年，国家质检总局制定下发《质量技术监督系统落实打假责任制考核办法（试行）》（以下简称《办法》），《办法》明确了未落实打假责任制的3种情况，并对未落实打假责任制的进行考核奖惩提出了细化的意见。《办法》的实施，推动质监部门从上到下，在全国2500余个县级执法单位全面建立起打假责任制，至今仍对推动质监部门的执法打假工作发挥着重要作用。

三、行政执法绩效管理

（一）绩效管理的概念与作用

1. 绩效管理的概念

从字面上理解，绩效是“绩”与“效”的组合，“绩”是工作业绩，是工作目标、工作任务的完成情况，以及完成相关工作的效率；“效”是工作成效，是因工作业绩而产生的效果、效用和效益。由此可见，绩效是组织或个人，在既定的资源成本条件和环境下，完成的工作目标任务和由此取得的成效。

行政执法绩效是执法工作的业绩及成效。执法工作的业绩是指行政执法查办案件数量、案件的结构、案件办理质量、执法办案效率（工作效率和经费使用效率）等；执法工作的成效则是指执法工作取得的法律效果、社会效果、政策效果经济效果和政治效果等。

从管理内容的角度看，政府绩效管理是“根据（公共行政）管理的效率、能力、服务质量（工作质量）、公共责任和社会公众满意度等方面的判断，对政府公共管理部门管理过程中投入、产出、中期成果和最终成果所反映的绩效进行评定和划分等级”。从管理的实施过程看，绩效管理是特定组织为达成组织目标，进行绩效计划编制、绩效指标与绩效标准制定、绩效方案的组织实施、绩效考核评价、绩效结果应用与绩效改进的持续循环过程，其目的是不断改善政府、政府工作部门和公务员个人的绩效，建设高绩效的公共部门。

2. 绩效管理的作用

绩效管理有助于解决各级政府及其部门长期以来存在的公共服务意识不强、责任意识淡薄、政府信息不公开、政府公信力不足、公众参与渠道不畅、政府职能定位不清、职能转变滞后、服务型政府建设缓慢等问题，推行政府绩效管理有助于建设民主政府、责任政府、透明政府、高效政府、信用政府和服务型政府，是政府再造的主要途径。

具体到质监部门的行政执法绩效管理而言，首先，绩效管理是创新质监部门行政执法管理方式的理想管理方法，可以有效解决执法打假一放就乱、一管就死的痼疾。行政执法的任务形成机制决定，不充分授权，执法人员难以发现和查处违法行为，一旦充分授权，必然极大增加权力被滥用的风险和管理难度。绩效管理可以将行政系统的外部需求转化为质监部门的整体战略目标，将整体战略目标分解落实为执法人员的岗位绩效目标和岗位工作职责，在统一、正确的绩效目标引领下，充分放手让一线执法人员积极地、创造性地开展执法工作，实现“绩效目标导向下的适度距离管理”。其次，绩效管理是提升执法效能、提高工作效率的理想管理方式，可以有效解决执法人员要么不作为、要么乱作为的难题，绩效管理通过细化的目标、具体的要求和客观的考核评议，促使执法人员用正确的方法做正确的事情，高效率地履行好执法工作职责。第三，绩效管理是规范执法行为、提高办案质量的理想管理方式，绩效管理注重均衡、协调地完成工作任务。可以有效克服执法人员重结果轻程序、重数量轻质量、重目的轻手段、重罚款轻风险消除等不良执法习惯。

3. 政府绩效管理的理论基础

绩效管理是综合性、包容性很强的管理方式，基于多个管理理论而产生、发展，催生政府绩效管理的重要理论主要包括：①新公共管理理论。新公共行政管理将市场理念引入政府管理，“把政府的责任概念与绩效概念结合起来，把公众的公民概念和顾客概念结合起来”。②目标管理理论。彼德·德鲁克提出的“目标管理和自我控制”理论被誉为“管理中的管理”，目标管理以目标为导向、以人为中心、以成果为标准，将组织目标逐级转化为下属部门和个人的子目标，整个组织围绕统一的整体目标而高效运行。③企业流程再造理论。政府部门由此发展出政府再造理论。政府再造理论通过业务流程的梳理优化、整合，提升政府的办事效率和服务水平。④标杆管理理论。标杆即榜样，标杆管理对标榜样的流程、产品、服务、工艺、设备和管理的水平与成就，学习、借鉴、赶超，体现了一个组织不断追求竞争优势的本质特征。⑤高绩效组织理论。高绩效组织理论是建设有别于传统组织的敢于创新、重视学习、强调团队协作、不断改进的新型组织的理论。以上管理理论，提供了开展政府绩效管理的理论基础、管理工具和管理方法。

（二）建立实施行政执法绩效管理的步骤

绩效管理体系的建立，分为绩效管理目标规划和设计阶段、组织实施阶段、考核评估及结果应用阶段 3 个阶段。在目标规划和设计阶段，需要明确绩效管理的目的、时机、对象，拟定绩效计划和本单位战略目标，分解并设计绩效目标、绩效标准和考核评估办法，制定实施方案。在组织实施阶段，应当按目标任务和管理要求运行绩效体系，记录收集关键绩效信息，监督体系的运行过程并及时反馈、纠正。在考核评估及结果应用阶段，需要根据绩效目标、绩效标准和考核评估办法组织进行考核评估，公布并运用考核结果，进行持续的绩效改进。

制定好绩效目标、绩效标准和考核评估办法，是决定绩效管理成败与质量的首要的关键步骤。

（三）建立行政执法绩效管理体系

1. 行政执法绩效管理评估方式的选择

政府绩效分为政府综合绩效、政府部门绩效、项目绩效、岗位个人绩效等，行政执法的绩效属于政府部门绩效的单项工作绩效，同时包括了执法人员个人的岗位绩效。

不同的绩效评估对象和类型对应不同的管理工具和考核、评估方法，现行的政府绩效评估的方式主要有党政领导干部绩效考核、政府及政府部门目标绩效考核、群众评议政府等。多地多部门的管理实践证明，行政执法绩效管理作为单项部门绩效和个人岗位绩效，不宜采用单一的当事人和群众评议的方式进行，而应当采用部门及个人目标绩效考核的方式对行政执法绩效进行评估，结合行政执法责任制对完成工作的过程和责任落实的情况进行管控，形成管理与监督结合、过程与结果并重、客观考核与主观测评兼有的行政执法绩效评估方式。

2. 行政执法绩效管理工具的选择

行政执法绩效管理确定了以目标绩效考核为基本方式，还需要进一步选择实施目标绩效的管理工具。设计政府绩效目标的常用工具包括平衡计分卡、3E 评估与 3D 评估、APC 综合评估法、关键绩效指标法、360 度全方位评估法、标杆管理法等。

平衡计分卡是哈佛商学院的卡普兰和诺顿于 1992 年提出的企业岗位绩效管理方法，美国政府以顾客（公众）、成本（财务性指标、公共资金使用的效率）、内部管理、学习与成长 4 个维度均衡全面的衡量政府绩效。3E 评估起源于英国，是对政府活动的经济性、效率性、效果性进行评估，反对者认为政府作为非经营性组织，很难准确评估经济、效率与效果，转而提出诊断、设计、发展的 3D 评估法替代。APC 综合评估法即政府通用绩效指标考核体系评估法，该评估方法更适合于政府而非政府部门，APC 综合评估法是建立相对统一的政府通用绩效指标体系，对地方政府进行综合性考评。360 度全方位评估法是主观性的评估，由服务对象及上级、同事、下级表达对政府或政府部门的满意度和感受，如我国许多地方开展的群众评议政府，但评估的信度与效度受到了大量质疑，认为万人评议政府本身就是一个典型的“面子工程”“政绩工程”，末位淘汰制度使政府从服务转为迎合服务对象。标杆管理法是以榜样部门确定绩效目标和绩效标准，但不同政府部门的目标和质量很难有统一的标准，缺乏可比性。

以上绩效管理的工具和方法，不适合直接运用于质监部门的行政执法绩效管理。各地质监部门在实践中不约而同地采用了关键绩效指标管理法（KPI）作为管理工具来评估行政执法绩效管理（见表 2、表 3）。关键指标体系以目标管理理论为基础，是一种目标式的量化管理法，通过将本机关的战略目标转化为单位的综合绩效目标，选取能够体现综合性绩效目标的下级行政机关、内设机构、岗位的关键绩效指标构建能够对应战略目标和综合绩效目标的关键绩效指标体系，并根据关键绩效指标体系对工作机构、下级部门和个人进行日常管理，开展考核、评估、奖惩以增进行政执法的绩效。

3. 构建质监部门执法打假关键绩效指标体系和绩效标准

执法打假关键绩效指标体系的设定，一是应当力求目的明确、科学合理、简明易行，与质监部门的监管、执法职能和总体目标与要求保持协调一致。二是应当一并设定具有较强可操作性的绩效标准，便于取得、记录关键绩效信息，组织开展考核、评价。三是应当在执法人员中具备较高的认可度和接受度，便于统一执法人员的思想和行为，使执法绩效管理得以顺利地推进和实施。作为单项和岗位绩效的行政执法关键绩效指标体系，不必盲目追求地方政府或政府部门的绩效考核指标体系的综合性、全面性、系统性。

政府绩效指标体系主要有 3 类，第一类是各级政府的绩效指标体系，一般采用统一的政府通用绩效指标体系（APC），用相同的指标和标准考核下一级政府。第二类是政府工作部门的绩效指标体系，一般按不同大类的工作部门设置绩效指标体系，各大类部门用相对统一的指标和标准考核各个政府工作部门。第三类是工作部门内的单项工作或二级机构的绩效指标体系，这类指标体系通常由基础指标和专门指标组成，专门指标根据单项工作的特点选取该项工作特有的关键绩效指标。

行政执法的绩效指标体系，应当按第三类绩效指标体系的要求构建。全国“双打办”对质监部门执法打假工作的考核指标，就非常简明地设定了通用指标与专项指标，有利于公正、客观地评价不同执法部门的执法绩效（见表 1）。

表 1　2017 年度省（区、市）打击侵犯知识产权和制售假冒伪劣商品违法犯罪活动绩效考核评分表（节选）

考核重点	考核内容	评分标准	考核单位	分值
二、加强伪劣商品治理	11. 开展生产源头打击制售假冒伪劣产品行为和生产领域质量安全风险排查整治工作情况	(1) 以消费品、农资、建材、汽车及配件、汽柴油（包括车用汽柴油和普通柴油）和 CCC 认证为重点，部署开展“质检利剑”行动，组织查处假冒伪劣和认证证书、标志违法行为并取得成效的，得 2 分；每少开展 1 项“质检利剑”行动和 CCC 认证查处的，扣 3 分；未开展该工作的，不得分。(2) 及时查处群众举报、上级交办、转办的案件和在“质检利剑”行动中依法查处大案要案的，得 2 分；对群众举报、上级交办、转办的案件，应当立案查处而不依法组织查处的，发现一起扣 0.2 分；在“质检利剑”行动中，应当依法查处的大案要案，没有组织查处的，每发现一起扣 0.3 分，扣完 2 分为止。(3) 各地质量技术监督（市场监管）部门按照国家质检总局要求上线应用 12365 系统的，得 2 分。国家质检总局执法督查司通过系统后台查看各地质量技术监督（市场监管）部门 12365 系统实际应用数据并进行打分。50%以上市、县局未在实际工作中应用执法管理子系统、信息采集子系统的，各扣 0.5 分；10%以上市、县局未在实际工作中应用统计直报系统和通知到 APP 的，各扣 0.5 分（其中，通知到 APP 应有各单位执法和 12365 工作负责人以及不少于 5 名其他人员应用。）	国家质检总局负责	6

表 1（续）

考核重点	考核内容	评分标准	考核单位	分值
五、提高社会公众意识	20. 发布重大政策和重要专项行动信息、曝光大案要案、正面舆论引导、清理网上侵权假冒信息等工作情况	（1）制定宣传报道工作方案并组织实施，得 1 分；无工作方案，扣 0.5 分。（2）主动发布新闻，曝光大案要案，通报工作进展，得 1 分。（3）组织网上正面宣传报道，积极引导网上舆论，得 1 分。（4）建立网上打击侵权假冒工作小组，制定网上打击侵权假冒工作方案，清理门户网站、搜索引擎、互动环节等网上侵权假冒信息，向社会公开监督和举报渠道，得 1 分；每缺 1 项，扣 0.25 分	新闻办、新闻出版广电总局、网信办负责	4
	21. 社会公众对打击侵权假冒工作成效的评价	通过两条途径对地方打击侵权假冒工作成效群众评价情况进行打分。一是利用中央综治办组织开展的群众安全感调查，对各地区群众对自己住宅附近存在的制假贩假违法犯罪现象的评价结果进行排序。二是利用国家知识产权局开展的知识产权保护社会满意度调查，对各地进行排序。根据两条途径的排序进行综合排名。31 个省区市及新疆生产建设兵团中，综合排序前 6 位的，得 4 分；排序居第 7 至第 26 位的，扣 3 分；排序居第 27 至第 32 位的，得 2 分	全国领导小组办公室、中央综治办负责	4
六、防范系统性风险	22. 确保不发生系统性区域性风险	因侵权假冒行为直接导致以下突发公共事件或重大刑事案件的发生：（1）安全事故；（2）环境污染和生态破坏事故；（3）公共卫生事件；（4）动物疫情；（5）社会群体性事件；（6）涉外突发事件；（7）影响市场稳定的突发事件，根据 2005 年国务院关于突发公共事件的分级标准，发生重大突发事件或特别重大突发事件的，每一起扣责任方所在市 25 或 50 分，最高扣 100 分。涉及多个市的，根据各自应承担的责任扣分	全国领导小组办公室牵头、中央综治办、公安部参加	扣分项

全国省级质监部门对接国务院双打绩效考核指标体系和省级政府对质监部门的绩效考核指标体系。建立了执法绩效目标体系，虽然繁简不一，但普遍涵盖了案件数量、案件结构、办案质量、工作效率、内部管理与执法保障等指标，部分省级局设定有一票否决指标，对存在区域性系统性质量问题或者发生重大质量安全事故、执法引发体事件等负有责任的，在执法绩效考评时一票否决。各省级质监部门的绩效指标体系，定性指标与定量指标相结合、工作数量与工作质量相结合、过程指标与结果指标相结合，指标选取适当、权重分配合理、考核标准明确，为质监部门全面推行行政执法绩效管理，建设高绩效的执法体系打下了基础。从

各地的管理实践看，由于评价执法工作的角度多维、利益对立，对质监部门执法工作的主观评价很难反映质监部门的工作绩效，各地质监部门已放弃了用以主观指标评价为主要指标的执法工作，特别是由行政执法的当事人评议执法机构的做法。下面选取两个省级质监部门的绩效指标予以说明，见表 2、表 3。

表 2　某省质监执法办案工作绩效评价体系指标

类别	评价内容	指标权重	类别	评价内容	指标权重
案源结构	12365、12315 转办比率	10	办案数量	办案总数	80
	检查发现比率	40		人均办案数	10
案件结构	涉及年度监管重点产品的案件比率	70		组办督办案件数	60
	大要案件比率	70		专项行动查办案件数	60
	技术案件比率	70		区域整治查办案件数	60
办案效率	总涉案货值	40		移送公安机关案件数	40
	办案平均期限	30		联合办案数	40
	超期案件数	30	办案质量	信息公开案件数	50
	到账罚没款总数	60		败诉案件（诉讼、复议）	40
	人均罚没款数	10		案件中违法不当行为（投诉、检查等）	40
	罚没款执行到位率	40		被国家、省、市评为典型或优秀案件数	50

表 3　某直辖市质监局绩效指标体系

一级指标	二级指标	分值
工作推进	1. 完成上级下达的专项执法、重点区域整治、督查督办、协查联办等工作任务	10
	2. 完成本单位年度执法打假要点（年度执法计划）的工作目标任务，完成其中经市局批准同意的办案数，全面履行《行政执法责任清单》中所规定的职责	40
案件质量	3. 应立案处罚案件立案率 100%，立案处罚案件结案率 100%，应移送案件移送率 100%，应通报案件通报率 100%，应公开案件 100%公开案件信息	10
	4. 不出现严重错误案件和不当执法行为，不行使超出市政府统一清理公告的《行政执法权力清单》的执法权，严重违法违规案件和不当执法行为自我处置、纠正率 100%	10

表 3（续）

一级指标	二级指标	分值
案件质量	加分项：①办理社会效果突出，有重大正面影响的大要案，加 2 分。②在案件信息公开及“两法衔接”平台录入数量达到 100％的基础上，及时完成案件信息公开及两法衔接录入的，加 1 分	3
执法管理	5. 不在执法信息系统外制作行政执法文书、办理行政处罚案件	20
	6. 建立实施本执法单位执法打假责任制并进行自查自评，向市局提交年度《执法打假责任制自查自评分析报告》	10
	加分项：①执法信息系统和执法文书应用熟练、使用准确、管理维护良好，加 2 分。②认真开展执法绩效评估、评估报告客观准确反映本区域执法责任制实施情况和绩效。加 5 分	7

以上两个指标体系各有特点，表 2 的绩效指标体系突出了案件查办本身的量化要求，着重对案源结构、案件结构、办案效率、办案数量和办案质量进行考核。表 3 的绩效指标体系由工作推进、案件质量、执法管理 3 个一级指标和 6 个二级指标组成，强调全面、均衡评价执法工作，选取的绩效指标简明扼要，具有较高的代表性，可结合执法管理信息系统和评分细则进行智能化的量化考评，简便易行、操作性强。

关键指标选取后，还需要进一步确定指标权重及绩效标准。绩效标准分为绝对标准与相对标准，绝对标准是下达确定的数量、比例或幅度，相对标准是通过部门间的排位、排序、分级、分段等进行考评，相对标准可以是客观标准，也可以是主观标准。

（四）行政执法绩效管理的实施

1. 创造推进行政执法绩效管理的条件

要顺利实施行政执法的绩效管理，首先应创造必要的实施条件。一是对接质监部门的战略目标和总体绩效指标体系，绩效管理是结果导向下的目标管理，单项工作的绩效目标要服从于本部门的总体目标，与上级要求、公众需求保持一致，与其他单项业务目标相互协调。二是积极争取领导支持、做好顶层设计、实施整体推进。三是求得广泛支持，与一线执法人员建立绩效伙伴关系。绩效管理是民主式、参与式管理，在绩效管理体系中，管理者、被管理者为共同的绩效目标而协同努力，是伙伴关系而非传统管理中的对立关系。四是及时获取关键绩效信息。绩效管理必须依托信息化和大数据，与业务工作同步实施，自动收集、记录、存贮关键绩效信息，客观、全面、真实反映执法人员的工作状况、工作能力和工作成效，大幅降低管理活动本身的成本，减轻被考核单位的负担，不能依赖被考核的单位和个人填报表、编数据、写报告进行考核、评估。行政执法绩效管理开展较好的质监部门，一般都建立了行政执法信息系统，依托信息系统收集绩效信息，进行绩效考评。

2. 把握好行政执法绩效管理的特点

绩效管理是目标引导、结果为本的管理，是一种放权式、激励式、嵌入式、非干预式的适度距离管理，在整体的绩效目标框架内，执法人员只要不逾越法律法规和法定程序的底线，应充分放权，让执法人员主动开展执法活动，自主进行自我管理，除少数关键程序节点实施必要流程管理外，对执法过程的控制方式为监督而非管理，不过多干预、干扰一线人员的正常工作。

3. 克服行政执法绩效管理的弊端

行政执法绩效管理较好地解决了执法管理一管就死、一放就乱，执法人员要么不作为、要么乱作为等长期困扰质监部门进行执法管理的难题，体现出较大的管理优势，但绩效管理有其固有的弊端。

索尼公司的前常务董事天外伺郎在其《绩效主义毁了索尼》一文中，比较系统的总结了绩效管理固有的弊端：一是目标传递衰减，二级部门和工作人员会过度追求短期目标，导致短期行为盛行。二是追求低价值目标，工作部门和个人会尽量选择容易实现的低价值目标，削弱进取精神和创新能力。三是内耗逐步加大，绩效管理会加剧组织内部竞争，部门和员工之间陷于恶性竞争。四是激励的边际效用不断递减，本应对绩效的奖励成为工作人员习以为常的事情。这些弊端同样会存在于公共部门绩效管理推行之中。

在推行绩效管理的过程中，还会遇到一些无法回避的问题。首先，执法人员对绩效有天然抵触情绪，无论是对私人部门还是对公共部门，绩效管理是在相同的时间、既定的条件、大致相等的待遇下，大幅提高工作人员的工作量效率和产出，冲击其传统习惯和既得利益，被管理人必定对绩效管理产生本能的抗拒。其次，行政执法的目标多元、工作成效难以量化，制定的绩效指标容易偏离战略目标，导致执法行为偏离执法目的，执法工作尤其容易出现有“绩”无“效”的情况。第三，过度的绩效压力会导致违法和不当的执法行为大量出现，例如，刑讯逼供来自破案率考核，滥用检查权、强制权、处罚权来自对办案数量的要求。第四，行政机关内部各种考核评比过多过滥，绩效管理的优势淹没于过多考评之中，难以发挥作用。

克服以上弊端和困难，针对质监部门执法打假工作的要求和特点，科学设置绩效目标体系和执法工作评价标准，整体协调推进是关键。

（五）绩效评估及结果应用

《关于政府机关工作效率标准的研究报告》将政府绩效评估定义为“运用科学的方法、标准和程序，对政府机关的业绩、成就和实际工作做出尽可能准确的评价，在此基础上对政府绩效进行改善和提高”。行政执法绩效是政府绩效的重要组成部分，既要进行基础类的通用绩效指标考核及整体效果评估，又要依据执法工作的特定要求和目标，进行专门的指标考核与单项的效果评估。

1. 行政执法绩效评估的主体

行政执法绩效评估，主要以上级主管机关或本级人民政府对行政执法机关的考核或评估为主，辅之以执法机关自查自评，也有少量的采用执法机关互评、服务对象或公众评议执法机关的方式，几乎没有下级评议上级机关的评估方式。

2. 行政执法绩效评估的方法

行政执法绩效评估方法的选择占有关键而重要的地位，科学、合理、规范的行政执法绩效评估方法是绩效考评结果全面、客观、公正和精准的保证，可以促进绩效管理体系运行的有效性、可靠性。行政执法绩效评估方法有多种分类，可以分为内部评估法与外部评估法、主观测评法与客观考评法、定性评估法与定量考核法等。行政执法绩效管理一般采用内部评估、客观评估、以定量为主的考评方法，以客观的、量化的考核为主，辅之以少量的定性或主观化的测评。

行政执法绩效评估的方法包括整体绩效的评估方法和岗位（个人）绩效的评估方法。整体绩效的评估方法包括逻辑分析法、模糊综合评估法、平衡计分卡法、对比分析法、层次分析法等。岗位（个人）绩效的评估方法主要有比较法、强制分布法、特性取向评估法、行为取向评估法、结果取向绩效评估法。这些评估方法，应当根据绩效指标和绩效标准选择组合使用，没有一种单一的方法能满足执法绩效管理的需要。

3. 行政执法绩效评估的结果

执法机关常用 3 种方式体现行政执法绩效评估的结果，一是量化为分值（百分制、千分制均有）。二是确定为相应的绩效等级，如对领导干部和公务员的考核，分为优秀、称职、基本称职、不称职。三是进行绩效排位，如地方政府按 GDP 的增速进行排位，对执法单位按办案数量进行排位等，质监部门执法绩效评估的结果，一般用百分制或千分制的量化评分法体现。

绩效评估完成后，应当形成绩效评估报告，针对绩效的目标体系和年度工作计划，依据绩效评估结果，全面总结、分析、评估本单位和关键岗位的目标任务完成情况、工作能力与表现、取得的成效、创新和效率提升情况，并提出绩效改进的方向与措施。

4. 行政执法绩效评估结果的应用

行政执法绩效结果的应用是行政执法绩效管理的重要环节，结果应用决定绩效管理的价值、作用，体现其权威性，保证绩效管理得以持久开展。绩效结果的应用包括绩效激励、绩效问责、绩效改进 3 个方面。①绩效激励。绩效激励是对取得高绩效的执法机关或执法人员予以激励，提升工作的积极性、主动性和创造性。绩效激励包括对单位和个人的激励，对单位的激励方式有绩效定级、给予荣誉、奖励工作经费、追加工作预算等，对个人的激励包括发放绩效工资或奖金（如部分省、市对当月工作成绩优异的公务员增加发放一定数额的绩效工资）、晋职晋级、评先评优、职业培训等。对单位和个人的激励，要依照绩效实施方案进行，及时兑现各种承诺的激励措施。②绩效问责。绩效问责是基于绩效评估的结果，问责主体依照法定程序，追究没有达到绩效目标、标准的执法机关及执法人员的行政责任的绩效管理制度。对执法机关，可采用降等降级、通报批评、削减预算或限制经费支出等措施进行绩效问责，对执法人员个人，可采取行政处分、引咎辞职、降职降级减薪、通报批评、诫勉谈话等措施进行绩效问责。③绩效改进。绩效改进是利用绩效评估结果和绩效激励、绩效问责产生的效果，持续提升和改进本机关和执法人员的绩效。绩效改进的范围极为广泛，包括执法机构的设置和职权调整，法律、政策、技术标准的完善，绩效目标、指标、标准评估方法的改进，工作程序、工作制度的完善，以及部门或项目预算调整等。

在绩效结果的应用上，质监部门进行了有益的尝试。例如，国家质检总局对执法绩效突出的省、市质监局给予较大金额的专项执法打假工作经费的支持，有的省、市质监局将质量工作纳入了对地方政府经济社会发展实绩的考核，重庆市《2017 年度区县（自治县）经济社会发展实绩和党的建设工作考核指标》对“落实区域打假责任制不力或实效不明显的”区县政府扣分，推动了各地执法打假工作的开展，落实了区域执法打假责任。有的省、市质监局，定期通报上级部署的专项执法等任务完成情况和执法工作推进情况，对工作落实、推进不力的执法单位进行通报批评，对执法单位负责人甚至地方政府分管领导进行责任约谈，取得了较好的效果。

四、行政执法保障体系建设

（一）行政执法保障体系

行政执法的保障体系是开展行政执法及行政执法管理应当具备的物质、技术、制度、人力资源等各种条件的总和。一个有力的行政执法保障体系，应当具备完善的法律法规体系及执法制度保障体系、高素质的行政执法队伍、高水平执法的技术支持体系、现代化执法的信息化支持体系以及充足的执法的物质与经费保障等。行政执法保障体系建设，就是加强影响行政执法绩效的各种软、硬件基础条件的建设。

《全面推进依法行政实施纲要》强调指出，要建设“权责明确、行为规范、监督有效、保障有力”的行政执法体制，“保障有力”的行政执法保障体系是顺利、高效开展行政执法管理的前提和条件，本身也是执法管理的主要内容之一。长期以来，行政执法管理科学化、制度化程度不高，行政执法的公信力、执行力不足，行政执法保障体系不完善、不健全是重要原因。行政执法机关普遍存在执法思想不端正、执法制度不完善、执法机构不健全、执法能力不匹配、执法监督不到位、执法行为不规范、执法保障不充分、执法的技术手段不适应等问题。需要重视行政执法和执法管理的基础性工作，加强行政执法保障体系建设，实现严格规范、公正文明的行政执法总体要求。

2008 年 11 月，公安部在执法部门中率先提出推进“执法规范化建设”，以执法规范化建设为抓手，全面推进执法保障体系建设。国家质检总局十分重视行政执法保障体系的建设，2012 年 12 月，国家质检总局印发了《关于加强质量技术监督稽查队伍管理的指导意见》，意见从加强执法工作规范管理、增强执法人员履职能力、强化执法工作保障措施、推进质监执法文化建设 4 个方面，做出了全面完善和加强行政执法管理、大力加强执法保障体系建设的安排部署，对推动全国质监系统行政执法工作有序开展和行政执法绩效管理的建立实施发挥了重要作用。

（二）行政执法队伍建设

行政执法队伍能力素质不高，已经成为影响行政执法公信力、执行力，制约行政执法绩效提升的主要因素。《关于全面推进依法治国若干重大问题的决定》提出“推进法治队伍正规化、专业化、职业化，提高职业素养和专业水平”“加快建立符合职业特点的法治工作人员管理制度，完善职业保障体系”，对行政执法队伍的建立、执法人员专业能力和法律素养的提升、执法人员的职业保障提出了要求，国家质检总局在《关于加强质量技术监督稽查队伍管理的指导意见》中也明确提出了建设一支“政治过硬、业务精通、装备优良、纪律严明、行动快捷、执行有力、能打硬仗”的行政执法队伍。

行政执法队伍建设包括思想作风建设、执法能力建设、职业保障体系建设。其中执法能力由执法人员的政治素质、法制意识和法律素养，掌握和应用法律法规的能力，执法的专业技能技巧，执法活动的组织指挥和处置能力，沟通、协作和应对舆情的能力，调解纠纷、化解矛盾的能力等组成。执法能力建设是对执法人员以上能力的全面培养、提升。

在执法队伍能力提升方面，国家质检总局和各地质监部门已经采取了大量行之有效的措施，如建立执法人员遴选制度、执法人员持证上岗制度，实施执法主体清理和执法岗位轮换，开展大规模的职业培训、岗位练兵、执法技术比武和办案能手评选，实施执法专家队伍建设和执法领军人物培养计划，组织编写执法指导手册等。在职业培训方面，国家质检总局有针对性地开展了执法队伍在“政治思想、职业道德、法律知识、业务技能、媒体宣传”等方面的系统性培训。自 2012 年以来，共举办涵盖以上方向的专题培训班 360 余班次、培训稽查处长（队长）460 余人次，执法人员 9300 余人次，取得了显著的效果。在办案能手的评选方面，5 年来国家质检总局在一线执法人员中评选执法能力和办案实绩突出的“办案能手”286 名，在全国质监系统通报表彰，树立了爱岗敬业、依法行政、作风优良、攻坚克难的执法人员的典范，这些办案能手，已经成为各地执法办案的骨干和领军人物，带动了执法队伍整体素质、能力的提升。

（三）行政执法信息化建设

行政执法信息化是转变执法方式、提升执法效率、提高案件质量、加强执法管理、开展执法监督、支持工作决策、推进执法公开的重要基础性支撑手段，是监管、执法现代化和执法管理现代化的标志。没有信息化支持，很难高效地进行执法管理和执法监督。

目前主要的执法部门都建成运行了行政执法管理或执法监督信息系统，如各地公安机关陆续建成执法办案信息系统，实现执法办案网上流程管理、网上审批、网上监督、网上考评，并把信息化手段渗透到执法办案的各个环节，做到以信息化规范执法程序、落实执法制度、强化执法监督、提升执法质量。国家税务总局则要求把税务部门的绩效管理信息系统与税收综合征管信息系统、税务综合办公信息系统有机衔接，深度利用信息系统推行部门绩效的计算机考评，切实增强绩效管理的客观性、透明性和公共性，凸显了信息化对推行执法绩效管理，提升工作效率的基础性、决定性作用。

国家质检总局历来重视行政执法信息化建设，2011 年前后着手开发建设质监部门行政执法信息系统，该信息系统按照过程可视化、指挥便捷化、问题明确化、行为规范化的要求，基本实现建成全面支撑执法活动、执法管理和执法监督的综合性质检执法信息化平台的目标。行政执法信息系统由举报处置指挥子系统、信息报送子系统和现场执法子系统 3 个子系统组成，2015 年开始在山东、贵州、上海、重庆等省、市质监局试运行，系统已初步实现以下功能：①规范化、便捷化的执法文书制作、流转审批和执法流程监控功能；②数字化的案件信息采集、报送、集成、存储、交换共享、检索功能；③自动化的执法信息汇总、统计、分析、提示、警告、查询功能；④智能化的案件质量考评、执法绩效考核评估功能。

国家质检总局行政执法信息系统试运行已取得较好效果。在支持业务工作开展方面，提供了开展行政执法的信息化业务平台，主要执法活动采用信息化手段完成，方便、规范了执法文书制作，实现了网上流转审批；在支持执法管理方面，实现了数字化的信息采集、报送、汇总、分析、交换共享，提升了执法管理的效果，实现了执法决策的科学化、精准化，提供了执法决策的依据，实现了绩效记录客观化、日常化，实现了智能化的案件质量考评，执法绩效评估；在支持执法监督方面，实现了案件办理全过程记录，执法监督机构依托信息系统，可以及时发现、制止、纠正不当行为和错误案件，进行执法全流程控制、案卷质量评查。行政执法信息系统对行政执法和执法管理起到了全面的支撑、保障作用。

第二节　行政执法监督

一、行政执法监督概述

（一）行政执法监督的概念与体系

1. 行政执法监督的概念

监督是根据一定的行为标准来判断某种行为是否出现偏差，并通过一定的措施和办法予以纠正，使之恢复到准确的、正常的状态。行政监督权是一种独立的、重要的行政权。

行政领域的监督分为对外的监督和对内的监督。对外的监督称为行政监督或行政监督检查，是行政主体依照法律法规的授权，对当事人遵守法律法规、服从行政管理的情况实施的监督。对内的监督称为行政法制监督或行政执法监督，是指享有监督权的国家机关、政党、社会团体或社会组织、公民个人等作为监督主体，对作为监督对象的行政主体（行政机关及法律、法规授权的组织）及公务人员的行政执法行为，进行有法律效力的监察、督促活动。行政执法监督法律关系中，被监督主体恒定为行政机关，监督主体则具有广泛性。

2. 行政执法监督的意义

作为社会主义民主法治国家，我国一切权力属于人民，行政管理权作为重要的国家权力，权力的行使应当受到严格的监督。长期以来，我国“重立法、轻执法，忽视监督”的现象比较严重。《关于全面推进依法治国若干重大问题的决定》专门强调要“强化对行政权力的制约和监督，加强党内监督、人大监督、民主监督、行政监督、司法监督、审计监督、社会监督、舆论监督制度建设，努力形成科学有效的权力运行制约和监督体系”。强化执法监督，建设行政执法监督体系，成为推进依法行政、完善行政执法体制的重要内容。

行政执法监督具有以下作用：①行政执法监督是推进法治政府建设，完善社会主义法治体系的重要制度；②行政执法监督是督促行政机关履职尽责，落实行政执法责任制，防止执法人员庸政懒政、怠政的重要手段；③行政执法监督是防止和纠正执法人员违法和不当行政执法行为，进行执法过错责任追究的有力武器；④行政执法监督是制止行政执法权力滥用、行政行为违法侵权，保护当事人合法权益的重要保障；⑤行政执法监督是推进行政执法体制改革的重要保障，行政执法体制改革的基本要求是“减少执法层次，适当下移执法重心”，强调建立以基层行政机关为行政执法的主体，上级行政机关主要进行决策与监督的行政执法体制。

3. 行政执法监督体系

行政执法监督可以分为行政执法外部监督和行政执法内部监督，行政执法外部监督是来自行政系统以外的监督，包括其他国家机关的监督和社会监督，其他国家机关的监督主要指执政党的监督（中国共产党）、立法机关的监督（人民代表大会及常务委员会）、司法机关的监督（人民法院、人民检察院）、政协监督等，社会监督则包括来自社会团体和社会组织、新闻媒体、人民群众的监督。行政执法内部监督是行政权力自我监督、自我约束的法治制度。作为一种常态化、制度化的监督方式，行政执法内部监督在整个行政执法监督体系中发挥着重要作用。行政执法内部监督包括行政复议监督、行政层级监督和专门监督，行政层级监督包括一般层级监督、行政执法督查和行政问责，专门监督则包括行政监察和审计监督（见图 1）。

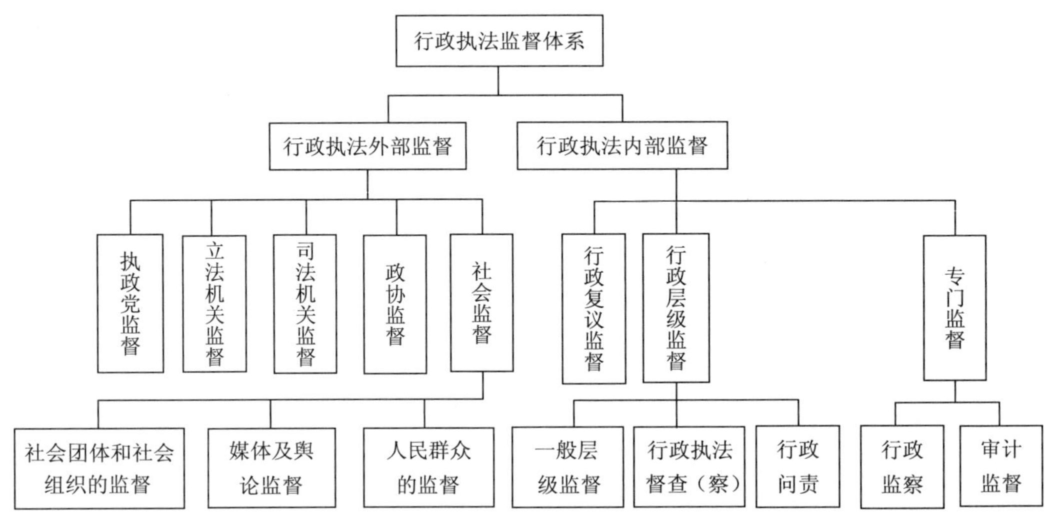

图 1　行政执法监督体系

（二）行政执法外部监督

1. 执政党的监督

来自中国共产党的党内监督在我国行政执法监督体系中具有独特作用和重要地位，是其他监督方式得以建立和实施的根本保证。

党的监督是党的领导权的组成部分，党的监督首先通过党的领导权来体现，中国共产党通过把“依法治国”确定为党领导人民治理国家的基本方略，把“依法行政”确定为党治国理政的基本方式，从而全面领导民主法治国家建设，领导立法、执法、司法和法制监督体系建设，对行政执法实施有力的领导和监督。其二，党的监督通过党的政治监督来实现，各级党委通过对政府党组及党员领导干部贯彻执行党和国家的路线、方针、政策、重大决策部署进行督促、检查，责成执行不力的党员领导干部承担政治责任而实现对行政执法的监督，目前我国已制度化的开展的“政治巡查”即为一种有力的监督方式。第三，党的监督通过党的纪律检查机关实施党的纪律监督来实现，党的纪律检查机关对行政机关中违反党纪国法的党员给予党的纪律处分，实现党的行政执法监督。当然，党不直接参与和干预行政执法活动，党的监督是一种宏观的、间接的、抽象的监督。

2. 权力机关的监督

权力机关的监督是各级人民代表大会及县级以上人民代表大会常务委员会对各级国家行政机关及其工作人员的监督。我国的政治体制决定了国家权力机关的行政执法监督是最高层次、最具权威的监督。

权力机关的行政执法监督，通过审查、撤销本级政府的规章、决定和命令，对法律实施情况进行检查，开展质询和询问，进行视察和调查，提出建议、批评和意见，处理公民的申诉、控告，对政府组成人员予以罢免等方式实施。权力机关的监督具有间接性，主要以做出评价，提出建议、批评、意见，开展督促检查等方法行使监督权，一般不针对个案进行监督，按照国家权力分工和相互制约的原则，权力机关不直接对具体行政事务做出处理决定或者做出纠正决定。

3. 司法机关的监督

司法机关的监督简称司法监督，是人民法院和人民检察院依法对行政机关及其工作人员的行政执法活动是否违反法律而实施的监督，检察监督和审判监督按照法定的条件、程序和方式进行，是制度化、程式化水平较高的监督方式。

人民法院对行政执法的监督主要是诉讼式监督。当事人不服行政机关的具体行政行为，向法院提起行政诉讼，法院通过对被诉的具体行政行为或行政不作为进行审理、做出裁判而对行政机关及进行监督。法院实施执法监督的程序是行政诉讼程序，监督的方式是做出司法裁决。法院的司法监督是事后的、范围有限的、消极的、被动的监督。除诉讼式监督外，法院还可通过对行政机关申请非诉强制执行的审查，以及向行政机关提出司法建议等形式进行执法监督。

对于检察机关实施的行政执法的检查监督，宪法和《中华人民共和国检察院组织法》只做了原则性规定，缺少具体的依据和有可操作性程序。目前检察机关的监督一般通过“检察建议书”等形式提出，其法律效力不甚明了。

4. 政协监督

政协监督是指参加人民政协的各民主党派、无党派爱国人士，各人民团体和社会各界爱国人士就国家和地方的重要事务提建议、意见和批评，其中主要是对执政的中国共产党和政府的监督。政协监督属于民主监督，所以也可称为人民政协的民主监督。

政协监督是我国政治监督体系中不可或缺的一个重要组成部分。

人民政协的民主监督不同于一般的社会监督和舆论监督，它是一种以体现中国政治民主和协商合作精神的政治性监督，和我国其他各种监督一样，都可以发挥对权力运行的制约和监督作用。与人大监督作为一种具有法律效力的权力监督不同，政协监督属于民主监督，有利于推动社会主义民主政治建设的进程。

5. 社会监督

社会监督又称民主监督，是除国家机关以外的个人、法人和其他组织对行政机关及其工作人员的监督，社会监督是依法治国与人民当家做主的表现。社会团体、社会组织有权对行政机关不履行职责或滥用职权、以权谋私、决策失误及行业的不正之风提出批评、建议，进行监督。部分法律授权的社会团体、社会组织还可通过支持起诉、提起公益诉讼、提供咨询和司法援助等方式进行监督。舆论监督是新闻舆论媒体对行政执法行为进行的监督，随着执法公开、透明的要求越来越高，舆论监督的作用也日益重要。

对政府的监督权是公民基本的宪法性权利，人民是依法治国的主体和力量的源泉，必须坚持法治建设为了人民、依靠人民、造福人民、保护人民，以保障人民根本权益为出发点和落脚点。人民群众的监督是行政执法监督的基本性环节，是其他各种监督的最终权力来源，是实施执法监督的出发点和落脚点。公民、法人或其他组织通过申诉、控告、检举、提出批评建议等方式对行政执法进行监督。

（三）行政执法的内部监督

本节随后将专门论述行政执法内部监督、行政层级监督，此处仅简要介绍行政复议监督和专门监督。

1. 行政复议监督

行政复议为法律救济制度，同时兼具行政执法监督功能。所谓行政复议，是当事人或第三人认为具体行政行为侵犯其合法权益，向行政复议机关提出行政复议申请，行政复议机关对具体行政行为进行审查并作出行政复议决定。行政复议监督依照行政复议程序进行，行政复议机关对具体行政行为的审查，通过做出撤销、变更违法的行政行为、确认行政行为违法或无效、要求行政机关履行法定职责等行政复议决定实施对行政执法的监督。行政复议虽然是行政系统的内部监督，但与法院的司法监督一样，也具有司法监督事后监督、有限监督、消极监督、被动监督的特点。

行政复议监督与行政系统内部的行政层级监督有紧密联系，两者均为行政执法的内部监督，均为上级行政机关对下级行政机关的监督，但两者也有显著的区别。一是监督的主体不同。行政复议监督只能以本级人民政府或上一级主管机关为行政复议监督的主体，行政层级监督不限于上一级行政机关，凡有领导或业务指导关系的上级行政机关，均可以作为行政层级监督的主体。二是监督的程序不同。行政复议监督只能适用行政复议程序，行政层级监督按照一般层级监督、行政执法督查或行政问责的程序进行，相对而言不如行政复议监督程序严谨。三是监督的时机不同。行政复议监督只能是事后监督，当事人只能在行政决定做出以后复议申请期限以内提出复议申请，行政层级监督则包括了事前、事中、事后监督，申诉的提出没有期限的限制。四是启动的条件不同。行政复议监督是消极、被动的监督，奉行“不告不理”原则，为依申请行政行为，行政层级监督是积极、主动的监督，为依职权的监督行为。五是监督的范围不同。行政复议监督只能针对引发争议的具体行政行为进行，行政层级监督可以对下级行政机关的任何行政行为进行监督，既可对具体行政行为进行监督，也可对抽象行政行为进行监督，既可对最终的行政决定进行监督，也可对做出行政决定过程中的相关行为进行监督。

2. 行政监察

我国行政监察体制正面临重大改革，行政督察即将向国家监察转变，国家监察委员会已呼之欲出，为保证行政执法监督体系介绍的完整性，仍对行政监察作简单介绍。行政监察是指在行政系统中设置的专司监察职能的行政监察机关对行政机关及公务员的行政行为进行监视、督查，对违反政纪的行政机关和公务员进行惩戒的活动。行政监察的依据是《中华人民共和国行政监察法》（以下简称《行政监察法》），行政监察的主体是各级政府的行政监察职能部门及其派驻政府工作部门的派出监察机构，依照行政监察的程序进行。行政监察是对行政执法行为的内部监督、专门监督。

行政监察的目的是督促行政机关及其工作人员积极履行职责、严格依法行政、改善行政管理、提升行政效能、改进工作作风。监察机关拥有调查与检查权、建议与处分权两项基本权力，通过制止、撤销、纠正违反政纪的行政行为，责令采取补救措施或责令依法履行法定职责，对违纪的公务员做出行政处分等方式实施监督。

3. 审计监督

审计监督是政府内部设置的具有专门监督职能的审计机关对行政机关进行审核和稽查的活动。审计监督的依据是《中华人民共和国审计法》，依照财务、经济审计的程序进行。审计监督是针对财政财务收支的经济监督行为，是内部监督、经济监督、专门监督。审计监督的主体是法律授权的专门审计机关。

审计监督通过对行政机关预、决算执行情况、收支情况和财政资金的使用效率、效益进行审查、控制来实施监督。审计监督过程中，审计机关可以进行调查或实施检查，要求报送相关资料，并对审计中发现的违法违规行为予以通报、做出处理。

二、行政层级监督

行政层级监督是上级行政机关对下级行政机关及其他工作人员实施的行政执法监

督。由于执政党监督和人大监督具有抽象性、间接性，缺少专业性、实质性监督；司法机关监督和行政复议监督具有事后性、被动性，缺少全方位、普遍性监督；行政监察、审计监督均为专项监督，缺乏系统性、完整性的监督。行政层级监督成为行政执法基本的、有效的监督方式，是常态化、制度化、实时性的监督，是行政执法监督体系中不可或缺的重要组成部分。行政层级监督可以对行政执法行为全方位、全过程、全覆盖的实施监督，监督手段灵活多样，处理方式及时有力，处理措施具有很强的实质效力和形式效力，具有其他行政执法监督方式不可替代的重要作用。

（一）行政层级监督的内容

行政法理论界一度将行政层级监督等同于一般层级监督，从当前行政执法监督制度的建设与发展情况看，行政层级监督的方式与范围不断扩张，应当包括一般层级监督、行政执法督查和行政问责。这 3 种行政层级监督的方式虽有交叉之处，但监督的范围、对象、程序、处理方式已呈现一定的差异。

3 种行政层级监督方式的共同特征有：①行政层级监督是基于领导与被领导（指导与被指导）关系的监督，监督的主体为有领导权或业务指导权的上级行政机关，行政机关为政府工作部门的，监督主体为同级人民政府或上级主管部门；②监督的对象为行政执法机关及其行政执法人员；③具有经常性、主动性、实时性、权威性、广泛性等特点。

1. 一般层级监督

一般层级监督是基于隶属关系或业务指导关系，由上级行政机关对下级行政机关及其工作人员的行政执法行为进行的督促、检查、考评、处理活动。目前，多数国务院各部委及省、自治区、直辖市均已制定行政执法一般层级监督的地方法规或行政规章。

对于一般层级监督的内容，各地、各部门的规定大同小异，大致涵盖了对抽象行政行为的合法性、执行法律法规和上级安排部署的情况、不作为或失职渎职行为、具体行政行为的合法性与适当性、执法主体及执法人员资格等实施的监督。国家质检总局《质量监督检验检疫行政执法监督与行政执法过错责任追究办法》（以下简称《追究办法》）第七条规定："行政执法监督的内容包括：（一）行政执法主体的合法性；（二）具体行政行为的合法性和适当性；（三）规范性文件的合法性；（四）行政执法监督制度建立健全情况；（五）法律、法规、规章的施行情况；（六）涉及行政复议、行政诉讼、行政赔偿、向司法机关移送案件等有关情况；（七）其他需要监督检查的事项。"

2. 行政执法督查

督查是一个被广泛使用的概念，具有检查、监督、监察、督促、督办等含义。行政督查也称行政督察，是权力机关依法设立的专门督查机构和配备的专门督查人员，就特定的行政管理事项，对行政机关执行国家法律、法规、规章、政策的情况进行监督、检查，督促行政机关依法履行职责，并及时制止、纠正行政机关违法或不当的行政行为。所谓权力机关，在我国主要是上级行政机关。各级人大及其常委会、执政党的督察机关在极少数情况下也有权开展对政府和政府工作部门的行政督查。

行政执法督查在我国日益受到重视，我国已经建立了比较完整的土地、环保、安全生产、食品药品安全的行政执法督查体系。2006 年，国务院设立国家土地督察制度，在国土资源部设国家土地总督察 1 名，设立正局级国家土地督察办公室，在全国设立 9 个国家土地督察局，对省级及计划单列市保护耕地的情况进行监督检查。2009 年，当时的国家环保总局建立了环保督查制度，在全国设立 5 个环保督查中心，对地方政府执行环保的法律法规、相关政策的情况进行监督，并直接负责重大环境违法案件的办理。2013 年，国家食品药品监督管理总局设立了食品药品安全总监的监察专员制度。对城市总体规划等重要强规的执行情况进行检查，发现、制止、纠正违法规划的行为。公安、税务、质检等行政执法部门，也相继建立了行政执法督查制度。

行政执法督查包括政务督查、业务督查和专项督查，行政执法督查是针对行政执法开展的业务督查。《质量技术监督执法打假督查工作实施办法》将执法督查定义为“本办法所称督查，是指国家质检总局、省级质量技术监督局对下级质量技术监督局执法打假工作情况的督促检查”。行政执法督查还可延伸出对行政执法的某一方面、环节的督查或专项督查，例如，公安机关的督查主要侧重于对重大活动组织、警容警风警纪的“现场督查”，环保部《环境行政执法后督察办法》则专指“对环境行政处罚、行政命令等具体行政行为执行情况进行监督检查的行政管理措施”。

行政执法督查的特点为：①主体特定。只能为上级行政机关内设的专门督查机构或执法监督机构；②对象特定。只能针对有隶属关系的下级行政机关及执法人员；③内容法定。执法督查为行政权力制约行政权力，被督查的行政机关的行政执法权受限制与制约，督查机关应当严格在法律规定的范围内行使督查权；④效果具有替代性。督查机关可以要求执法机关停止执法活动或改正、撤销其行政处理决定，有法律法规规定时可以变更下级行政处罚案件的管辖，可以直接纠正、撤销下级错误的行政处理决定，也可以做出新的行政处理决定代替原行政机关的处理决定。

行政执法督查与一般层级监督的对象、方式、程序、处理措施及法律效力上基本相同，针对的对象和监督内容高度重叠，没有本质的区别，多数情况下可以不做区分、混同使用。其细微的差异存在于：①内容上各有侧重。一般层级监督更多侧重于对违法、不当执法行为的监督，包括对抽象行政行为的合法性的监督。行政执法督查除可对违法、不当执法行为进行监督之外，还需要可以对下级行政机关贯彻落实重要政策、重大部署，执行法律法规，履行法定职责等情况进行监督、检查。②实施监督的内设机构可能不同，督查一般由专门设立的督查机构实施。执法监督则可由负有相关内部监督职能的不特定机构实施，如法制机构、执法管理机构、执法督查机构、纪检监察机构、审计机构等均可实施。③程序的严谨程度上有差异。由于内容上各有侧重，一般层级监督的部分程序更为加严谨，但行政执法督查可适用行政处罚案件的办理程序。④对违法、不当执法行为的处置措施不完全相同。除都可对违法、不当执法行为进行制止、纠正外，实施行政执法督查的机关在特定情况下可依法直接办理下级的行政处罚案件。

行政执法督查的事项主要包括 4 个方面的内容，一是执法工作安排部署和组织推进情况。二是案件查办中是否有行政违法、行政不当或违反政纪的行为。三是案件办理的质量和行政执法效能。四是执法人员的纪律、作风。《质量技术监督执法打假督查工作实施办法》第三条规定的督查事项为专项执法打假工作、区域整治、案件查办和其他涉及行政执法的重要工作等。

3. 行政问责

行政问责是国务院或地方各级人民政府对本级政府负责人、政府所属工作部门及下级政府的主要负责人，出于故意或重大过失，不履行或不正确履行法定职责所进行的内部行政监督和责任追究。行政问责是完善行政责任体系和问责方式，防止领导干部庸政、懒政、怠政，防止行政机关不作为、乱作为的新型行政监督制度，是行政层级监督的方式之一。但行政问责与一般层级监督和行政执法督查在问责的主体、条件、对象、责任方式、实施的依据等方面存在较大差异，这些差异体现在：①行政问责的主体只能是上级或本级人民政府，不包括上级主管部门；②行政问责的对象只能是政府负责人或政府部门主要负责人，部分地方扩大至政府部门的副职负责人，不包括对行政机关的问责，也不包括对行政机关负责人以外的其他公务员问责；③行政问责的法律依据比较多样化，除法律法规外，政府可以根据规范性文件或专门决议进行行政问责；④行政问责的责任形式包括法律责任、行政责任、政治责任、道德或伦理责任，以政治责任和道德责任为主要责任形式。

行政问责的事由主要包括：①行政效能低下，执行不力，致使政令不畅或影响政府整体工作部署的；②责任意识淡薄，致使公共利益或管理相对人合法权益遭受损失或造成不良社会影响的；③违反法定程序，盲目决策，造成严重不良政治影响或重大经济损失的；④不严格依法行政或治政不严、监督不力，造成严重不良政治影响或其他严重后果的；⑤在商务活动中损害政府形象或造成重大经济损失的；⑥政府部门行政首长本人在公开场合发表有损政府形象的言论，或行为失于检点，举止不端，有损公务员形象，在社会上造成不良影响的。

行政问责的责任承担方式主要有责令公开道歉、停职检查、引咎辞职、责令辞职、罢免问责等。

（二）实施行政层级监督的方法

1. 行政层级监督的方法

一般层级监督的方法、手段包括要求自查自纠或提交工作报告、重大案件或规范性文件备案、实施检查或调查、审查批准、进行考核惩戒等。

2. 行政执法督查的方法

行政执法督查的方法与一般层级监督方法基本相同，主要是报告、备案、审查批准、检查、调查、考核惩戒等。

3. 行政层级监督机制的完善

行政层级监督效果有限、效率低下，重要的原因是行政层级监督的工作机制不够完善，方法、手段不足。应从以下 3 个方面完善行政层级监督。一是利用信息技术，实施嵌入式、伴随式监督。执法监督应当伴随业务活动的开展同步进行，利用信息化执法系统，实现实时、动态、远距离监督与控制，既能及时发现、制止违法或不当行为，提升监督效率，又不干扰一线执法人员正常的执法活动。二是前移监督关口，实施预防式监督。目前的监督机制偏重于对行政执法的事后监督，以纠正、补救和惩戒为主。行政层级监督的优势在于其主动性和预防性，应当增加事前、事中的监督，建立大要案线索报备制度，不予立案、撤销案件、终止调查、不予处罚案件的报告审批制度，终止执行的报告制度，说情记录制度，影响的案件办理的社会关系说明制度，执法工作推进定期报告制度等一系列预防性机制，实现事前防范、事中控制、事后纠正的完整的监督机制。三是与外部监督、专门监督相结合，形成行政执法监督体系，实施全过程、宽领域、多方位的行政执法监督，建立信息共享、联合追责的工作机制，理顺与信访、审计、纪检监察、法制部门的关系。

三、行政违法与行政不当

（一）行政违法

1. 行政违法的概念

行政违法也称违法行政，行政违法有广义与狭义之分。狭义的行政违法是指行政主体实施的违反行政法律规范，侵犯受法律保护的行政法律关系而尚未构成犯罪的有过错的行政行为。有学者指出，从《行政处罚法》的规定看，广义的行政违法不仅指行政处罚行为本身违法，而且还包括行政处罚的设定违法以及行政处罚实施过程中的相关行为违法，绝大多数国务院部门规章和省级执法监督条例，针对广义的行政违法设定实施行政执法监督。

行政处罚实施过程中的相关行为违法包括：①行政处罚前的行为违法，如违法实施执法检查或案件调查、抽样取证、查封、扣押等；②行政执行行为违法，如自行收取罚没款、不使用省级财政和收据、向执法机关返还罚没款等；③职务相关行为违法，如擅自使用查封、扣押财物，截留私分涉案财物，索取收受贿赂等；④拒不接受执法监督或拒不改正违法或不当行为等。

行政违法的主体只能是行政机关，行政行为的违法性通过公务员的执法行为体现出来。

2. 行政违法的构成要件

行政违法的构成要件是：①行政机关负有相应的法定义务；②行政机关不履行或不正确履行相应的法定义务；③行政机关不履行或不正确履行法定义务的行为必须出于过错，即行政机关必须有故意或重大过失。

3. 行政违法的类型

行政违法包含但不限于行政复议、行政诉讼中可撤销的行政行为的情形，行政违法的范围更大一些。常见的行政违法主要表现为：①行政失职。行政失职是行政机关因不作为而构成行为违法，即行政机关不履行或拖延履行法定职责；②行政越权。行政越权是行政机关无权限或超越权限做出行政行为，行政越权包括时间上越权、地域上越权和事务上越权；③行政滥用职权。行政滥用职权是行政机关在行政裁量权限范围内，不当行使裁量权并达到违法程度，程度较轻的不当行政裁量权，构成行政不当；④事实依据错误。事实依据错误体现为行政行为的“主要事实不清、证据不足”；⑤适用法律错误。是行政机关做出行政行为时没有正确地适用法律依据；⑥行政行为的程序违法。程序违法是行政机关违反行政法规定的法定程序做出行政行为。程序违法包括行政行为的方式违法、行政行为做出的步骤或顺序违法、行政行为的做出期限违法；⑦行政侵权。行政侵权行为是指行政机关及其工作人员行使行政职权过程中，侵犯他人人身权、财产权并应承担行政赔偿责任的行为，包括行政行为本身侵权与实施行政行为过程侵权。

（二）行政不当

1. 行政不当的概念

行政不当也称行政失当，从各部门对执法过错行为的规定看，行政不当涵盖 3 种情况，第一种是行政机关及其执法人员的行政行为虽然合法但不合理，即行政行为的合法性没有问题但合理性存在问题；第二种是行政执法过程中的相关行为不当；第三种是行政执法过程中存在不规范执法行为。公安机关的执法监督和警务督查、质监部门的执法过错责任追究的部门规章，均将以上 3 种类型的不当执法行为作为行政不当纳入了执法监督的范围。

2. 行政不当的类型

行政不当应当包括行政行为的结果不当、行政行为的实施过程不当和不规范执法行为3种情形。

行政行为的结果不当是做出行政决定时未正确行使裁量权，致使行政决定畸轻畸重、同等情况不同处理、不同情况同等处理。

行政行为的实施过程不当，应当包括：①对象行政不当。实施一个具体行政行为时选择的对象不当。②方式行政不当。没有选择合理的行政行为方式，如没有必要实施行政强制时采取查封、扣押等行政强制措施。③时间行政不当。没有选择更恰当实施行政行为的时间。④地点行政不当。开展执法的地点不合理，影响了对违法行为的查处或给当事人造成不必要的不利影响。⑤执法力度和频次不当。对当事人生产经营行为的监督、检查的力度、频次不合理。

不规范执法行为是指违反党纪政纪的行为和违反公务员伦理道德规范的行为。如执法过程中存在泄露秘密、通风报信、以权谋私、放纵包庇等违反党纪、政纪的不当执法行为，或者出现粗暴执法、举止不端、公私不分、言行不当等违反公务员伦理道德规范和公务员行为准则、有损政府形象的不当执法行为。

四、行政执法过错责任

（一）行政责任与行政执法过错责任

违法和不当行政行为之所以难以根除，很大原因是行政机关责任意识淡薄、行政责任法律制度缺失，行政机关有权无责、滥权无责等权责失衡现象突出。

1. 行政责任

行政责任由内、外两部分责任组成，外部行政责任是行政机关行政违法（包括部分行政不当）而应承担的对外的法律责任；内部行政责任是行政机关行政违法或行政不当，行政机关及其行政执法人员应承担的行政执法过错责任。部分学者将行政责任限定为外部的法律责任，这样的观点不利于全面建立行政执法责任体系和完善责任承担制度。

行政责任体现出以下特征：①行政责任是行政主体的责任而非当事人的责任；②行政责任中，外部行政法律责任的主体为行政机关，公务员不承担对外的法律责任。内部的执法过错责任主体既包括行政机关等单位责任主体，也包括公务员等个人责任主体，以个人为主要的责任主体；③外部行政责任的责任方式是法律责任，内部的执法过错责任包括政治责任、经济责任、伦理责任或道义责任，以及有限的法律责任；④产生外部行政责任（法律责任）的依据范围小于产生内部行政责任（执法过错责任）的依据范围，对外的法律责任只能因违反法律法规的实体性或程序性规定而引发，对内的执法过错责任既可因违反法律法规的规定而引发，也可因违反党纪政纪、公务员道德规范或行为规范等内部工作规范而引发。

2. 行政执法过错责任

《追究办法》第三条对行政执法过错责任的概念做出了规定："本办法所称行政执法过错责任，是指国家质检总局、各级出入境检验检疫局、质量技术监督局的工作人员在行政执法过程中，因故意或重大过失，违法执法、不当执法或者不履行法定职责，给国家或行政相对人的利益造成损害的行为应承担的责任。"

行政执法过错责任的构成严于对外的法律责任的构成。一个行政行为，如果需要承担对外的法律责任，一定构成行政执法过错责任；而一个构成行政执法过错的行政行为，不一定需要承担对外的法律责任。行政执法过错责任的构成要件为：①行政机关及其工作人员存在主观上的过错，有故意或重大过失，一般过失或没有主观过错不构成执法过错责任；②有违法执法、不当执法、不履行法定职责等违反法律规范的行为，或者违反执法人员行为规范、行政纪律的行为；③该违法或不当行为给国家或当事人的利益造成了损失；④行为与损害结果间有因果关系。

3. 行政执法过错责任的范围

《追究办法》结合质监部门的特点，对构成行政执法过错的具体情形进行了列举。

（1）抽象行政行为违法：对规范性文件不合法的，可以责令纠正或撤销［第十六条第（四）项］。

（2）具体行政行为本身违法：超过法定权限或者委托权限实施行政行为的［第二十条第（二）项］；违反规定跨辖区实施行政执法行为的［第二十条第（三）项］；在办案过程中，为违法嫌疑人通风报信，泄露案情，致使违法行为未受处理或者给办案造成困难的［第二十条第（五）项］；违反规定采取登记保存、封存、查封、扣押、隔离、留验、销毁、监督销毁、卫生除害处理、退回等行政强制措施的［第二十条第（六）项］；擅自解除被依法登记保存、封存、查封、扣押、隔离、留验等行政强制措施，造成不良后果的［第二十条第（七）项］；无法定依据、违反法定程序或者超过法定种类、幅度实施行政处罚的［第二十条第（九）项］；依法应当移交司法机关追究刑事责任，不予移交或者以行政处罚代替的［第二十条第（十三）项］；因办案人员的主观过错导致案件主要违法事实认定错误，被人民法院、复议机关撤销或者部分撤销具体行政行为的［第二十条第（十六）项］；滥用职权，阻挠、干预查处或者包庇、放纵生产、销售假冒伪劣商品行为，造成严重后果的［第二十条第（十九）项］；未经检验检疫，出具检验检疫单证或者伪造检验检疫结果、原始记录、考核记录造成严重后果的［第二十条第（二十）项］；出卖或者变相出卖检验检疫单证、封识、标志的，违反单证、印章管理规定，导致单证、印章流失或者被盗用的，未按规定范围和要求加施、监督检验检疫封识、标志的［第二十条第（二十一）项］；违反法律法规规定，实施行政许可的［第二十条第（二十二）项］。

（3）行政行为的相关行为违法不当或违反党纪政纪：违反法律、法规、规章规定实施行政检查的［第二十条第（一）项］；违反规定抽取、保管或者处理样品造成不良后果［第二十条第（四）项］；隐匿、私分、变卖、调换、损坏登记保存、封存、查封、扣押的财物，给当事人造成损失的［第二十条第（八）项］；未按罚缴分离的原则或者行政处罚决定规定的数额收缴罚款的，对罚没款、罚没物品违法予以处理的，违反国家有关规定征收财物、收取费用的［第二十条第（十一）项］；以收取检验费等方式代替行政处罚的［第二十条第（十二）项］；泄露当事人的商业秘密给当事人造成损失的［第二十条第（十四）项］；阻碍当事人行使申诉、听证、复议、诉讼和其他合法权利，情节恶劣，造成严重后果的［第二十条第（十五）项］；无正当理由拒不执行或者错误执行发生法律效力的行政判决、裁定、复议决定和其他纠正违法行为的决定、命令的［第二十条第（十七）项］；对于需要按照规定上报或者通报的事项，没有及时上报或者通报的［第二十条第（二十三）项］。

（4）不履行法定职责：拒绝或者拖延履行法定职责，无故刁难当事人，造成不良影响的［第二十条第（十）项］。

（5）不当行为：违反法律、法规规定向社会推荐生产者的产品或者以监制、监销等方式参与产品生产经营活动的［第二十条第（十八）项］。

（二）行政责任法律关系的主体

1. 行政违法与行政不当的认定主体

行政违法与行政不当的认定主体是指有权认定行政行为违法或不当、行政行为的相关行为违法或者不当的有权国家机关。有权认定行政违法或行政不当的国家机关主要是立法机关、司法机关、行政复议机关、行政监察机关，以及有层级执法监督权的上级行政机关和做出行政行为的本级行政机关，以上国家机关拥有行政违法或行政不当的认定权。审计机关只有行政违法或行政不当的有关事实的确认权，没有行政违法、行政不当的认定权。除此以外，拥有行政执法监督权力的执政党、政协、其他民主党派和社会组织、新闻媒体、当事人和人民群众，可以认为行政行为违法不当而提出意见、建议、批评和控告，但只有行政违法和行政不当的“认为权”而没有“认定权”。行政违法、行政不当的认定主体范围小于行政执法监督主体的范围。

2. 行政责任的追究主体

行政责任的追究主体是指有权决定由行政机关承担行政违法责任的国家机关，以及有权决定由存在过错执法行为的执法人员或行政执法机关承担执法过错责任的行政机关，行政责任的追究主体包括对外的法律责任的追究主体和对内的行政执法过错责任的追究主体。

对外的法律责任的追究主体是有权决定由行政机关承担行政违法（包括部分行政不当）的法律责任的国家机关，法院、行政复议机关、有层级监督权的上级国家机关有权做出废止、撤销、变更原行政行为、确认其违法或无效的司法判决或行政决定，以上国家机关为对外的法律责任的追究主体。立法机关、检察机关、行政监察机关虽然有行政违法和行政不当的认定权，但无权决定由行政机关承担法律责任。可见，对外的法律责任的追究主体的范围，小于行政违法与行政不当的认定主体的范围，更远小于行政执法监督主体的范围。

对内的执法过错责任的追究主体是有权决定由做出过错执法行为的行政机关工作人员及其所在的行政机关承担行政执法过错的行政机关。执法过错责任的追究主体范围更小，对质监部门而言，追究行政执法过错责任应按照干部管理权限实施，亦即行政执法过错责任的追究主体仅限于与被追责的单位有领导与被领导关系的上级行政机关，对被追责的个人有干部管理权限的行政机关。质监部门的行政执法过错责任的追究主体，主要是做出违法、不当行为的执法人员所在的质量技术监督局，以及上级质量技术监督局或同级人民政府。

3. 行政违法的法律责任主体

行政违法的法律责任主体是做出违法或不当的行政行为的行政机关和法律、法规授权的组织。行政诉讼的被告、行政复议的被申请人是当然的法律责任主体。按行政组织法和公务员法，公务员和行政机关的其他工作人员不能成为行政违法的法律责任主体，其职务行为引发的对外的法律责任由所在的行政主体承担。行政主体承担相应的法律责任后，有权对有过错的公务员给予行政处分，或者就行政赔偿对其进行追偿。

4. 行政执法过错责任人主体

行政执法过错责任由行政机关的单位责任和执法人员的个人责任组成，以个人为主要责任主体。对执法人员个人责任的追究，需要准确认定行政执法过错责任人。

行政执法过错责任人可以进一步区分为作为的过错行为责任人与不作为的过错行为责任人。不作为的行政执法过错责任人依据执法人员所负有的义务（岗位职责）确定，作为的过错行为责任人为直接做出过错行为的工作人员。作为的过错行为责任人包括单一的过错和共同的过错，共同的过错行为，由各责任人按过错的大小承担责任。

《追究办法》及国务院相关部委对行政执法过错责任人的认定做出了比较详尽的规定。

（1）案件承办人等具体工作人员作为过错责任人的情形：一是执法过错行为经审核、

批准做出，具体工作人员、审核人、批准人均为过错责任人，分别承担责任；二是具体工作人员存在隐瞒事实、隐匿证据或提供虚假情况等行为导致案件办理错误的，具体工作人员为过错责任人；三是具体工作人员未经批准，或不按批准的方式、内容而实施了违法或不当行政行为的，具体工作员为过错责任人。

（2）审核人作为过错责任人的情形：一是经审核、批准的执法过错行为，审核人有过错的，审核人、批准人为过错责任人；二是因审核人的故意行为造成批准人失误或不当的，审核人为过错责任人；三是审核人变更具体工作人员的正确意见的，审核人、批准人为过错责任人。

（3）负责人或批准人作为过错责任人的情形：一是经审核、批准的执法过错行为，批准人有过错的，审核人、批准人为过错责任人；二是审核人变更具体工作人员的正确意见，批准人批准该审核意见的，审核人、批准人为过错责任人；三是批准人变更具体工作人员和审核人的正确意见的，批准人为过错责任人；四是集体讨论决定而导致为行政执法过错的，决策人为行政执法过错主要责任人；五是指派不具有执法资格的机构人员执法的，负责人为过错责任人；六是负责人命令或指示执法人员违法执法或不当执法，或者越权干预正常执法活动的，负责人为过错责任人；七是对具体工作人员、审核人等的行政执法过错行为不及时报告，虚报、瞒报甚至包庇、纵容的，主要负责人为责任人。

（4）参加集体讨论决定人员为执法过错责任人的情形：集体讨论决定而导致的行政执法过错的，决策人为行政执法过错主要责任人，参加讨论的其他人为次要责任人，但提出并坚持正确意见的人员不承担责任。

（三）行政责任的承担

1. 行政违法与行政不当的法律后果

行政违法、行政不当会引发多方面的后果，但主要集中在违法、不当行政行为的法律责任和执法过错责任两个方面。

行政违法的法律责任体现为：首先，违法的行政行为全部或部分失去法律效力。行政行为一经做出便产生公定力，即行政行为具有了被推定为合法、有效的效力，并由此产生行政行为的拘束力、确定力和执行力，一旦有权机关依法定程序认定行政行为违法或不当，行政行为的公定力被推翻，行政行为自然失去拘束力、确定力和执行力，不得继续作为一个合法的行政行为拘束双方并予以执行。行政机关产生立即停止执行，并采取承认错误、赔礼道歉、恢复名誉、消除影响，以及返还财物、赔偿损失等补救措施的义务；第二，行政机关承担做出违法或不当行政行为的法律责任，行政机关应当自行或者按上级行政机关的要求，做出撤销、变更、宣告行政行为无效等行政处理决定予以纠正，或者执行法院的行政诉讼判决、行政复议机关的行政复议决定、上级行政机关做出的执法监督（督查）决定或行政处理决定。

行政不当导致的不利后果与行政违法有较大的差异。在法律责任上，不当行政行为并不必然导致行政行为无效或被撤销，只有不当的行政行为达到明显不当或显失公正的程度，行政机关才会承担相应的法律责任。在执法过错责任上，行政不当与行政执法过错责任没有必然的因果关系，也不必然产生行政执法过错责任，行政不当引发的执法过错责任，多为“补救性行政责任”而非惩罚性行政责任，其责任小于行政违法导致的执法过错责任。

2. 行政违法的法律责任形式

行政违法与行政不当的法律责任形式，主要是违法的行政处罚或其他行政处理决定被变更、撤销（部分撤销）或者被确认无效、确认违法、被要求限期履行法定职责等。以上决定，可以是法院、行政复议机关在法院判决或复议决定中做出，也可以是行政机关依法自行纠正做出（无论是行政机关主动纠正还是应上级机关的决定、命令做出），特殊情况下，可以由上级主管机关做出。

与地方政府相比，上级主管行政机关特别是实施垂直管理的上级主管机关，对违法行政行为的处理上，拥有更广泛的权力和更多样化的处理措施。例如，质监部门规定，上级质监部门可以决定由其直接办理下级质监部门办理的行政处罚案件；工商行政管理部门规定，上级工商行政管理部门可以重新审查下级工商行政管理部门的决定，可以直接纠正（变更）下级工商行政管理部门的决定，或者直接做出一个新的行政决定替代下级工商行政管理部门的决定。

3. 行政执法过错责任形式

行政执法过错责任即行政不当应承担的责任。行政执法过错责任分单位责任和个人责任，单位是次要的行政执法过错责任主体，单位的行政执法过错责任形式也相对较为单一，单位行政执法过错责任形式应包括承认错误、赔礼道歉、恢复名誉、消除影响、返还权利、恢复原状等。《追究办法》第十六条第（二）至第（四）项规定的对行政执法程序的违法或不当、具体行政行为违法或不当、规范性文件不合法的“责令纠正或者撤销”的处理措施；第十九条规定的对拒绝执法监督的单位予以“通报批评”的处理措施；第三十八条规定的对过错责任人不按期限处理或处理不当的，“其上一级机关可责令限期处理或者改正”的处理措施等，均为单位的行政执法过错责任形式。

质监部门个人行政执法过错的责任形式，主要在《公务员法》《行政监察法》《追究办法》等法律法规中规定，《追究办法》第三十一条规定了执法人员个人的行政执法过错责任形式有：①责令书面检查；②通报批评；③暂扣或者吊销行政执法证件或者调离行政执法工作岗位；④警告、记过、记大过、降级、撤职、开除等行政处分；⑤承担全部或者行政赔偿责任；⑥涉嫌犯罪的，移送司法机关处理。

第三节　质监行政执法风险防控

一、质监行政执法风险概述

（一）质监行政执法风险概念

质监行政执法风险是指具有执法资格、负有法律、法规所赋予的权力或者履行职责的质监行政执法主体及其工作人员，在依法行使职权范围内的质监行政执法工作（包括日常巡查、专项整治、稽查打假、举报投诉处理等）过程中存在有未按照或未完全按照法律、行政法规、规章要求的行为执法或履行职责，因此而侵犯或者损害当事人的合法利益并造成一定的物质或精神上的损失所应依法承担相应责任的可能性。

（二）质监行政执法风险产生的原因

随着经济社会的不断发展，质监行政执法过程中，当事人法律意识的不断增强，社会监督机制和国家法治建设的不断完善，以及对行政执法过错追究力度的不断加大，行政执法已经成为人们所谈论的“高危行业”，质监行政执法亦是如此。从本质上讲，质监行政执法就是一种保护合法生产行为的社会公共服务，但在保护合法行为的同时就会对非法利益进行打击和惩处，在保护和打击之间取舍，就会出现冲突，必然就会造成矛盾的存在，这就产生了质监行政执法风险，所以其有着存在的必然性。其成因可分为：

1. 因执法能力不足导致的风险

部分执法人员对相关法律法规的理解有偏差，对当前质量监管和行政执法职能认识不到位，造成执法随意性大，执法质量不高。例如，在质监行政执法过程中，基层行政执法工作人员大多数情况下是注重实体法，轻视程序法，由此导致质监行政执法风险增大。程序法是行政执法的操作规程，是行政执法必须履行的程序。往往一些基层行政管理机关工作人员在认识上偏重于实体，认为只要是达到行政执法目的，可以不必要严格的去遵循程序法。又如，制作执法文书不严谨、不规范，使用文书或引用法律条文错误；执法过程中超越执法权限，乱用自由裁量权，不注意收集证据或收集的证据证明力不强等。

2. 因监督机制不健全导致的风险

在实际执法办案中，尤其是在一线执法办案中，一个案件从立案到处罚由相对固定的执法人员完成，各执法单位的法制机构也只是从法律依据、书面呈报的程序、事实材料上把关，而对执法过程中的显失公正以及结案后的各项工作往往缺乏监督。

3. 因未正确履职导致的作为风险

质监行政执法要受各种法律实体、程序的制约，由于执法主体在执行或解释法律法规和其他规范性文件所赋予的职责职能中应作为而不作为、未完全作为或作为了未赋予的职责职能范围内的管理事务的乱作为。例如，在进行行政自由裁量时，执法人员所做出的某些行政行为不太合乎逻辑，存在不公平性，违背了合理性、公平性原则，都可能受到党纪、政纪、法纪的追究，承担相应的责任。

4. 因缺乏严格的考核、激励制度引起的风险

在质监行政执法工作中，缺乏一个完善、有效的考核与激励制度。执法人员办案与不办案、办案多少、大小对自身的利益影响不大；相反，执法人员办案越多，承担错案追究风险的可能性也会越大。在这种只罚不奖的机制下，多数执法人员在一般情况下会力求稳妥，尽量少办案或不办案。

5. 因外在因素干扰执法引起的执法风险

在当前各地都在努力发展经济的大环境下，地方政府出于地方利益的考虑和需要，采用行政命令的方式对质监行政执法行为加以限制或干涉。这种风险危害较大，直接影响到一个地区的质监行政执法环境和产品质量的提升。还有就是现行政策、法律法规规定上客观存在着的交叉、遗漏，相应的导致行政执法机关发生行政执法不作为，也极易孕育执法风险。

6. 因当事人暴力抗法引起的风险

质监行政执法中的当事人由于法制观念淡薄，追逐个人私利，故意违反质量技术监督方面的法律法规，加之行政执法本来就会损害到当事人的切身利益，其就会采取异端暴力的方式对抗行政执法。这种风险直接危及执法人员的生命健康和安全，有时可能间接地危及质监干部家属生命健康和安全，负面影响较大。

7. 因某些不合法的监督引起的风险

主要表现在政府职能部门和当事人对质监行政执法的依法监督，如行风评议、案件回访等，行政执法应该受到政府、职能部门和人民群众的依法监督，这对行政执法是一种有效地促进，往往这些良性的监督会确保行政执法合理、合规、合法。但并非所有监督均是良性的，现在某些不正常、不合理的监督、制约、阻碍和抗拒，在某种情况下甚至反对行政执法，其存在具有极大的危害性，往往使行政执法不能依法进行或不能正常行政执法。

（三）质监行政执法风险的类别

质监行政执法风险可以按照风险产生的原因、风险的内容、风险承受的主体等不同角度进行分类。

1. 按照质监行政执法风险承受的主体不同分类

按照质监行政执法风险承受的主体不同划分，风险可以分为以下几类。

（1）国家风险。国家风险是指国家的利益受到损害。质量问题既是国家经济发展的重要问题，也是保障社会和谐安定的政治问题。质量技术监督出了问题，必然导致产品质量的发展提升低于预期，质量安全事故的发生概率增加，给国家经济的转型、社会的安定带来损害。

（2）质监部门风险。质量技术监督系统是质监行政执法的主体，因而也就必然会面临众多的行政执法风险。例如，行政监管不到位，导致辖区内发生质量安全事故，必然使质监部门遭到来自社会的压力和上级政府的问责。或者当事人对质监部门的行政处理决定不服而提交行政复议或行政诉讼，使质监部门陷入行政纠纷，有败诉的风险，使质监部门的执法管理处于被动，形象受到影响。

（3）执法人员风险。质监行政执法人员风险是指由于质监行政执法过程中由错误操作产生的，需由执法人员承担的风险。质监部门执法任务繁重，人员相对不足，在工作中常常面临风险。由于执法人员的工作失误、违纪违法（利用执法权牟私利）或与当事人的行政纠纷等原因，使执法人员承担经济、法律、声誉损失的事件并不罕见。

（4）当事人的风险。指质监行政执法过程中，相关当事人有承担不合理、不合法损失的风险。例如，被执法人员钓鱼执法，违反程序、法规多罚多扣等。这些违法行为都要承担相应的法律责任。

（5）消费者面临的风险。产品质量涉及民生领域，质监行政执法过程中的不合法现象可能导致广大消费者遭受损失。例如，执法人员徇私舞弊，对当事人的不法行为该罚不罚，纵容包庇，必然使不合格的产品流入市场，对消费者权益造成损失。

2. 按照质监行政执法风险的内容不同分类

按照质监行政执法风险的内容不同划分，风险可以分为以下几类。

（1）行政责任风险。行政责任风险是指质监部门和执法人员违法实施行政管理行为，造成一定不良后果，政府根据《公务员法》《行政诉讼法》等法律规定，给予部门负领导责任的人员和相关执法人员一定的行政处分的风险。根据不同违法事实和情节严重程度，相关人员面临警告、严重警告、记过、记大过、降级、撤职、开除等行政处罚。

（2）刑事责任风险。质监行政执法中产生的刑事责任风险并不罕见，主要是因为区域质量监管不力导致的质量安全事故爆发，从而使相关责任人（主要是问题企业相关人员）面临刑罚处罚的风险。例如，在三鹿奶粉事件的处理中，三鹿集团前董事长田文华被判处无期徒刑，其他 3 名高层管理人员王玉良、吴聚生等则分别被判处有期徒刑 5 至 15 年。

（3）经济损失风险。经济损失风险广义上包括质监行政执法过程根据客观违法事实，按照法定程序对当事人进行处罚，使违法客体遭受损失的风险，也包括执法人员违法行政被追究问责所产生罚金的可能性。

（4）声誉损失风险。声誉损失风险包括当事人（法人和自然人）的违法事实被质监部门依法处罚后，商业名誉、品牌价值可能会受到损害；也包括质监部门、执法人员的违法、不当行为被追责曝光造成的公信力和形象方面的损害。这种损失有时是非常重大的。例如，2010年昌黎假葡萄酒事件被媒体曝光，相关企业被行政处理后，产量占全国四分之一的昌黎葡萄酒产业名誉受损，后续经济损失超过亿元。

二、质监行政执法各环节存在的风险点

此外重点介绍在办理质监行政执法案件过程中各环节存在的风险点。根据国家质检总局在2011年发布的《质量技术监督行政处罚程序规定》，质监行政执法程序一般可以分为：前置核查、立案、调查取证、审理及告知、听证、复核、处罚决定及执行、结案等8个环节。以下按照这8个环节介绍存在的风险点。

（一）前置核查及立案环节

前置核查及立案是质监行政执法的起始环节，对于把握案件线索，初步摸清案件情况有重要作用。当前执法前置核查及立案阶段存在的执法风险点主要有以下几点：

1. 时间把握上可能存在风险

《质量技术监督行政处罚程序规定》第十二条规定："质量技术监督部门对依据监督检查职权或者通过举报、投诉、其他部门移送、上级部门交办等途径发现的违法行为线索，应当在自发现之日起15日内组织核查，并决定是否立案。检验、检测、检定、鉴定等所需时间，不计入前款规定期限。"有些执法人员在一段时间内得到多个违法线索后，由于法律知识不足，有时在案件处理中未做好排序工作，导致进行前置核查及立案超过规定期限，留下办案瑕疵。

2. 立案决定时的风险

根据《质量技术监督行政处罚程序规定》的规定，质监行政执法案件的立案案件，应当报请质监部门负责人批准。若执法人员在检查中发现问题，为求速度当场填写立案审查表进行立案，之后才报知部门负责人，这种行为违反了法规，必然造成错误执法的风险。

（二）调查取证环节

案件办理过程中最重要的就是证据的获得，因此调查取证在质监行政执法程序中处于核心地位，也是最复杂、最花费时间、精力的程序，同时在这一程序中存在的风险点也最多。

1. 执法人员的构成

依照法定程序，质监行政执法部门在案件的调查取证过程中，现场案件承办人员不得少于两人，并应当向当事人出示行政执法证件，并记录在案。现场检查中视案件情况，“可以邀请法定检验、检定部门或者鉴定机构的工作人员或者其他有关技术人员参加。在现场检查中有当事人在场。当事人拒不到场的，不影响检查的进行，承办人员应当在笔录中载明情况”。由此可以看出，现场检查中，不出示执法证件或者一人执法都是严重的违规执法，必然导致执法无效的法律后果。而针对技术、工艺水平较高的产品执法时，一定要做好前期准备，依靠专业技术人员的力量，采取最适合的现场检查人员的构成，以达到公平、公正、专业的检查效果。

2. 执法文书的处理

调查取证阶段需要或者可能用到的执法文书很多，主要包括：《现场检查笔录》《通知书》《取证单》《监督检查抽样单》《检验（检定）（鉴定）委托书》《检验（检定）（鉴定）结果告知书》《采取（解除）行政措施审批表》《登记保存证据通知书》《查封（或解除）（扣押）（封存）决定书》《涉案物品清单》、封条、《行政强制措施有关期限告知书》《解除登记保存通知书》《责令改正通知书》《案件调查终结报告》等。各个文书需要依照调查的阶段、进度进行填写、记录和印章，并彼此形成时间逻辑关系，该送达当事人的要及时送达，该经上级审批的要及时审批，该归档的要及时保存，形成完整案卷。由此可见，执法文书的处理直接影响调查取证的合法性和行政执法的规范性。而且执法文书是具备法律效力的案卷，不当处理会直接造成行政诉讼的败诉风险。

3. 证据的保存和行政强制措施的使用

调查过程中获取的各项证据是做出处罚决定的根本依据。执法人员要注意保存当事人的违法证据，并做到翔实、可靠、证明力强。在相对人并不配合执法行为的情况下，为了防止证据灭失，质监部门可以对与涉嫌违法行为的证据采取先行登记保存措施，或者依据法律、法规采取查封、扣押、封存等行政强制措施。但是执法人员不可滥用登记保存和行政强制措施对当事人施加压力，并要在达到目的或者证明不需要采取措施时，及时解除行政强制措施。采取或者解除登记保存或者行政强制措施，应当经质监部门负责人批准，不可由执法人员当场自行决定。因此，执法人员需要运用知识和经验妥善保存证据，并谨慎运用行政强制措施，否则将有错误执法的风险。

4. 现场取证时可能遇到的困难

执法人员在现场取证时有时会遇到当事人不配合，尤其是在对方违法行为较为明显且严重的情况下，继续调查的行动遇到困难，甚至人身安全都会遇到危险。

（三）审理、复核环节

各级质监部门目前都设立有行政处罚案件审理委员会，实行质量执法案件集体审理制度。实际上，案审委需要全面掌控案件的证据和进程，通过集体分析研究，对是否进行处罚、如何处罚做出决定，是整个行政执法的实际控制机构。有些基层质监部门存在虚设案审委，案件全由一位或者几位领导人员做主的情况，这实际上不但属于错误执法，更属于错误领导。

（四）听证环节

根据《质量技术监督行政处罚程序规定》的规定，质监部门拟做出以下行政处罚决定之一的，应当告知当事人有要求举行听证的权利。第一，责令停产停业的；第二，吊销质监部门核发的许可证的；第三，处以较大数额罚款的。案审委下设的办公室，负责听证的具体组织工作。若是符合听证条件，未通知相对人听证权利，或者对方要求听证却不予安排的，都属于行政侵权行为，会造成各种风险，如损害执法权威和部门形象等。

（五）处罚决定及执行环节

根据《质量技术监督行政处罚程序规定处罚程序》的规定，各级质监部门对当事人依法给予行政处罚的，应当依法制作行政处罚决定书，写明当事人姓名或者名称及地址、违法事实及证据、处罚依据及理由、处罚种类及幅度、处罚履行方式及期限、救济途径及期限、做出处罚决定的行政机关名称及日期等内容，并加盖做出行政处罚决定的行政机关的印章，于做出之日起 7 日内送达当事人。行政处罚决定书一经送达，即发生法律效力。行政复议或者行政诉讼期间，行政处罚决定不停止执行，法律另有规定的除外。在这一程序中，存在的风险较小，主要是行政复议或者行政诉讼中可能存在的败诉风险，会导致处罚决定的撤销。

三、质监行政执法风险的防范

（一）坚持依法行政，树立正确执法理念

全面推进依法治国，是以习近平同志为核心的党中央提出的重大战略决策，是全面建成小康社会、全面深化改革和加快社会主义现代化的重要保证。而坚持依法履职，依法行政，做到“法定职责必须为，法无授权不可为”，让权力在法律制度内运行，是我们有效规避质监行政执法风险的重要途径。我们要深刻领会党中央精神，牢固树立法治理念和法治思维方式，确实做到“权为民所用、情为民所系、利为民所谋”。要培育执法人员公开、公平、公正的执法原则，端正执法观念，坚持正确行使自由裁量权，严格按照法律法规的规定开展质监行政执法。

要确立新的行政执法理念，创新和规范行政执法行为，才能有效规避质监行政执法风险。首先，要树立“人本执法”理念。我们在质监行政执法实践中，必须最大限度地

体现以人为本、执法为民，把维护最广大人民群众的根本利益作为出发点和落脚点，要特别注重保护人民群众的身体健康和生命安全，注重维护和尊重当事人的人格尊严。其次，要树立“公正执法”理念。在具体的行政执法实践中，必须遵循公平、公正、公开原则，对不同区域、不同职业、不同所有制的当事人，应当平等对待，不得歧视；行使自由裁量权时，必须符合法律目的，充分体现公平、正义，不受当事人职务、关系、态度的干扰。通过公正执法，促进市场主体公平竞争，保障社会秩序和谐稳定。第三，要树立“科学执法”理念。在行政执法过程中，要注重发挥好行政执法在社会事务管理活动中的引导、规范、协调和保障作用，促进经济、社会的全面、协调、可持续的和谐发展。第四，要树立“严格执法”理念。行政执法必须依照法律、法规和规章的规定进行，在注重实体合法的同时，要注重程序合法；防止和杜绝行政乱作为、行政不作为行为的产生。第五，要树立“责任执法”理念。行政执法机关必须依据法律、法规和规章的规定履行职权，同时也应承担起相应的法律责任；行政执法违法或者不当，必须依法承担法律责任，充分体现权力和责任相统一，切实做到有权必有责、用权受监督、侵权须赔偿、违法要追究。

从近年来一些行政案件所引发的社会影响来看，尽管违法的行政机关及执法人员受到法律惩罚，但在当事人承担法律责任的背后，国家和政府的形象受到极大伤害，行政执法机关的公信力受到伤害。当前，中国政治与经济的改革正处于关键阶段，由于各种社会矛盾所引发的行政纠纷及案件已经成为影响治安秩序和社会稳定的突出问题。因此，执法人员要从思想上高度重视行政执法风险的重要性，提高行政执法风险的防范意识，努力做到依法行政，妥善预防和化解行政执法风险。

（二）结合质监特点，规范行政执法办案流程

进一步加强质监行政执法工作的研究，结合质监部门监管模式、案件特点，以质监行政执法在办案程序上的主要依据包括《行政处罚法》《行政复议法》《质量技术监督行政处罚程序规定》等为基础，认真规范质监行政执法人员在管辖、受理、调查取证、审理、执行、结案以及告知、听证、行政复议等过程中应遵循的程序，执法人员在执法过程中要严格遵守法律法规中有关程序的规定，详细梳理出各个环节存在的风险点，制定出明晰、规范的案件办理流程图。

随着互联网技术的不断进步和普及，现代信息科技手段也是防范执法风险的一个重要手段。目前，国家质检总局及相当部分省、市已全面推行通过执法办案信息化系统开展行政执法工作，推行网上办案，全系统所办行政执法案件全部实行信息化审批办理，依托信息系统的特点，每个程序只有符合业务系统依据有关法律设定的条件才能进入下一环节，使行政处罚案件从立案、调查、强制措施、证据收集送检、处罚文书使用、告知权利义务到案件送达执行及罚缴等过程都得到严格把关，从而实现办案程序的规范化、

执法效能的最大化、案件监控的阳光化，既有助于遏制有案不查、大案办小的不作为现象，又有利于防止畸轻畸重、滥施处罚的乱作为行为，尽可能地防范执法风险。

（三）理清责权清单，有效化解权力风险

推行权力清单和责任清单“两张清单”制度，是国家治理体系和治理能力现代化建设的重大制度创新，是全面推进依法治国的重要举措。我们要根据“职权法定、简政放权、权责一致、公开透明、统筹兼顾”的原则，进一步加强研究，确保“两张清单”制度同步协调推进。一是完善岗位流程制衡机制。以“权力清单”清理为契机，在全面梳理市场监管执法办案业务的基础上，以业务流程为主线，以权责统一为重点，全面规范行政行为工作流程，优化市场监管执法干部结构，科学划分职能，明晰岗位职责，使各个岗位、各个环节间相互衔接、相互制衡，从源头上预防违法违纪行为的发生，防范市场监管执法风险。二是建立岗位过错责任追究机制。积极开展风险防控体系建设，有效落实过错责任追究制度，实现对岗位风险的系统性防范。对市场监管执法权运行的重点部位和环节存在的风险进行排查，明示岗位风险，对执法监管不到位、不作为、乱作为，造成不良后果的要坚决进行责任追究。三是探索建立执法风险事后评估机制，在执法风险事件发生之后，对于事件给市场主体在生活、生产、生命等各个方面造成的影响和损失进行量化评估，有效防范和警示类似执法风险的再次发生。

（四）建立健全机制，实行有效的执法监督

首先，要明确工作职责，要对企业巡查、便民措施等制度进行细化和量化，分工明确，责任到人，建立相应的考核评比制度，并纳入年度目标任务考核和党风廉政责任制考核范畴，与干部的评优评先有机结合起来，实行下管一级，上究一级的原则进行管理考核，真正构建成质监系统执法队伍勤政廉政的“安全网”，做到关口前移，及时将风险化解于未然，确保执法人员零违纪。其次，要落实过错责任追究制，对执法监管不到位、不作为、乱作为，造成不良后果的要坚决进行责任追究；开展执法廉政风险防范承诺，在查找风险点和提出防范措施的基础上，每名执法人员有针对性地进行廉政风险防范书面承诺，提醒自己做一名廉洁奉公的质监执法人。第三，在完善内部监督机制的过程中，也要拓宽外部监督渠道。本着管好队伍、爱护队伍、预防为主，防患未然的原则，实行设置意见箱、跟踪督察、群众评议、教育引导的全方位动态管理方法，把质监行政执法行为置于社会监督之下，随时倾听社会各界人士对质监行政执法工作的意见和建议，不断改进工作方法，提高执法水平。第四，建立健全政务公开制度和基层执法人员向服务对象代表述职述廉制度，实行公开办事制度，形成用制度管人、用制度管事、用制度管物的管理机制。进一步推进阳光行政，按照行政处罚结果公开透明的原则，利用网络、公告张贴栏向社会公示有关法律法规、规章制度、执法权限及其法律依据、执法人员应

履行的义务以及行政处罚结果，增强依法行政的透明度，使行政执法权力接受社会各界的监督。

（五）立足综合素质培养，推进高水平执法队伍建设

老话说：欲造物，先造人。建设一支政治过硬、熟悉法律、精通业务、综合素质高的质监行政执法队伍，是推进质监行政执法规范化、法制化建设的关键，要化解现实存在的执法风险，就要求执法人员必须具备一定的、能够正确开展执法活动的综合素质。这些素质包括正确的思想观念、端正的工作态度、必要的法律知识、熟练的业务技能和计算机操作技术以及协调能力等。因此，应统筹兼顾，有针对性地加强执法人员的政治教育和业务技能培训，学好用好法律法规，明确“须为”“可为”和“不可为”，是实现职能到位的重要保障。首先，要重视政治思想素质的培养，有了较高的政治思想素质，业务素质可以通过执法人员的责任感和敬业精神在工作、培训和自觉钻研中逐步提高。其次，还需要加强全系统执法人员的业务培训，包括端正的工作态度，必要的法律知识、业务理论，熟练的业务技能以及协调能力等业务素质。要把法律、法规的学习与本职业务的学习作为日常工作的重要组成部分，以执法人员的高素质带动“依法行政”的高水平，从而有效降低质监行政执法风险的发生概率。

第八章　质监行政执法文书

第一节　概述

一、行政执法文书的概念与作用

（一）行政执法文书的概念

行政执法文书是行政执法机关和法律、法规授权组织，按照法定的执法程序和执法内容，在从事行政执法活动中制作的具有特定法律效力和法律意义的文书的总称，包括行政确认文书、行政许可文书、行政检查文书、行政强制文书、行政处罚文书、行政征收文书、行政复议文书等。本书重点介绍行政处罚文书。

行政执法文书包含以下 5 个要素。

1. 主体明确

行政执法文书的制作主体必须是行使国家行政执法职能的行政机关和法律、法规授权组织及其依法取得行政执法证件的人员。其他任何机关、团体和个人均无权制作行政执法文书。

2. 依据法定

行政执法文书是在执法过程中，为实现某种行政执法目的，依据现行有效的法律法规制作的执法文书。行政执法文书的种类必须是法定的，有法律依据的，不得擅自创设行政执法文书。

3. 职权行为

行政执法文书是在履行执法职权的过程中，为记录执法全过程，客观反映案件真实情况而制作的执法文书。它不同于其他行政公文或文件。

4. 内容完备

行政执法文书应当具有规范、统一的格式，记载内容必须完整，能够达到执法文书所需要起到的证明作用。

5. 法律效力

行政执法文书具有强制的约束力，内部行政执法文书一经行政机关内有权审批的负责人签批即具有法律效力。外部行政执法文书一经送达即发生法律效力，非经法定程序不可撤销。

（二）质监行政执法文书的概念

质监行政执法文书是指各级质监部门及其法律、法规授权组织在依据质监法律法规实施的执法活动中制作的具有法律效力或法律意义的文书。

质监行政执法文书的要素与行政执法文书相同，不再赘述。

需要说明的是除质监行政执法文书外，在质监行政执法案卷中还存在另外一类文书，与质监行政执法文书共同组成行政执法案卷的文书，称为质监行政执法关联文书。它是指法律规定的特定主体，依法制作的与质监行政执法活动紧密联系并具有独立法律效力和证据作用的文书。主要包括以下类型：①当事人制作或者由委托代理人代书的各种文书材料。如复检申请书、委托书等。②与质监行政执法直接相关的其他参与人制作或提供的材料。如检验报告、鉴定结论等。③与质监行政执法案件相关的其他机关或人员制作的文书。如律师制作的代理词、公证机关出具的公证文书等。

（三）质监行政执法文书的特征

1. 法定性

质监行政执法文书是执法人员为履行职责或实现权利义务而制作的，行政执法职权的取得和行使都必须符合法律规定，行政行为准则、权利义务内容必须有法律规定。质监行政执法文书必须严格按照相关的程序法和实体法制作。

2. 客观性

质监行政执法文书的内容涉及案件事实的认定和案件处理的结果，其制作必须以案件的客观事实为立论和适用法律的依据。执法文书是客观事实的书面载体，应当确保记载的真实性、准确性，客观的反映案件事实。

3. 规范性

质监行政执法文书必须要具有一定的规范性，统一每类文书的格式，不能任由各质监部门甚至执法人员变更和篡改文书格式。执法文书的规范统一体现了执法的严肃性和权威性，也保证了必要内容的不缺失。

4. 合法性

质监行政执法文书的制作，必须符合法律、法规和规章等规定的行政执法程序要求。执法文书必须在法定阶段、法定的时限内制作，必须履行必要的手续，做到程序和内容的合法。

5. 特定性

质监行政执法文书针对特定的人和事，不具有普遍约束力，不能重复使用，每一个案件都需要对应相应的执法文书。

6. 强制性

质监行政执法文书一经生效即具有强制约束性，非经法定程序不能否定执法文书的法律效力。

(四) 质监行政执法文书的作用

质监行政执法文书的作用是指质监行政执法文书在运用过程中所体现出来的效用，归纳起来，主要具有以下几个方面：

1. 实施法律的基本工具

执法文书的内容是国家法律与具体行政事务相结合的产物，行政机关是通过行政执法文书向当事人宣示法律规定的，也是通过行政执法文书表明国家意志的。法律的实施都是将实体问题的处理通过制作执法文书的方式表现出来，以达到国家行政管理的目的。

2. 依法履职的重要载体

质监行政执法文书是质监部门执行质监法律法规，履行法定职责的客观凭证。执法机关为了表明实施法律行为的合法性就必须出具相应的执法文书。行政执法行为是否实施，行政执法活动是否合法，一般都需要执法文书加以印证。

3. 执法活动的忠实记录

执法文书是办案过程的客观记载，它可以比较准确地反映当时的行政执法情况。它以文字的形式，全面、准确、如实地记载和保留行政执法活动的材料和证据，是解决行政处罚案件所产生的争议的重要依据，是还原案件事实、适用法律以及办案程序是否合法等问题的重要证据。

4. 评价执法能力的尺度

执法文书清晰地反映出了执法人员的执法情况和执法业务能力。一份优秀的执法文书需要执法人员具有较高的法律素养和基础的写作能力，可以说执法文书的制作是执法人员知识、经验和工作能力综合运用的成果，也是工作责任心、工作能力的客观反映，具有考察执法人员思想政治素质和业务素质的特殊作用。

5. 普法教育的重要手段

执法文书本身就是一份真实、具体、形象的教材。公开的执法文书对公民、法人和其他组织来说，是运用具体案例进行学法、懂法、守法和护法的重要手段，一份合格的执法文书可以提高人民群众的法制意识，达到宣传法律和制度的目的。

（五）质监行政执法文书制作的基本原则

质监行政执法文书的制作应当遵循以下原则：

1. 实事求是的原则

事实是定案的基础，也是质监行政执法文书制作的基础，客观事实是客观存在的，不以办案人员的主观意志为转移的。制作质监行政执法文书必须忠于事实真相，这是质监行政执法文书制作最基本的要求，要做到：一是质监行政执法文书所依据和陈述的事实必须真实确凿，不能弄虚作假；二是要尊重客观事实，必须从事实出发，不能凭借主观臆断；三是不能编造或隐匿事实，以达到以权谋私、打击报复等非法目的。

2. 依法制作的原则

质监行政执法文书依法制作包含 4 层意思：一是质监行政执法文书的制作主体必须合法，不适格主体制作的质监行政执法文书无效；二是制作质监行政执法文书所依据的法律法规本身必须有效，依据无效法律法规制作的质监行政执法文书无效；三是质监行政执法文书的制作程序必须合法，违反法定程序制作的质监行政执法文书无效；四是质监行政执法文书的制作要符合实体法的规范，制作的内容要合法。

3. 规范统一的原则

质监行政执法文书在结构内容和某些程序性语言上需要规范统一，主要包括：一是质监行政执法文书的内容程式化，包括叙述事实要素化、援引法律条文规则化、列举证据的链条化、行政执法事项的处理标准化；二是质监行政执法文书要格式化，执法文书格式统一，有利于按法定程序制作，也有利于执法人员掌握，保证质监行政执法文书制作的质量；三是文书用语的严谨化，质监行政执法文书中的用语应力求规范，使用的语句要言简意赅、朴实准确，符合公文规范。

4. 及时效率的原则

迅速及时是制作和使用质监行政执法文书应普遍遵守的准则，其目的是迅速及时地办理行政执法事务，质监行政执法文书制作是否及时反映出执法人员案件办理的及时性，行政处罚案件在查证事实清楚的情况下应当及时予以处理完结，以提高执法效率、高效利用行政资源。同时，部分质监行政执法文书是需要伴随执法过程同步制作以及当事人签字认可的，如现场检查文书、询问调查类文书。如不及时制作则无法保证文书的真实性。

二、质监行政执法文书制作的基本要求

质监行政执法文书是质监行政执法活动的真实反应，在制作质监行政执法文书时要

做到以下 3 点：

（一）态度严谨

质监行政执法文书是要直接产生法律效力的法律文书，质监行政执法文书内容的准确与否直接关系到当事人的切身利益，也关系到执法人员的切身利益。质监行政执法文书出现重大错误或表述不准，可能导致最终案件无法定案，可能导致案件在行政诉讼或行政复议中被撤销等不利后果。因此，执法人员在制作文书时一定要报以严肃、认真的心态，切不可马马虎虎，认为其只是一个形式。

（二）记录准确

质监行政执法文书的制作应当努力反映执法过程中的客观情形，用平实、准确的语言做好记录：一是要做到表述清楚，言简意赅，不啰唆、不重复；二是描述准确，语句不能存在歧义，尽量不使用概数等模糊不清的文字；三是用词规范，使用规范的专用术语，不使用方言土语，不使用国家明文规定不得在公文中使用的词语；四是逻辑严谨，推理正确，前后观点一致。

（三）内容完备

一是严格按照格式化执法文书中确定的内容板块填写，不缺项，保证文书内容的完整；二是执法情况记录的完整，与案件相关的内容都需要记录，不得选择性记录；三是符合说理式执法文书的要求，需要在质监行政执法文书中阐述的事实、理由、依据等要素应当做全面的记录。

以下将重点对质监行政执法过程中涉及的关键质监行政执法文书进行举例说明。

第二节　部分质监行政执法文书的制作要求及范例

一、《现场检查笔录》的制作要求及范例

《现场检查笔录》是质监部门进入涉嫌存在违法行为的单位（个人）的生产经营场所进行现场执法检查时，记录发现的相关违法事实及检查实施过程的质监行政执法文书。

（一）制作要求

《现场检查笔录》共分首部、前言、正文、尾部 4 个部分。

1. 首部

记录被检查单位（个人）名称、社会统一信用代码（身份证号）、其他资质证明及编

号、法定代表人（负责人）姓名、地址，现场检查的起止时间、检查场所等。

单位（个人）的名称应为经核实的社会统一信用代码（身份证）的正式全称，无法核实的应在笔录的前言中予以记录，说明为其声称的名称。检查起止时间应准确到分钟。检查场所应为具体的地点，如“×××产品的生产车间、库房”“×××企业的检验室等”。

2. 前言

记录检查的缘由、检查组组成、表明身份、通知到场、说明来意、告知当事人权利义务等内容。

3. 正文

正文是对现场检查情况的记录，是《现场检查笔录》的主体部分。正文部分可视现场复杂程度，采取不同的结构。简单的案件，先记录发现的违法事实或其他相关事实，再记录实施检查的情况，如检查使用的方法、手段，提取的证据及取证的方式等。复杂的案件，可按检查实施的主要步骤分为多个部分，每个部分先记录发现的违法事实，再记录该部分实施检查的情况，最终组合成完整的现场记录。例如，较复杂的产品质量违法案件，现场检查一般可按以下步骤实施，可分为以下几个部分制作现场检查笔录：

生产企业概况及核实情况→主要生产经营行为及核实情况→涉嫌存在的违法行为（涉案产品、设备、工具）及检查情况→产品包装、标识、标注及检查情况→原辅材料及检查情况→产品出厂检验及检查情况→产品销售及检查情况

对发现的与违法行为相关联的产品、工具、包装、标识、原材料、票据等，要详细具体地予以记录，关键的细节可用摘录、拍照的方式详细记载。对检查实施情况的记录，应写明提取、固定证据的名称、方式，证据提供人及签字确认情况；写明开具的其他质监行政执法文书；写明现场快速检验使用的快检设备、测试结果、判定依据等。

现场检查如发现多个违法行为，一般按照先主要后次要的顺序逐个予以记录，次要违法行为可简要记录。

4. 尾部

记录其他证据的形成、取证情况，是否录音、摄像、拍照，是否进行询问调查。写明采取的行政强制措施、现场处置措施等情况。笔录制作完成后由执法人员签名，被检查人或者见证人签署意见并签名。

（二）制作和使用注意事项

（1）现场检查笔录应当在执法检查现场制作完成，不可补做、重做。多次进行现场检查或检查多个相距较远的现场，应分别制作现场检查笔录。

(2) 现场检查笔录应全面、客观、准确地进行记录，既全面翔实，又重点突出。主要违法事实及证据要详细记载，其余的一笔带过。记录的顺序不要求与检查的过程绝对一致，要以实施检查的基本步骤、主要内容为主线，目的明确、逻辑清晰地顺序记载。

(3) 现场检查笔录用语务求规范、明确，准确使用法律语言和专业术语，不能模棱两可，含混不清、概念不明，不能记录估计、分析、评价、转述等主观内容，不能在笔录中做结论性的认定。

(4) 到场配合、协助是当事人应尽的义务，到场权也是当事人的基本权利，检查前应完整履行通知当事人到场的程序，明确到场人员身份、职务要求，并予以核对、记录。当事人拒不到场的，不影响检查的进行，在笔录首部载明情况。需要在现场采取行政强制措施、实施抽样检验、提取关键证据时，应当邀请见证人到场，见证实施过程并签署意见、签名。

(5) 现场检查可邀请专家、技术人员参加，作为检查人员签名。

(6) 现场检查笔录中的文字记录要与其他现场记录方式配合使用，如现场摄像、拍照、绘图、录音（拍照、绘图等作为现场检查的记录方式可以记入现场笔录）。现场检查笔录要注意与其他质监行政执法文书，如取证单、抽样单、责令改正通知书等配合使用。

(7) 对当事人拖延、阻碍现场检查，或者故意掩饰、伪造现场的情况，也应详尽记录。

范例：

质量技术监督

现场检查笔录

共3页 第1页

被检查单位：××省××管业有限责任公司

营业执照编号：××××××

其他资质证明：工业产品生产许可证 编号：XK××-×××-×××××

地址：××省××市×××路47号

电话：131×××××××××（办公室电话896××××7）

负责人：高×× 性别：男 职务：董事长

检查时间：2012年7月3日9时31分至2012年7月3日12时45分

检查场所：××省××管业有限责任公司波纹管生产车间、成品库房、质检中心

2012年7月3日，根据省局12365举报处置指挥中心转办的举报，××市××区质量技术监督局执法人员张×、刘××，对××省××管业有限责任公司进行现场检查。检查前，执法人员当面通知该单位法定代表人高××指派相关负责人到场并配合进行现场检查。该单位指派公司副总经理李× 到现场，执法人员向李×说明来意，出示《执法检查任务书》和行政执法证件（证件号为No. 123456789××；No. 123456789××），并向该公司送达了《当事人权利义务告知书》，书面告知当事人依法享有的权利及应承担的义务。

现场检查情况记录如下：

1. ……（该公司整体生产经营情况）

执法人员查验了营业执照、生产许可证证书原件，该公司提供了营业执照、生产许可证证书的复印件并由李×签字确认；核查了该公司检验中心的检验设备，查阅了检验记录，执法人员对车间及2号生产线进行拍照。

被检查单位签名：李× *2012. 7. 3*

质量技术监督

笔录页

共3页 第2页

2. 2012年7月3日，该公司正在用2号生产线组织生产双壁波纹管。……

执法人员现场查阅了该公司的《生产计划表》《生产记录》《配料表》及《产品合格证书》，《生产计划表》及《生产记录》上载明生产车间及成品库房所有波纹管都使用2号生产线生产，两种规格的产品使用同一模具同一配方生产，使用了同批次原材料，执法人员用复印方式提取了上述证据材料，复印件经李×签字确认。

3. 执法人员在现场用壁厚千分尺对两种规格的波纹管进行了初测，初测情况如下：……

执法人员决定对两种规格的产品进行抽样检验。在成品库待检产品中随机抽取DN600型波纹管6根，DN500型波纹管6根，每根截取样品1.2m，样品分为两组，一组由执法人员封样并送检，一组由执法人员封样后作为备检样品保留于该公司检验中心。抽样时开具了《行政执法抽样检验单》（120309号），在样品上加贴了封条，李×在抽样单和封条上签字认可。

4. 双壁波纹管为裸装产品，无外包装，产品上直接印有的标识为“双壁波纹管、×××型”“××省××管业有限责任公司”，成品库房的波纹管产品上用铁丝固定有《产品合格证》。标注的内容为“产品检验合格证”“规格DN600，生产日期2012年6月30日，执行标准GB/T 19472—2004，检验员周××”。

执法人员提取空白的《产品合格证》和已使用的《产品合格证》各两张，对成品波纹管及其标识、《产品合格证》进行拍照。

执法人员在现场要求查阅该厂出厂检验原始记录，李×及质检部长王××一直未能提供，后对王××进行询问调查时王××确认，该厂未在出厂检验时对内壁厚度等指标进行检验，无出厂检验原始记录。

被检查单位签名：李×　　2012.7.3

质量技术监督

笔录页

共3页 第3页

5. 执法人员查阅了该厂的供货发票、出库单和产品购销合同，两种规格产品中的DN600型已售出1200m，价格60元/m，DN500型已售出300 m，价格50元/m，产品均销售给××建材经营部。由××建材经营部供货给滨江路建设工程公司，用于滨江路排水管网改造二期工程。

执法人员提取了供货发票、出库单的原件；用复印的方式提取了产品购销合同的复印件，由李×签字确认；开具了《质量技术监督通知书》，要求该公司提供两种规格的波纹管的成本核算表。

6. 执法人员现场提取《产品合格证》（二份）、供货发票（二份）、出库单的原件（十二份），开具了《抽样取证单》（见××号抽样取证单）并由李×签字确认。执法人员在现场对质管部负责人张××、车间主管赵××进行了询问调查并制作了《调查笔录》。

7. 执法人员对现场检查的主要过程进行了摄像、拍照。经请示局领导同意，执法人员在现场对该公司1、2号波纹管生产线、未使用的《产品合格证》及成品波纹管实施查封（见××质监〔2012〕31号《查封决定书》）。

（以下空白）

被检查单位意见（并签名）：　　　　执法人员：张×、刘××、柯×

本现场检查笔录经我核对，

该现场检查的记录属实。　　　　记录人员：刘××

李×　2012.7.3

二、《调查笔录》的制作要求及范例

《调查笔录》是质监部门行政执法人员依法进行询问调查时，记录询问调查内容的质监行政执法文书。

（一）制作要求

《调查笔录》由首部、前言、正文、尾部4个部分组成。

1. 首部

记录询问调查的时间、地点，调查人员及记录人员的姓名，被调查人姓名、性别、年龄、职务、证件及号码、地址、工作单位等基本信息。

地点为“地址+具体场所”，如“×××区×××路40号××质量技术监督局401室（执法大队办公室）”。无法核实被调查人姓名、身份及授权的，不应进行正式询问调查并制作笔录，必须进行询问调查的，可以记录其自己声称的姓名、身份，在笔录正文中予以说明。

2. 前言

前言包括表明执法人员身份、说明调查目的、告知对方权利义务，对询问过程同步进行录音、摄像应明确告知对方。

3. 正文

正文为《调查笔录》的主体部分，询问调查一般按照以下步骤进行：①被调查人说明身份及个人相关情况，个人的学历、职称、职务、经历等，对证言或陈述的可信度有影响的，也要进行记录。②被调查人陈述其所知道的基本情况、经过。③重点询问，针对关键的事实、情节及其细节进行详细的询问，要求提供证据、核实已有证据一般也在这一步进行。④针对性询问，对需要进一步核实的或者前后自相矛盾、故意虚假陈述等问题进行针对性询问，善于利用已掌握的证据，以及对方陈述中的矛盾、破绽、疏漏之处，连续发问、突破案情。

询问调查过程中，被调查人的动作、态度、表情等，可以用加括号的方式予以记录，如“（向执法人员提交发票、账簿等证据材料）”“（打电话请示×××）”“（沉默、不愿回答问题）”等。

4. 尾部

被调查人对笔录进行核对，如有更正或补充应如实记录。核对无误后执法人员、记录人员在笔录尾部签名，被调查人在尾部签署意见并签名。笔录中的确认、更正、补充等记录，不能代替被调查人最后对整个笔录签署意见并签名。

（二）制作和使用注意事项

（1）《调查笔录》是案件承办人员依法进行正式的询问调查时制作的记录，办案过程中大量的非正式调查，如走访知情人、搜集了解企业或产品的基本情况等，既无可能，也无必要制作《调查笔录》。

（2）不放大《调查笔录》的证据价值。《调查笔录》是最易取得的证据，但其客观性、稳定性差，不能直接作为主要证据使用，特别应防止以《调查笔录》孤证定案。

（3）询问调查应当个别进行，不能用会议的形式相互启发、影响；询问调查一般用一问一答的方式进行，一次只提一个问题，避免陈述混乱；询问调查过程中不得提出与案件无关的问题。

（4）注意询问调查的合法性，进行询问调查的程序、内容、形式必须合法。调查人员只能是持证的案件承办人员；被调查人的身份、代理人资格或证人资格必须核实清楚；不能采用威胁、利诱、欺骗等手段进行询问调查，不能指名问证；应当保密的，要为当事人、证人保密。

（5）全面完整、客观准确地制作《调查笔录》，对方自认与辩解、有利与不利、矛盾与一致的陈述都要如实记录。但如实记录并非有述必录，调查笔录切忌琐碎重复、杂乱无章，应当围绕需要查明的事实和需要核实的问题，突出重点、抓住关键，准确记录对方陈述中与此有关的事实、依据等实质性内容。对关键的情节与要素，要详细、完整地记载，忠于原意，不夸大、不缩小、不歪曲，无关紧要、啰唆反复的陈述不必记录。

（6）被调查人应陈述其亲身经历和了解的事实，各种估计、猜测、想象、分析、评论不能作为认定事实的依据，转述的内容可以记录，但应说明来源。

（7）根据案情需要，可以要求或允许对方提供书面陈述或者书面证言。

范例：

质量技术监督

调查笔录

共3页 第1页

时间：2012年7月9日10时0分至2012年7月9日11时31分

地点：××市××区沿江路12号 ××市××区质量技术监督局办公楼执法大队办公室（511室）

调查人员：张×、刘×× 记录人员：××

被调查人：李× 性别：男 年龄：42 职务：副总经理

证件名称：居民身份证 编号：51061119690301××× 电话：1390830×××

地址（住址）：××省××市××村36号

工作单位：××省××管业有限责任公司

问：您好！我们是××市××区质量技术监督局行政执法人员张×、刘×，现向你出示我们的执法证件（证件号为No.123456789××，No.123456789××）。根据《中华人民共和国行政处罚法》第三十七条第一款规定，我们依法向你进行询问调查，你应当配合调查、如实回答问题，对《调查笔录》中的错误、遗漏和不实之处，你有权进行更正、补充，清楚了吗？

答：清楚了。

问：对调查中涉及的案件事实有异议的，你有进行陈述、申辩的权利，清楚了吗？

答：清楚了。

问：我们将对今天询问调查的过程进行录音，清楚了吗？

答：清楚了。

问：依据法律规定，你认为调查人员有依法应回避的情形，你有申请调查人员回避的权利，你是否申请我们回避？

答：不申请。

被调查人签名：李× 2012.7.3

质量技术监督

笔录页

共3页 第2页

问：请说明你的身份并提供相关的身份证明。

答：我叫李×，在××省××管业有限责任公司工作，负责分管生产、技术和质量（出示身份证，证件号为51061119770105××××，将身份证明材料交执法人员查验）。

问：对2012年7月3日我局执法人员到你公司检查和抽检检验一事，你还有什么补充说明没有？

答：没有。

问：刚才我局执法人员张×、刘××向你送达了《检验结果告知书》和《检验报告》，你是否有异议，是否申请复检？

答：没有异议，不申请复检，我公司认同不合格检验结果。

问：请说明一下这两批不合格产品的生产过程及不合格原因？

答：这两批货是××区×××建材经营部于6月2日向我公司订购的，据×××建材经营部老板李××讲是供给滨江路排水管网改造工程使用，这个工程是市里的重点工程，所以价格低、时间紧，我们签订合同后在6月10日就开始组织生产，在安排生产时，工人粗心大意，把小一个规格的模具套上挤出机，结果导致内壁厚度不够。

问：请说明这两批不合格产品的销售价格？

答：供货发票和产品购销合同已提供给你们了，上面清楚地标明了销售价格，DN600型为60元/m、DN500型为50元/m。

问：当时的市场均价是多少？

答：DN600型在70元/m左右、DN500型在75元/m左右。

问：请你解释，你们的供货价格明显低于市场均价和成本价，为何愿意供货？

被调查人签名：李×　　2012. 7. 3

质量技术监督

笔录页

共3页 第3页

答：主要是为了解决资金周转问题，同时让生产线不停工，工人放回去再招工就难了，所以老板说亏本也要接这一单。

问：你在该公司负责生产、质量多久了？

答：12年了。从建厂就在这里。

问：你长期从事塑管生产、质量管理，对你公司的产品的执行标准和质量要求是否熟悉？

答：那当然很熟悉、很清楚。

问：波纹管的产品标准和出厂检验的检验项目你也清楚吗？

答：当然清楚，出厂检验制度就是我组织制定的，内壁厚度为出厂检验项。

问：为什么这两批波纹管没有内壁厚度的出厂检验记录，请你再次确认是否经过了出厂检验？

答：这……（沉默）

问：请你说明低于成本价接单和壁厚变薄之间是否有关系？

答：（继续沉默）行，瞒不过你们了，当时签合同后感觉要亏本，就决定做薄一点，降低成本，反正也不是安全指标，也不影响使用。

问：今天的询问就到这里，你还有需要说明、补充或者更正的吗？

答：没有了。

问：请你核对笔录，以上记录是否属实？

答：以上记录属实，与我说的相符。

被调查人意见（并签名）：

本调查笔录经我核对，

该调查笔录属实。

李× 2012.7.3

执法人员（签名）：张×、杨×、李×

记录人员（签名）：杨××

三、《（抽样）取证单》的制作要求及范例

《（抽样）取证单》是质监部门在办理行政处罚案件过程中，需要提取或抽样提取相关证据时使用的行政执法文书。

（一）制作要求

1. 首部

记录案由、证据持有人名称、社会信用统一代码等基本情况。

2. 取证情况

记录取证的时间和地点、取证目的、取证的法律依据、证据保管人及封条编号。取证目的，简单地说明证据的证明对象。

取证情况是对证据提供人、取得证据的环境、取得证据的方式及证据特征的简单描述。

3. 证据情况

在证据清单中记录证据的名称、规格（型号）、批次（生产日期）或编号、数量、特征（状态）。抽样取证时，必须填写规格（型号）、批次（生产日期），证明所抽取的证据足以代表该批物品。证据为特定的物品、资料时，必须填写物品、资料的特征（状态）、编号，作为识别该证据的依据。

4. 尾部

包括证据持有人签署意见并签名、执法人员签名。证据持有人拒不到场或者拒不签署意见的，应邀请见证人到场见证取证过程，签署意见并签名。

（二）制作和使用注意事项

（1）本文书主要用于提取涉案证据的原物、原件、原始载体以及复制视听资料、电子证据的载体。对书证的复印件、影印件、摘抄件，物证的复制件、照片，视听资料、电子证据的纸质打印件等，取证时已在证据资料上直接注明出证日期、证据出处并由提供人、提取人签名或盖章确认的，不必使用本文书。

（2）实际工作中，可以采取行政强制措施、登记保全措施取得、保全证据时，应优先采取相应行政措施。不符合行政强制措施、登记保全措施适用条件，但又必须取得证据的原物、原件时，可以使用本文书直接提取或抽样提取涉案证据。解除证据登记保全措施、解除行政强制措施时，可以根据案情需要使用本文书从中抽取样品作为证据保存。

（3）案件办结后，有一定经济价值或者使用价值的证据，或者可以用复制、复印、

拍照等方法固定保全证据的，应及时将原物、原件返还证据持有人。

（4）证据为数量较大的种类物，应当用抽样取证的方式抽样提取。抽样取证与抽样检验有本质的区别，两者的目的、方法、抽取样品的数量、样品的使用和保管等有很大的区别，实际工作中应注意不能混用。

范例：

<table>
<tr><td colspan="9">质量技术监督
取证单</td></tr>
<tr><td colspan="2">案由</td><td colspan="7">××省××管业有限责任公司涉嫌生产以不合格产品冒充合格产品的波纹管案</td></tr>
<tr><td colspan="2">证据持有单位</td><td colspan="3">××市××区×××建材经营部</td><td colspan="2">营业执照编号</td><td colspan="2">123456789</td></tr>
<tr><td colspan="9">取证时间：2012 年 7 月 20 日 10 时 12 分
取证地点：××市××区沿江路 11 号东风建材市场×××建材经营部门市及库房
取证目的：查明××省××管业有限责任公司售不合格波纹管的有关情况
根据《中华人民共和国行政处罚法》第三十六条规定，我局对你单位持有的下列物品、资料依法进行抽样取证。所提取的证据保存在××市××区质量技术监督局（封条编号为：No. ×封字 0759）。</td></tr>
<tr><td>编号</td><td>证据名称</td><td>规格（型号）</td><td>批次（生产日期）</td><td>编号</td><td>数量</td><td>基数</td><td colspan="2">特性（状态）</td></tr>
<tr><td>1</td><td>双壁波纹管</td><td>DN600</td><td>2012.3.25</td><td></td><td>1（根）</td><td>70（根）</td><td colspan="2">外观完好、标识齐全</td></tr>
<tr><td>2</td><td>产品检验合格证</td><td></td><td></td><td>××××××</td><td>1（张）</td><td>70（根）</td><td colspan="2">完好无损</td></tr>
<tr><td>3</td><td>发票</td><td></td><td></td><td>××××××
××××××</td><td>2（张）</td><td>70（张）</td><td colspan="2">完好无损</td></tr>
<tr><td>4</td><td>计算机 U 盘</td><td></td><td></td><td>××××××</td><td>1</td><td></td><td colspan="2">完好无损</td></tr>
<tr><td colspan="9">证据情况及取证情况：
1. 双壁波纹管为××建材经营部从××管业有限责任公司购入但尚未销售的产品。
2.《产品合格证》用铁丝固定于成品上，每张标注内容完全相同，从中直接提取一张。
3. 发票上的购物单位为“××区××建材经营部”，为××管业公司出具并盖有其财务专用章，为 DN600、DN500 两种规格产品的付款凭据。
4. 计算机 U 盘一个，为××建材经营部负责人熊××从其计算机上复制。内容为 6 月 5 日～7 月 20 日期间，该经营部与××管业有限责任公司之间与有关购售波纹管的电子邮件共计 8 份。该公司同时打印纸质件一套，共 23 页。</td></tr>
<tr><td colspan="5">证据持有人意见及签名：
以上证据为我经营部持有并提供，U 盘复制资料原件存贮于我经营部电脑，我公司同时打印纸质件一套，经核对与原件无误。
熊×× 2012 年 7 月 20 日</td><td colspan="4">执法人员：
张××
刘××
2012 年 7 月 20 日</td></tr>
<tr><td>备注</td><td colspan="8"></td></tr>
</table>

本文书一式三份。一份送达当事人、一份交证据保管人、一份行政部门存档。

四、《产品质量检验（检定）（鉴定）抽样单》的制作要求及范例

《产品质量检验（检定）（鉴定）抽样单》是质监部门在实施行政处罚等行政行为过程中，需要抽取样品对相关的产品（物品）进行检验、检定、鉴定（鉴别）时使用的行政执法文书。

（一）制作要求

1. 被检查单位情况

记录被检查单位（人）规范的全称、地址、邮编、法定代表人（负责人）等基本情况。

2. 被抽样产品情况

记录被抽样检验产品的名称、规格（型号）、生产日期（批号）、产品执行标准、行政许可或认证等情况。

3. 抽样及样品情况

记录抽样方法、样本量、抽样基数。抽取两个或三个批次的样品时，按相应的序号分别对应记录。

4. 封样情况

记录抽样地点、样品包装方式及封条的部位、编号等封样情况。抽样的质监部门为备用样品保存单位，也可视情况指定检验机构或被抽样单位等其他单位保存。

5. 尾部

包括抽样人签名、被检查单位签署意见并签名。被检查单位拒绝到场或拒绝签署意见时，应邀请见证人到场见证抽样过程，由见证人签署意见并签名。

（二）制作和使用注意事项

（1）除行政处罚外，《产品质量检验（检定）（鉴定）抽样单》还适用于行政确认、行政调解、行政裁决等行政行为中对产品的抽样，如产品质量申诉调解、产品召回的缺陷认定、产品质量事故责任认定、质量仲裁检验、鉴定等。正常情况下不适用于监督检查的抽样检验，两者的抽样规则有一定的差异，抽样的样品数量、环节、地点要求不同（监督抽样检验按《产品质量法》第十五条的规定，样品应在市场上或成品仓库内的待销产品中抽取，使用本文书进行抽样，可以在能够查明产品真实质量状况的任何环节、地点抽取样品）。

（2）抽取样品是形成检验报告、鉴定结论等证据的前置性程序，准确记录抽样过程、方法、依据，直接决定检验报告、鉴定结论是否合法有效，在当事人拒不到场、

无法到场时，应邀请见证人到场见证抽样过程并签署意见。

（3）注重备用样品的抽取和保管。按 GB /T 16306 的规定，复检样品应在被抽检产品总体中另行抽取，执法中，在抽样基数许可的条件下，抽样时应同时抽取符合标准要求的备用样品以备复检。

（4）抽样时，可以邀请技术机构的检验人员或其他专家参加抽样过程，参加人员应作为抽样人签名。

（5）《产品质量检验（检定）（鉴定）抽样单》为记录抽取样品情况的记录类文书，由被抽样人签字留存备查即可，不另行使用《送达回证》送达。

范例：

质量技术监督

产品质量检验抽样单

No：渝 CQS130801

<table>
<tr><td rowspan="3">被检查单位</td><td>被抽样单位</td><td colspan="5">××省××管业有限责任公司</td></tr>
<tr><td>地址</td><td colspan="3">××省××市××路 47 号</td><td>邮编</td><td>40××××</td></tr>
<tr><td>法定代表人</td><td>高××</td><td>职务</td><td>董事长</td><td>电话</td><td>131×××××××××</td></tr>
<tr><td rowspan="6">被抽样产品情况</td><td>标称的产品名称</td><td colspan="2">双壁波纹管</td><td>标称的型号规格</td><td colspan="2">① DN600
② DN500</td></tr>
<tr><td>标称生产者</td><td colspan="5">××省××管业有限责任公司</td></tr>
<tr><td>地址</td><td colspan="5">××省××市××路 47 号</td></tr>
<tr><td>生产日期（出厂批号）</td><td colspan="2">2012.6.30～2012.7.3</td><td>标称的产品执行标准</td><td colspan="2">GB/T 19472.1</td></tr>
<tr><td>产品等级</td><td colspan="2">合格品</td><td>包装方式</td><td colspan="2">裸装</td></tr>
<tr><td>行政许可（认证）</td><td colspan="2">工业产品生产许可证</td><td>证书编号</td><td colspan="2">XK××-×××-×××××</td></tr>
<tr><td rowspan="4">抽样及样品情况</td><td>抽样方法</td><td colspan="5">简单随机</td></tr>
<tr><td rowspan="2">样本数量</td><td colspan="2" rowspan="2">① 1.2m×6（DN600）
② 1.2m×6（DN500）</td><td>检验样本数量</td><td colspan="2">① 1.2m×3（DN600）
② 1.2m×3（DN500）</td></tr>
<tr><td>备用样本数量</td><td colspan="2">① 1.2m×3（DN600）
② 1.2m×3（DN500）</td></tr>
<tr><td>抽样基数</td><td colspan="2">① 1200m（DN600）
② 300m（DN500）</td><td>样本等级</td><td colspan="2">合格品</td></tr>
<tr><td rowspan="4">封样情况</td><td>抽样地点</td><td colspan="5">该公司成品库房</td></tr>
<tr><td>样品包装方式</td><td colspan="2">塑料编织袋</td><td>封条粘贴部位</td><td colspan="2">塑料编织封口处及产品外表各一张</td></tr>
<tr><td>检验样本封条编号</td><td colspan="2">No.（×）封字 0713
No.（×）封字 0714
No.（×）封字 0715
No.（×）封字 0716</td><td>备用样本封条编号</td><td colspan="2">No.（×）封字 0717
No.（×）封字 0718
No.（×）封字 0719
No.（×）封字 0720</td></tr>
<tr><td>备样保管单位</td><td colspan="5">抽样方</td></tr>
<tr><td colspan="3">抽样人：
抽样按照国家法律法规和产品标准、抽样标准的要求进行。
张××　　刘××
（印章）
2012 年 7 月 7 日</td><td colspan="4">被检查单位意见（并签名）：
无异议，由我公司陪同抽取样品，上述记录准确无误。
李×
（印章）
2012 年 7 月 7 日</td></tr>
<tr><td>备注</td><td colspan="6">检验样本在检验中将进行破坏性试验，检验完毕后只能返还备用样品。</td></tr>
</table>

本文书一式三份。一份交付被抽检单位，一份随检验委托书交检验机构，一份行政部门存档。

五、《查封（扣押）（封存）决定书》的制作要求及范例

《查封（扣押）（封存）决定书》是质监部门在行政管理过程中，为制止违法行为、防止证据损毁、避免危害发生、控制危险扩大，依法对当事人的财物（场所、设施）采取查封、扣押、封存等行政强制措施时使用的质监行政执法文书。

（一）制作要求

1. 理由及依据

在理由部分写明当事人涉嫌的违法行为及涉案产品、财物等的名称（包括规格、生产日期等），写明涉嫌存在的具体问题，如“产品质量不合格”“冒用他人厂名、厂址”。写明实施行政强制措施所依据的法律法规及具体条、款、项。

2. 地点及期限

记载查封、扣押、封存的具体地点及期限。决定的行政强制措施期限不能超出法定期限，要求明确告知当事人行政强制措施的期限及起止日期。

3. 检验期间告知

明确告知是否需检验、检测、鉴定，相应的期间以及起止日期，明确告知该期间不计入行政强制措施期限内。

（二）制作和使用注意事项

（1）告知检验期间。质监部门采取行政强制措施时，多数情况已可以决定是否需要进行检验、检测、鉴定，此时在本文书内一并告知检验期间，便于行政强制措施起止时间的计算和告知，减少由此引发的争议。

（2）所附的《涉案财物清单》，因涉及涉案财物的数量、价值、特征、批次、识别编号等重要事实的清点、确认，为减少争议，需由当事人签署意见并签名、执法人员签名，以保障当事人的合法利益。

（3）当事人不到场时，应邀请见证人见证采取行政强制措施的过程，见证人着重对财物的清点过程予以见证，并在《涉案财物清单》上签署意见并签名。

（4）场所、设施只能采用查封的行政强制措施，涉案的财物可视情况依法采取查封、扣押、封存等行政强制措施。

（5）存在《行政强制法》第二十八条规定的情形，如没有违法行为、查封扣押的财物与违法行为无关、期限已届满等，应及时解除强制措施。

（6）严格依法采取行政强制措施。行政强制措施应预先制作《采取行政强制措施审批表》报请单位负责人批准后实施。紧急突发情况下，执法人员应当在 24 小时内向行政机关负责人报告，并补办批准手续。

（7）《查封（扣押）（封存）决定书》应使用《送达回执》依法送达。

范例：

质量技术监督

查封决定书

（××）质监强字〔2012〕1号

××市滨江工程建设公司：

你单位从××区×××建材经营部购入的，产品标注由“××省××管业有限责任公司”生产的，使用于滨江路排水管网改造工程的双壁波纹管，涉嫌存在产品质量不合格问题。

根据《中华人民共和国产品质量法》第十八条第一款第（四）项的规定，现决定对你单位涉案的有关财物予以查封，查封的财物名称、数量见《涉案财物清单》，文号（××）质监财物字〔2012〕123号。

1. 查封财物保存地点：××市滨江路37号滨江工程建设公司库房

2. 查封期限：25日（自2012年7月25日至2012年9月4日）

3. 在查封期间，被查封物品需进行检验，检验时间为20日（自2012年7月25日至2012年8月13日），不计入查封期限内。

在查封、扣押、封存期间，未经本机关同意，任何人不得隐匿、动用、转移、变卖、损毁本决定所列财物，否则将依法承担法律责任。

如对本决定不服，可以于收到本决定书之日起六十日内依法向××市质量技术监督局或者××区人民政府申请行政复议，也可以于六个月内依法向××市××区人民法院提起行政诉讼。

（印章）

年　月　日

本文书一式两份。一份送达当事人，一份行政部门存档。

六、《行政处罚决定书》的制作要求及范例

《行政处罚决定书》是质监部门办理的适用一般程序的行政处罚案件，对当事人下达行政处罚决定时使用的质监行政执法文书。

（一）制作要求

1. 首部

记录被处罚单位（个人）的规范全称、社会信用统一代码（身份证号）等基本情况。

2. 案情及违法事实

以案件的查处过程为主线，以案件办理的主要节点为重点写明案情；以违法行为的发生或者发现过程为主线，以违法行为的构成要件和基本要素为重点写明违法事实。案情和违法事实的描述应当完整有序、简明清晰、详略得当、重点突出，切忌啰唆琐碎、杂乱无序。

违法事实包括违法的行为事实和后果事实。违法的行为事实应写明违法行为的时间、地点、行为人、标的物，涉案的产品（物品）、工具、设备、原材料、包装、标识，使用的方法、手段，行为的目的、动机及故意、过失等主、客观要素。行为的后果事实应写明涉案产品（物品）的数量、金额及已销售的数量、违法所得，对人身、财产危害的大小及针对的受众群体，是否导致质量事故，采取的整改、补救、赔偿等情况。

3. 情节及量罚理由

用高度概括的方式，分别写明当事人存在的从宽的情节、从严的情节、当事人的申辩及认定情况，以及对以上情节的综合分析、判断，明确从重、较重、从轻、减轻等量罚的等次。

4. 证据及证明过程

对主要证据逐一列举，对主要待证事实逐项予以证明。

5. 依据及处罚决定

记录认定的违法行为性质，违反的法律法规及具体条、款、项，据以做出处罚的法律法规及具体的条、款、项，拟做出的行政处罚种类、罚款金额等。

6. 行政处罚决定履行方式、 期限

分别注明罚没款和其他行政处罚决定的履行方式、期限。其他行政处罚的履行方式包括没收产品、吊销许可、责令停止生产销售等行政处罚的履行方式、期限。

7. 救济权利告知

明确告知当事人申请行政复议、提起行政诉讼的权利，填写具体的复议机关和受案法院。

（二）制作和使用注意事项

（1）行政处罚决定一经做出并送达即生效，具有完整的法律效力，任何人不得擅自改变。确有法定事由需要改变的（如依法变更、撤销或部分撤销行政处罚），必须经案审委重新集体审理决定并使用《行政处理决定审批表》报请单位负责人批准后实施。

（2）说明理由是行政处罚决定的核心内容，《行政处罚决定书》应对采信证据的理由、认定事实和性质的理由、选择适用法律的理由等均做出说明。

（3）非行政处罚的其他行政决定，不应当在行政处罚决定书中作为行政处罚列举，如责令改正、责令召回、解除查封、扣押等。

（4）《行政处罚决定书》应结合其他执法文书、票据使用。收缴罚没款、没收财物时，应开具省级财政部门统一制发的罚款收据或者没收物品收据。没收的物品、设备、原材料等，应在行政处罚决定中说明具体的规格（型号）、批次、数量，品种较多时可附《涉案财物清单》。

（5）援引法律依据时，违反的禁止性条款应当与处罚所依据的条款对应一致。

（6）《行政处罚决定书》应使用《送达回证》依法送达。

范例：

质量技术监督

行政处罚决定书

（××）质监罚字〔2012〕1号

共3页 第1页

被处罚单位：××省××管业有限责任公司

营业执照编号：××××××××××××××××××

其他资质证明：工业产品生产许可证　　编号：XK××-×××-×××××

法定代表人：高××　　性别：男　　职务：董事长

地址：××市××××路47号

邮编：40××××　　电话：89××××××（手机×××××××××××）

2012年7月3日，我局执法大队按照省局〔2012〕1234号举报转办单和区局《执法检查任务书》的安排，对你公司位于××市××路的波纹管生产厂进行执法检查，现场检查时发现你公司生产的DN600型、DN500型两种规格的波纹管涉嫌存在质量问题，执法人员决定抽样送市质检所检验，并对涉嫌的不合格产品予以查封。经××市质检所检验，两批产品内壁厚度不符合GB/T 19472.1—2004标准要求，被判定为一般不合格。2012年7月22日，我局决定对你公司进行立案调查。经调查，你公司规格为DN600型的波纹管共计生产2100m，单价60元/m，货值金额12.6万元，已售出1200m；规格为DN500型的波纹管共计生产700m，单价50元/m，货值金额3.5万元，已售出500m。不合格波纹管涉案物品货值总金额16.1万元，销售金额9.7万元，违法所得1.2万元。

经调查，你单位存在以下从轻、从重的情节：

1. 你单位从宽的情节有：①主动采取措施消除违法行为的直接危害后果。及时回收并销毁全部不合格产品。②按《判定规则》为一般不合格。③能积极配合调查，提供成本核算表等执法部门难以从其他渠道获取的证据。

2. 你单位从严的情节有：①为故意生产不合格产品。为取得合同，降低生产成本生产不合格产品。②同时存在伪造质量证明材料等其他违法行为。③造成了一定的不良影响，因波纹管不合格延误了市排水管网改造工程的工期60天。

3. 你单位书面提出以下申辩理由：①生产不合格产品是由于疏忽大意造成的，我局认为该理由不成立。你公司明知销售价格明显低于成本价格，属故意违法。②举报他人违法有立功表现，我局认为该理由不成立。举报他人违法行为经查证均不存在。③主动消除危害后果，我局认为该理由成立。你公司事发后与销售商、供货商共同采取措施更换不合格产品，应认定有主动消除违法行为直接后果的行为。你公司申辩中，第③项理由在量罚时可作为从轻减轻处罚的情节。

4. 对以上情节进行综合评判，我局认为从宽情节为优势情节，依据《中华人民共和国行政处罚法》第二十七条第一款第（一）项的规定，应给予从轻的行政处罚。

以上事实、情节，有下列证据予以证明：

1. 你单位生产销售以不合格产品冒充合格产品的违法事实，有：①我局 2012 年 7 月 3 日制作的《现场检查笔录》；②《检验报告》（No：1234566、No：1234567）；③我局在你公司提取的不合格波纹管实物；④我局在你公司提取的《产品检验合格证》；⑤你公司副总经理李×的《调查笔录》；⑥我局在你公司提取的产品购销合同（合同编号：×××××）；⑦我局在你公司提取的波纹管供货发票（发票号：××××××）等证据予以证明。

2. 你单位存在的从严处罚情节，有：①你公司提供的成本核算表及说明材料；②我局在你公司提取的购销合同（合同编号：××××）；③你公司副总经理李×的《调查笔录》；④我局 2012 年 7 月 3 日制作的《现场检查笔录》；⑤我局在你公司提取的波纹管供货发票（发票号：××××××）；⑥我局在你公司提取的《生产计划表》；⑦我局在你公司提取的《产品检验合格证》等证据予以证明。

3. 你单位存在的从宽处罚情节，有：①你公司提供的《整改报告》；②你公司提供的产品回收销毁记录；③我局 2012 年 7 月 30 日制作的《现场检查笔录》；④我局 2012 年 7 月 15 日制作的市场价格的《调查笔录》；⑤你公司提供的成本核算表及说明材料等证据予以证明。

以上证据均已查证属实，作为本案定案证据。

你单位上述行为属生产、销售以不合格产品冒充合格产品的违法行为。已违反《中华人民共和国产品质量法》第三十二条的规定。

依据《中华人民共和国产品质量法》第五十条的规定，我局决定对你单位给予下列行政处罚：

1. 责令停止生产销售不合格波纹管。

2. 没收违法所得 1.2 万元。

3. 处罚款 16.1 万元。

4. 暂扣你单位××产品的工业产品生产许可证证书。

请你单位按以下方式履行以上行政处罚：

1. 请于收到本决定书之日起十五日内将罚没款缴到××银行平安分行，地址：××区平安路，账号：××××××××××××××××××××××××。逾期不缴纳罚款的，根据《中华人民共和国行政处罚法》第五十一条第（一）项的规定，我局可以每日按罚款数额的百分之三加处罚款。

2. 请于 9 月 15 日前将你公司××产品的生产许可证证书正本及副本交到××区质量技术监督局执法队。

你单位不履行或不全部履行以上行政处罚决定，我局将根据《中华人民共和国行政处罚法》第五十一条第（三）项的规定，申请人民法院强制执行。

如对本决定不服，可以于接到本决定书之日起六十日内，向××市质量技术监督局或者××市××区人民政府申请行政复议，也可以于六个月内依法向××市××区人民法院提起行政诉讼。

（印章）

年 月 日

本文书一式两份。一份送达当事人，一份行政部门存档。

参考文献

［1］国家质检总局法规司．质量技术监督行政处罚程序规定释义[M]．2011.

［2］吴高盛．《中华人民共和国行政处罚法》释义及实用指南［M］．北京：中国民主法制出版社，2015.

［3］田成刚，覃蓉．行政调查法律规制研究［D］．上海：华东师范大学，2011.

［4］高金祥．纪检监察案件调查的组织与指挥［M］．北京：中国方正出版社，2005.

［5］刘淑波，毕波．论行政调查［D］．长春：长春理工大学，2010.

［6］金文星，强纪兴．浅谈现场执法的几点技巧［J］．城建监察，2017（11）．

［7］华晨泓，刘玉江．行政执法证据的收集与运用［D］．南京：江苏科学技术出版社，2007.

［8］郭一诚．技术执法概论［D］．北京：中国质检出版社 中国标准出版社，2013.

［9］戴士剑，刘品新．电子证据调查指南［D］．北京：中国检察出版社，2014.

［10］孟昭阳．公安执法管理若干问题的思考［J］．公安研究，2010（11）．

［11］姜明安．行政执法研究［M］．北京：北京大学出版社，2004.

［12］张传辉，赵丽霞．浅论行政执法责任制［J］．行政论坛，2005（3）．

［13］程晓敏，李秋生．行政执法责任制的制度内涵及实践意义［J］．中国行政管理，2004（8）．

［14］范柏乃，段忠贤．政府绩效评估［M］．北京：中国人民大学出版社，2012.

［15］蔡立辉．政府绩效评估［M］．北京：中国人民大学出版社，2012.

［16］谢宝富．万人评议：中国地方党政机关绩效评价新方式初探［M］．北京航空航天大学出版社，2008.

［17］吴清海，韩毅，夏鸣．质量技术监督行政执法概论［M］．南京：江苏科学技术出版社，2007.

［18］国家安全生产监督管理总局．安全生产监管监察职责和行政执法责任追究的暂行规定：国家安全生产监督管理总局令第 24 号．

［19］国家食品药品监督管理总局．食品药品行政处罚程序规定：国家食品药品监督管理总局令第 3 号．

［20］国家质量监督检验检疫总局．质量监督检验检疫行政执法监督与行政执法过错责任追究办法：国家质检总局令第 59 号．

［21］国家质量监督检验检疫总局．质量技术监督系统落实打假责任制考核办法（试行）：国质检执函〔2003〕433 号．

［22］蔡立辉．政府绩效评估的理念与方法分析［J］．中国人民大学学报，2002（5）．

［23］江凌．对行政执法责任制概念的认识［J］．新闻月刊，2003（9）．

［24］公安部．关于大力加强公安机关执法规范化建设指导意见：公通字〔2008〕49 号．

［25］国家税务总局．国家税务总局关于实施绩效管理的意见：税总发〔2013〕130 号．

［26］国家质量监督检验检疫总局．12365 举报处置指挥系统“十二五”建设规划：国质检执〔2011〕378 号．

［27］应松年．行政法学新论［M］．北京：中国方正出版社，2004.

［28］莫于川．行政执法监督制度论要［J］．法学评论，2000（1）．

［29］国务院．关于印发全面推进依法行政实施纲要的通知：国发〔2004〕10 号．

［30］唐璨．行政督察是我国行政监督的重要新方式——以土地督察和环保督察为例［J］．安徽行政学院学报，2010（4）．

［31］中共中央关于全面推进依法治国若干重大问题的决定．

［32］国家质量监督检验检疫总局．质量技术监督执法打假督查工作实施办法：国质检执〔2009〕367 号．

［33］杨解君．秩序·权力与法律控制——行政处罚法研究［M］．成都：四川大学出版社，1995.

［34］郑方辉，廖鹏洲．政府绩效管理：目标、定位与顶层设计［J］．中国行政管理，2013（5）．

［35］姜明安．行政执法研究［M］．北京：北京大学出版社，2004.

［36］重庆市人民代表大会常务委会员．重庆市行政执法监督条例：重庆市人民代表大会常务委员会公告〔2005〕44 号．

［37］国家食品药品监督管理总局．关于印发重大食品药品安全违法案件督查督办办法的通知：食药监稽〔2014〕96 号．

［38］国家工商行政管理总局．工商行政管理机关执法监督规定：国家工商行政管理总局令第 78 号．

［39］重庆市政府．重庆市政府部门行政首长问责暂行办法：市政府令第 169 号．

［40］突发公共卫生事件应急条例：中华人民共和国国务院令第 376 号．

［41］国家税务总局．关于印发《税务监察暂行规定》的通知：国税发〔1995〕117号．

［42］顾征．河北省质量技术监督行政执法风险及对策研究［J］．河北大学，2014（11）．

［43］杨士林．行政执法风险的内涵、表现及原因解析［J］．云南师范大学学报，2013（5）．

［44］焦志勇．必须高度重视行政执法风险的防范［D］．北京：首都经济大学法学院．

［45］王连昌．行政法学［M］．北京：中国政法大学出版社，1997.

［46］国家质量技术监督局．质量技术监督基础教程［M］．北京：中国标准出版社，2000.

［47］郭隽萍．我国行政执法中存在的问题分析及对策研究［D］．桂林：广西师范大学，2006.

［48］王佳．质量技术监督行政执法研究［D］．哈尔滨：黑龙江大学，2004.

［49］邢一平．对基层质监执法创新的思考［J］．中国质量技术监督，2009（12）．

［50］赵东辉．浅谈自由裁量权的法律控制［J］．中国工商管理研究，2003（1）．

［51］杨延明．创新执法机制提升执法水平．福建质量技术监督，2009（11）．

［52］余万里．食品药品监督管理行政执法文书写作指南［M］．北京：中国医药科技出版社，2007.

［53］吴清海，韩毅，夏鸣．质量技术监督行政执法文书制作与使用［M］．南京：江苏科学技术出版社，2007.

［54］胡亚非，孙兵．质量技术监督行政执法信息系统法律文书规范化制作指南［M］．重庆：重庆出版社，2014.

后 记

诗以唐冠，宋以词我，说明了唐诗和宋词各具特色、各领风骚，但都影响深远，成为中国文学史上的瑰宝。质监行政执法自古有之，也正如唐诗和宋词一般，质监行政执法工作凭借其科学性、技术性、专业性和广泛性的独有特征在我国质量技术监督工作发展的历史长河中自成一派并不断发展成熟，意义重大。

我们将质监行政执法工作的丰硕历史成果汇集成书，这看似平凡普通的一笔一画无不倾注了满满深情，凝聚着数代质监人的心血。编写《质量技术监督行政执法》一书的初衷旨在为广大质监行政执法人员提供一本真正意义上的培训教材，充分体现质监行政执法独具的特色，希望通过阅读和使用本书，能切实增强质监行政执法人员的履职能力。《质量技术监督行政执法》一书不仅是质监行政执法事业理论与实践成果的集中体现，也是对质监行政执法工作的记录和总结，更是老一辈质监人智慧的积淀与承载，能为后人开拓创新奠定坚实的基础。

无疑，本书的编撰出版将在质监行政执法的发展历程中成为一个重要的标志。我们心潮澎湃，百感交集，感谢所有为质监行政执法事业奉献了大好青春年华的质监人。咫尺间我们无法镌刻出过往的每一个点滴，但哪怕是一滴水也可以折射出太阳的无限光辉。